한국과학 비상플랜

한국과학 비상플랜

ⓒ 한국과학기술단체총연합회 과학기술정책위원회 2016

초판 1쇄 발행일 2016년 10월 28일

기획·감수 한국과학기술단체총연합회 과학기술정책위원회
　　　　　이우종 · 김근배 · 김병선 · 문 일 · 민철구 · 부하령 · 송철화 · 이근영 · 이장재 · 이정아 · 정선양
　　　　　정창무 · 최남미 · 하성도 · 황인학 · 허두영
집　　필 허두영 · 김근배 · 이은경 · 선유정 · 신미영 · 강미화 · 김현승 · 김화선 · 김희숙 · 김윤희 · 양원규
　　　　　이소라 · 강지원 · 권은지

출판책임 박성규
편집진행 유예림
편　　집 현미나 · 구소연
디 자 인 김지연 · 이수빈
마 케 팅 나다연 · 이광호
경영지원 김은주 · 박소희
제　　작 송세언
관　　리 구법모 · 엄철용

펴 낸 곳 도서출판 들녘
펴 낸 이 이정원
등록일자 1987년 12월 12일
등록번호 10-156
주　　소 경기도 파주시 회동길 198
전　　화 마케팅 031-955-7374　편집 031-955-7381
팩시밀리 031-955-7393
홈페이지 www.ddd21.co.kr

I S B N 979-11-5925-177-1 03400

이 도서의 국립중앙도서관 출판예정도서목록(CIP)은 서지정보유통지원시스템 홈페이지(http://seoji.nl.go.kr)와 국가자료공
동목록시스템(http://www.nl.go.kr/kolisnet)에서 이용하실 수 있습니다.(CIP제어번호: CIP2016017665)

한국과학

| 飛翔 | 非常 | P L A N |

비상플랜

한국과학기술단체총연합회 과학기술정책위원회 기획·감수

들녘

한국전쟁으로 폐허가 된 대한민국은 과학기술을 기반으로 경이로운 성장을 거듭하며 반세기 만에 세계의 중심 국가로 올라섰습니다.

과학기술의 눈부신 발전은 조국 근대화의 첨병이 되기를 주저하지 않은 과학기술인들의 열정과 정부의 과감한 육성 정책, 재빠른 추격자 전략(Fast Follower)의 삼박자가 잘 맞아든 결과입니다.

그러나 그렇게 50년을 달려온 우리의 과학기술이 이제 새로운 국면을 맞이하고 있습니다. 성공 신화를 뒷받침했던 성장 패러다임도 변화를 요구받고 있습니다. 새로운 시대에 걸맞은 새로운 비전이 필요해진 것입니다.

올해가 과학기술 50주년입니다. 척박한 땅 위에 한국과학기술단체총연합회(과총)가 설립되고 과학기술 발전의 단초를 닦은 지 반세기가 흘렀습니다. 의미 있는 해를 맞아 과총은 대한민국의 젊은 과학기술인들, 과학기술인을 꿈꾸는 이들에게 과학기술의 새로운 비전에 대한 논의를 청합니다. 지금보다 더 빨리 변화하는 세상에서 살아가게 될 이들이 과학기술에 대해, 과학기술인으로 산다는 것에 대해 고민하는 것은 매우 뜻있는 일입니다. 우리는 그들에게 열정과 도전 정신으로 충만할 것을, 사회와 소통하며 동반 성장의 가치를 추구할 것을, 인류의 지속가능한 미래를 고민할 것을 요청합니다. 이들에게 주어진 책무는 결코 가볍지 않습니다.

　그러한 논의와 고민에 작은 도움이 되기를 바라며 이 책을 펴내게
되었습니다. 뜨거운 열정으로 거센 변화의 물결 앞에 당당히 마주 설
대한민국의 모든 과학기술인들을 힘차게 응원해봅니다.

　　　　　　　　　　한국과학기술단체총연합회 회장　이부섭

2014년 초 한국과학기술단체총연합회 과학기술정책위원회의 위원장이라는 중책을 맡고 우리 위원회는 무슨 목적으로 만들어졌고 어떤 활동을 해야 하는지를 검토하였다. 그리고 기존에 해오던 사업들을 지속적으로 하면서 과학기술의 확산을 위해 보다 적극적인 추가 작업이 필요하다는 생각을 하였다. "전환기의 한국 과학기술을 위해서 무엇인가 기여를 해야 한다"라는 사명감을 느끼게 된 것이다. 브레인스토밍이 필요했다. 그래서 2014년 12월 한국과학기술연구원(KIST) 강릉연수원에서 우리 위원회의 워크숍을 실시하였다. 위원회 차원에서 의미 있는 창작을 해보자는 논의 끝에 일반 대중에게 친근하면서도 진지한 과학기술 관련 서적을 발간하자는 데 의견이 모아졌다.

현 시점의 한국 과학기술은 이대로 괜찮은 것인가? 이 책에서는 그동안의 회고와 반성, 미래를 담는 참신한 주제에 대한 전문가들의 정곡을 찌르는 성찰을 개인과 국가 그리고 세계라는 시각에서 다채롭게 다루고자 하였다. 또한 과학기술계의 선배와 후배를 비롯하여 호기심 많은 청소년들에게까지 흥미를 유발할 수 있도록 재미있게 구성하고자 하였다. 이후 2년 가까이에 걸쳐 책의 방향 설정과 콘텐츠 구성, 저술 작업이 진행되었다. 특히 초기 단계에서 어떤 성격의 책으로 만들 것인가를 놓고 고민에 고민을 거듭하였다. 이 과정에서 우리 과총의 과학기술정책위원들의 날카로운 지적과 지혜로운 아이디어의 제시는 큰 도움이 되었다. 결과적으로 서론과 결론을 포함하여 총 16개의 장으로 구성하고 매 장마다 관심을 불러일으키는 도전적인 키워드로 주제를 선정하게 되었다.

서적을 편찬하는 데 있어 제목은 매우 중요하다. 그래서 수많은 대안들을 놓고 밤잠을 설쳐가며 되뇌어보았다. 이 과정에서 우리 위원회의 위원들과 관계자들의 합의를 도출하는 등 소통을 위한 노력을 하였다. 우여곡절 끝에 최종적으로 '한국과학 비상플랜', 부제 '과학기술 50년, 오늘을 성찰하고 내일을 설계하다'로 결정하였다. 비상플랜이라는 용어는 우리말과 영어가 섞여 어우러지며 '비상'이라는 한자는 '높이 날아오르다'의 '飛翔'과 '긴급 사태'라는 '非常'의 두 가지 의미를 가지면서 4차 산업혁명 시대에 대한 대책으로서 독자들에게 많은 것을 시사할 것으로 기대했다.

이 책이 나오기까지 감사드려야 할 분들이 너무 많다. 우선 이 책을 기획부터 감수, 편집, 최종 발간에 이르기까지 많은 고생을 하신 허두영 위원께 모든 공을 돌리고 싶다. 원고의 저술에서 구성, 정리에 이르기까지 전북대 과학학과의 김근배, 이은경 교수와 강사선생님들, 대학원생들의 노고가 없었다면 이 작품은 태어날 수 없었다. 이 기회를 빌려 특별히 감사하다는 말씀을 드린다. 또한 바쁘신 중에도 감수에 헌신적으로 참여해주신 우리 과학기술정책위원회 위원들과 책이 발간될 수 있도록 지원을 아끼지 않으신 이부섭 회장님께도 심심한 감사를 드리는 바이며, 실무 지원을 해주신 과총 정책연구소의 엄정욱 실장과 김시정 박사의 도움에도 고마운 마음을 전한다. 아울러 출판을 흔쾌히 맡아주신 도서출판 들녘에도 감사드린다.

이제 대한민국의 과학기술이라는 거대한 돌탑에 조그만 돌멩이를 하나 올려놓는 심정으로 이 책을 세상에 내보낸다.

과총 과학기술정책위원회 위원장 이우종

차례

I. 개인

II. 국가

III. 세계

다시 날자꾸나, 과학기술이여

날개가 떨어졌다. 미궁에서 탈출하기 위해 달았던 날개가 떨어졌다. 너무 높이 날았기 때문일까? 태양열 때문에 밀랍이 녹아버렸다. '추락하는 것은 날개가 있다'고 했던가? 더 이상 퍼덕일 수 없는 거추장스런 날개에 휩싸여 이카로스Icarus는 추락하고 있다.

한국은 세계에서 유례가 없을 정도로 경제를 단기간에 비약적으로 발전시켰다. 1960년대 초까지만 해도 필리핀보다 훨씬 낮고 아프리카의 수단과 비슷한 최빈국 수준이었다. 그러던 것이 반세기도 지나지 않은 1990년대에 이르러 국내총생산GDP, 1인당 국민소득GNI, 무역규모, 신용등급 등 여러 측면에서 선진국 수준으로 올라섰다. 세계기구 및 국제학계에서 널리 인정하고 있듯이 20세기 후반에 경제를 가장 빠르게 발전시킨 불가사의한 나라가 바로 한국이다.

그러던 한국의 경제가 2010년대 들어 성장률이 정체되면서 빠른 속도로 추락하고 있다. 스위스 국제경영개발원IMD 2016년 국가 경쟁력평가에서 61개국 가운데 29위다. 2015년보다 4계단이나 떨어졌다.

2008년(31위) 글로벌 금융위기 이후 가장 낮은 순위다. 중국, 대만, 말레이시아에까지 뒤지다가 이제는 체코, 태국에도 밀려났다. 국가경쟁력이 1999년 외환위기 직후에 기록했던 최저 순위 41위 밑으로까지 떨어지지 않기를 우려해야 할 판이다.[1]

한국을 최빈국의 미궁에서 탈출시켜 선진국으로 날아오르게 만든 '날개'는 과학기술이다. 세상을 근본적으로 변화시키는 가장 강력한 원천이자 도구이다. 우리가 맞닥뜨리는 온갖 문제의 근원이 과학기술과 연관되어 있고 그 해결 역시 과학기술에 크게 의존한다. 현대 과학기술은 중생대에 지구를 호령한 거대한 공룡보다도 훨씬 더 위력적이다. 이는 우리가 살아가고 있는 현실 세계의 특별한 풍경이다.

한국 경제의 날개, 과학기술이 현재 커다란 위기에 직면했다. 많은 사람들이 공통적으로 전망하고 있는 한국 과학기술의 진단서다. 이 위기 현상은 곳곳에서 감지되고 있다. 비록 과학 논문이 해마다 증가 추세를 보일지라도 획기적 돌파breakthrough를 여는 성과는 여전히 드물다. 더구나 국가적 난관을 새롭게 헤쳐나갈 사회발전의 동력을 과학기술이 특별히 제공해주지도 못하고 있다. 오히려 선진국과의 격차는 좀처럼 좁혀지지 않은 채 중국을 비롯한 신흥국들의 거센 추격을 받고 있다. 출구가 보이지 않는 이른바 '샌드위치' 처지다.

새의 깃털과 벌의 밀랍으로 날개를 만들어 하늘 높이 날아오른 '이카로스의 역설Icarus Paradox'로 부를 만하다. 한국의 과학기술이 추격형에 최적화되어 빠른 발전을 이뤘지만 그것이 선도형 발전에는 도리어 커다란 걸림돌이 되고 있으니 말이다. 과거의 장점이 앞으로는 단점으로 작용해 미래를 향한 혁신을 가로막고 있는 형국이다. 한국 과학기술의 근본적 전환을 모색해야 할 엄중한 시점을 맞이하고 있다.

과학의 기초역량 강화

한국 과학기술 위기의 근원은 어디에 있는가? 많은 사람들은 이구동성으로 기초가 취약하다는 점을 가장 중요하게 꼽고 있다. 그동안 경제발전에 직결될 과학기술의 응용에 치중한 나머지 새로운 발전의 원천이 되는 기초역량을 소홀히 했다는 것이다. 기초과학과 원천기술의 부실은 그 대표적 문제로 지적받고 있다. 말하자면, 한국의 과학기술은 허약한 기초 위에 세워진 탓에 더 높은 첨탑을 쌓기가 어렵다는 것이다.

그간의 과학기술이 단기적이고 발 빠른 성장에 치중해왔던 것은 사실이다. 선진 과학기술을 받아들여 그 발전 경로를 그대로 쫓아가는 추격형 전략과 과학기술의 사회적 성과가 곧바로 드러날 응용 위주의 전략이 그 핵심이었다. 이러한 모방 및 응용형 발전방식은 과학기술의 낙후성을 손쉽게 벗어나며 고도의 압축성장으로 이어졌다. 한국의 과학기술은 확실히 소폭다량小幅多量의 혁신에서 남다른 장점을 보였고, 이는 연구논문과 특허의 가파른 양적 증가에서도 여실히 드러났다. 세계적으로 인정받는 추격의 귀재라 여길 만하다.

서울대학교 공과대학은『2015 서울대학교 공과대학 백서—좋은 대학을 넘어 탁월한 대학으로』에서 단기 성과와 양적 성장에 치우친 그간의 자화상을 반성하고 있다. 무엇보다 심각한 문제는 연구실적은 많은데 획기적 연구결과가 부족하다는 것이다. 과학이라는 학문의 세계에서는 만루홈런만 기억되는데 공대 교수들은 번트를 대서라도 꾸준히 1루에 진출하려는 타자였다고 고백했다. 앞으로는 제임스 와트의 증기기관이나 알베르트 아인슈타인의 상대성이론처럼 이전에 없던 세계적 성과를 목표로 하는 도전의식이 필요하다는 것이다.

서울대 공대는 만루홈런을 치는 타자로 변신하여 산업과 국가 혁신의 리더십을 발휘해야 한다는 점을 스스로 강조했다.

과학기술이 발전할수록 그 기초의 중요성은 급격히 커진다. 과학기술 수준이 높아짐에 따라 이전과는 비교할 수 없는 창의적 연구성과가 필요하고 그 발전의 학문적, 사회적 원천 역시 다채롭게 널리 확보해야 한다. 과학기술의 돌파구를 획기적으로 열어가려면 남다른 비장의 무기가 반드시 필요하기 때문이다. 마치 하늘을 향해 치솟은 침탑을 쌓으려면 그것의 토대를 훨씬 단단히 닦아야 하는 것과 비슷한 이치다.

그렇다면 많은 사람들이 흔히 제시하고 있는 기초연구 강화, 우수인력 양성, 정부의 장기적 지원 등이 적절한 해법이 될 수 있을까? 결론부터 말하면 그렇지 않다. 현재 한국의 상황을 보면 과학기술의 활력이 크게 약화되면서 '과학기술 상실의 시대'가 도래할지도 모른다는 우려가 든다. 과학기술 활동의 가장 필수적 기본 원리라 할 과학적 흥미, 열정, 도전조차 사회 전반적으로 위축되거나 퇴색되고 있는 상황이다. 과학기술의 생명력과 역동성이 현저히 떨어질 수밖에 없다.

현재 대학생들을 보면 과학적 호기심과 즐거움을 느끼고 찾는 경우를 만나기란 쉽지 않다. 모두가 과학기술을 단순히 취업을 위한 스펙, 그중에서도 학점을 받기 위한 하나의 도구로 여기는 경향이 강하다. 그렇다 보니 이공계 전공자라 해도 취업에 유리한 특정 학문분야, 일명 '전화기'(전자/화공/기계)로 몰린다. 과학 그 자체가 좋아 물리학이나 화학과 같은 기초과학에 빠져 그것을 올곧게 추구하는 사람은 유별난 별종이라 할 만하다. 소수 예외가 있기는 하나 대학생들 사이에서 과학기술에 대한 흥미와 열의가 크게 사라져가고 있는 것은 숨길 수 없는 현실이 되고 있다.

젊은 세대의 열정 없이 과학기술의 미래가 있을 수 있을까? 우리 사회에는 극소수의 뛰어난 과학자가 과학을 선도한다는 영웅주의 시각이 여전히 팽배하다. 과학혁명의 사례에서 보듯 천재적 인물이 과학에서 특출 난 역할을 하는 것을 부인할 수는 없다. 그렇지만 이는 두 가지 점에서 뚜렷한 한계를 지닌다. 하나는 한국의 과학자들이 아무리 우수해도 인류 역사에서 거대한 족적을 남긴 과학의 거장들과 맞비교하는 것은 부적절하다는 점을 놓치고 있다. 다른 하나는 현대의 과학기술은 정책, 인력, 재원, 설비, 정보, 문화 등으로 구성된 복잡한 시스템에 기반해 있는 집체적集體的 활동이라는 점을 간과하고 있다.

시대를 막론하고 걸출한 과학자는 과학기술의 전반적 수준 향상과 사회적 시스템 완비라는, 멀리 내다볼 수 있는 거인의 어깨를 필요로 한다. 왜 과학 교과서에 등장하는 과학의 거장들은 한결같이 서구의 사람들일까? 이들이 다른 지역의 사람들에 비해 과학적 우수성을 남다르게 타고났다고 보기는 힘들다. 그보다는 서구의 국가들이 오랜 기간에 걸쳐 축적해온 근대과학의 역사적 전통과 사회적 기반이 그 차이를 낳게 만들었다고 할 수 있다. 달리 말하면, 사람보다는 제도가 서구에서 과학의 거장들을 지속적으로 배출시킨 결정적 배경 요인이 되었던 것이다.

한국에서 애타게 고대하는 과학 홈런은 하루아침에 얻어지지 않을 것으로 보인다. 현재 수준이 거리가 멀 뿐 아니라 그것을 잉태할 기반도 부실하기 때문이다. 그동안 노벨상 후보자로 언론에 오르내린 한국의 많은 과학자들 중에서 후보 자격을 정말로 갖춘 사람이 얼마나 있는지는 크게 의문이다. 세계의 과학기술을 선도할 획기적인 성과는 수많은 과학자들의 잠재적 후보군이 형성될 정도로 그 전반적 수준이 올라설 때에만 실제로 성취될 수 있다. 그러므로 과학기술의 대전환을 당장 이루는 데 치중하기보다 그 긴 여정을 꼼꼼히 준비하는 것이 필요하다.

결국 향후 과학기술의 새로운 도약을 위해서는 다양하고 건강한 과학생태계를 갖추는 것이 필수 요건이다. 과학적 열정을 근간으로 한 차별화된 도전, 다양한 창의성, 사회문화적 융합, 글로벌 네트워크, 저변 확대, 대중적 과학이해 등은 과학생태계의 근간을 이룬다. 우리가 흔히 과학기술의 기초로 여겨온 기초연구도 따지고 보면 단기적이고 즉각적인 것이다. 그 바로 너머에는 과학에 대한 인식, 태도, 의식 등을 망라하는 이른바 '과학문화'가 광범위하게 존재한다. 과학기술 수준이 올라감에 따라 과학기술 발전의 원천은 기초연구만으로는 부족하고 빠르게 과학문화와 직접 맞닿게 된다. 과학이 문화와 조우함으로써 우리가 바라는 과학기술 르네상스의 시대도 비로소 열릴 수 있다.

과학과 사회문화의 융합

앞으로 과학기술이 주조할 세상의 파노라마는 SF소설처럼 변화무쌍하다. 그 중심 키워드는 '융합Convergence'이다. 과학과 과학, 과학과 산업을 넘어 과학과 금융서비스, 나아가서는 과학과 인문사회, 과학과 문화예술이 전면적이고 복합적으로 얽히는 광경이 펼쳐질 전망이다. 이미 그 향연은 시작되었다.

과학기술이 학문적으로나 사회적으로 그 위상과 가치를 높이는 방식은 크게 두 가지가 있다. 하나는 과학기술의 수준을 근본적으로 변화시켜 문제해결 능력을 배가하는 것이다. 다른 하나는 과학기술이 사회의 더 많은 영역과 네트워크를 맺어 문제해결 범위를 널리 확장시키는 것이다. 이 모두가 과학기술 사이의 융합 혹은 과학기술과 다른 분야의 융합을 통해 이루어질 수 있다. 실제로 최근의 과학기술은 융합을 통해 새로운 돌파구를 열려는 경향을 강하게 보여준다.

이미 선진국에서는 과학기술을 중심으로 다양한 분야들이 긴밀히 연계되고 있다. 전통적 과학이 분과학문의 독립을 강하게 지향했다면 현대적 과학은 다른 분야들과의 연관 및 통합을 새롭게 추구해 나가고 있다. 마치 제국이 지배 대상과 공간을 강렬히 넓혀 나갔듯이 과학은 다른 분야들로 뻗어나가 그 위력을 급속히 배가시키고 있다. 그 교역 대상에는 학문, 산업, 문화, 의식 등이 모두 망라된다. 과학과 문화의 밀착은 이제 전혀 새로운 일이 아니다. 이렇게 과학기술은 그 범주와 지평을 근본적으로 달리해가고 있는 것이다.

단적인 예로, 미국의 스탠퍼드 대학에서는 인체 시스템의 학제적 연구를 위한 'Bio-X' 프로그램을 이미 1998년부터 추진하고 있다. 생명과학과 연계된 X는 학문분야로 과학, 공학, 의학, 인문사회 등을, 연구접근으로는 분자 수준에서 행동 차원에 이르기까지 방대한 범위를 포괄한다. 그 목표는 지식생산, 기술혁신, 제품개발, 교육개선, 문화창출 등 전방위적이다. 아직 입증되지 않은 대담한 학제적 연구를 위한 조직과 재원도 제공한다. 현재 60개 학과 6백 명 교수진이 참여하고 있으며, 탁월한 연구성과도 이어져 2015년에는 3백만 달러를 수여하는 브레이크스루상Breakthrough Prize 수상자를 배출했다.

우리 사회에서도 융합이 뜨거운 화두로 등장하고 있다. 정부 차원에서 융합 연구과제에 대한 재정 지원을 늘리고 있고 학계에서도 학문 사이의 경계를 넘어서려는 노력을 기울이고 있다. 융합학과, 융합교육, 융합프로젝트, 융합포럼 등 표면적으로는 융합 범람의 시대를 맞이하고 있다. 어떤 면에서는 과학기술을 중심으로 하는 융합적 연구 및 활용을 지나치게 강조해 기초적 분과학문이 설 자리마저 위협받고 있는 실정이다.

하지만 한국에는 학문 사이의 장벽이 여전히 강고하게 존재한다. 융합의 중심에 위치해 있는 과학분야도 예외가 아니다. 먼저 고등학교 때부터 문과와 이과로 나뉘어 한쪽만을 주되게 교육받는다. 대학에 와서도 과학 전공자는 문과 교육을 수준 높게 받지 않고 심지어 자기 전공분야에만 치중된 교과과정을 주되게 밟는다. 모두가 예외 없이 특정 과학에 맞춰진, 그것도 오로지 '연구자 양성 트랙'을 따라 교육받는다. 과학 사이의 소통도 아직은 미진할 뿐만 아니라 후대의 과학세대는 좁은 범위의 전문능력 배양에 치중되어 있다.

선진국의 경우 근대적 학과가 확고히 존재하되 그 경계를 넘나들고 가로지르는 교육 및 연구가 활발히 벌어지고 있다. 과학적 융합 프로그램이 다양하게 설치되어 있고 동시에 학생들도 새롭고 차별화된 전공을 의욕적으로 추구한다. 많은 학생들이 서로 다른 두 개의 전공을 선택하고 더러는 세 개의 전공을 이수하는 경우도 있다. 나아가 어디에도 없는 개인이 '디자인한 전공'까지 다양하게 등장하며 과학적 융합의 새로운 영역을 비약적으로 확장해나가고 있다.

물론 한국에서도 대학생들이 자신의 전공 외에 다른 전공을 공부할 기회가 점차 넓어지고 있다. 예를 들어, 물리학 전공자가 생물학 혹은 경제학 등을 복수전공이나 연계전공 형태로 배울 수 있다. 하지만 현실에서는 이러한 사례가 그리 흔하지 않다. 학생들이 모험적이고 도전적인 의식을 그다지 가지고 있지 않은 데다가 향후 진로나 취업에도 그것이 크게 유리하다고 보지 않기 때문이다. 오히려 학생들의 입장에서는 자신의 전공에 치중해 무엇보다 스펙의 하나로 우수한 학점을 받는 것이 좋다고 여긴다. 과학적 융합을 위한 제도는 점차 열리고 있으나 그 주체라 할 사람은 여전히 움직이지 않고 있는 것이다.

우리 사회에서 과학적 융합은 매우 더디게 진척되고 있다. 사람들은 자신이 가진 전공의 경계를 넘어서려는 것에 대해 심한 불안을 느낀다. 제도적, 문화적 안정 장치의 결여로 실패의 두려움이 너무 크기 때문이다. 설령 융합을 추구한다 해도 학문 사이에 친화도가 높은, 혹은 당장의 취업에 유용한 대상에 한정되어 있다. 따라서 모험적이고 도전적인, 그래서 장기적으로 거대한 혁신을 몰고 올 거리가 먼 분야들 사이의 이종교배異種交配는 여전히 주된 대상이 아니다. 우리가 추진하는 과학적 융합은 비유하자면 단기적이고 직접적인 효과를 거둘 수 있는 '동종교배'에 머물러 있다. 사회 전반의 안정 지향성이 한국적 융합 스타일에도 그대로 반영되어 있는 것이다.

이러한 사정으로 과학과 거리가 먼 인문사회 및 문화예술과의 융합은 엄두를 내기 어렵다. 새로운 유망산업으로 과학과 연관된 다양한 문화산업이 급부상을 하고 있음에도 우리는 걸음마 단계에 불과하다. 스티븐 스필버그의 〈쥬라기공원〉, 조앤 롤링의 『해리포터』, 마크 저커버그의 '페이스북' 등은 아직 먼 나라의 이야기다. 우리 사회에는 무엇보다 학문 영역의 경계를 넘나들고 가로지르는 각양각색의 분출하는 에너지가 부족한 탓이다. 이는 과학적 융합을 가로막는 제도적 장벽과 새로운 도전을 꺼리는 사람들의 성향 모두와 맞물려 있다. 말하자면, 우리의 과학은 아주 오래전에 만들어진 근대적 칸막이에 여전히 갇혀 있는 것이다.

그 결과 한국 과학기술의 지평은 그다지 확장되지 못하고 있다. 특정 분야의 내적 전문성을 추구하는 데 몰두할 뿐 그 외연을 확장하는 일에는 무력한 편이다. 다음세대의 과학인들도 그럴 준비가 되어 있지 않다. 모두가 당장의 문제에 매달려 멀리 보고 새롭게 보는 안목을 가지지 못하고 있는 신세다. 이런 면에서 선진국들과의 거리가 크게 느껴진다. 시간이 지날수록 과학기술의 내부와 외연은 모두 급변하고 있다. 한국의 과학기술은 새롭고 다양한 도전을 즐길 많은 사람들, 특히 젊은 세대를 절실히 필요로 한다.

과학 대전환의 준비

한국의 과학기술은 전향적으로 바뀌어야 한다. 현재 직면하고 있는 중대한 과학기술 위기를 일시적이고 부분적인 개선으로 돌파해나갈 수는 없을 것이다. 과학의 기초부터 새롭게 다지고 그 사회문화적 융합을 획기적으로 확대하며 국민들 사이에 과학적 열정도 뜨겁게 넘쳐나야 하기 때문이다. 토머스 쿤Thomas S. Kuhn(1922~1996)이 말한 패러다임의 전환과 같은 전면적 변화가 요구되는 상황이다. 과학 내부와 외부의 지평이 동시다발적으로 확장되어야 가능한 일이다. 장차 우리가 추구해야 할 과학기술의 발전 방향은 추격형에서 선도형으로의 전환이고 그 기반으로는 과학적 창의, 융합, 문화가 확고히 갖추어져야 한다.

한국 과학기술의 새로운 변화를 이끌 주축은 젊은 세대다. 이 책은 대학생을 포함한 젊은 과학인들이 한국 과학의 미래를 어떻게 열어갈지, 그 방향 모색을 위한 '최초의 안내서'다. 아직까지 우리의 젊은 과학인들은 오래전에 주형화된 특정 경로를 따라 여전히 영혼 없이 무리지어 나아가는 모습이다. 개인의 다채로운 의지와 특성은 사장된 채 말이다. 이에 맞서 젊은 과학인들은 한국의 과학 미래를 새롭게 생각하고 다르게 열어나가야 한다. 그 출구를 향한 힘찬 발걸음을 이 책을 통해 한껏 격려하고 후원하고자 한다. 이러한 문제의식을 가지고 이 책을 크게 세 부분으로 구성했다.

1부는 개인 차원에서 관심을 가지는 흥미 있고 성찰적인 주제를 집중해서 다룬다. 과학기술은 인간이 행하는 활동으로서 그 안에는 개인적 흥미, 동기, 목표, 가치가 중요하게 작용한다. 즉, 과학기술은 열정과 도전에 기반해서 인간 생활의 일부로 다른 분야들과 소통하며 추진된다. 그 목표는 새롭고 창의적인 성과를 거두는 것이되 갈수록 사회문화적 파급이 커짐에 따라 윤리 및 책임을 불가피하게 동반한다. 이러한 문제를 '과학의 매력', '필수교양', '경제수익', '연구윤리', '노벨상'이라는 주제를 통해 살핀다. 과학인을 꿈꾸는 사람들에게 새로운 항해를 안내하기 위해서다.

2부는 사회 차원의 주제로 급변하는 세상에서 과학기술과 사회의 동반 발전을 어떻게 함께 이루어갈 것인가를 묻는다. 과학기술은 사회적 제도로서 사회와 더 긴밀하게 관련을 맺으며 그 위상이 달라지고 있다. 앞으로 과학기술은 사회의 다양한 측면과 관련을 맺을 뿐만 아니라 그 관련을 다르게 바꾸며 그 지평을 확장해나갈 것이다. 물적, 인적 자원이 가장 많이 투여되는 과학기술의 발전은 한편으로 사회의 발전을 잉태하고 이끄는 원천이 되어야 한다. 이를 위해 과학기술과 관련된 사회적 주제로 우리에게 중요한 '대학연구', '기술창업', '기술혁신', '대중소통', '남북통일'을 다루게 된다. 과학인들이 갈수록 더 중요하게 짊어져야 할 중차대한 사회적 과제들이다.

3부는 과학인들이 새롭게 인식하고 대처해야 할 세계 차원의 주제를 제시하고 그에 대한 논의를 전개한다. 한국의 과학기술이 선진국 수준으로 올라섬에 따라 글로벌 시각과 책임을 갖는 것은 과학인들의 기본 덕목이 되고 있다. 다른 나라들과 동반 발전을 모색하고 지구적 문제의 해결에 앞장서며 인류의 지속가능한 미래를 위해 부단히 노력해야 한다. 이와 관련해 '동아시아 협력', '개도국 지원', '기후변화', '과학과 인간'은 급속히 그 필요성이 커지는 중요 과제들이다. 이는 앞으로 한국의 과학인들이 더 막중하게 떠맡아야 할 새로운 글로벌 책무라고 할 수 있다.

앞으로 세상은 더 거센 급류를 타고 요동치며 나아갈 것이다. 그 변화의 중요한 키는 과학기술에 달려 있다. 이러한 시대 조류를 맞아 우리의 과학인들은 과학, 사회, 세계를 보는 시야를 넓히고 개인은 물론 인류의 지속가능한 발전에 더욱 힘써야 한다. 사회발전의 수준이 높아진 한국으로서 글로벌 과제와 기준은 바로 과학인 개인과 그가 속한 사회의 새로운 발전 방향과도 직결된다. 말하자면, 한국의 과학인들은 글로벌 이슈가 바로 나의 과제인 시대를 살아가게 될 것이다. 이러한 위대한 과학적 도전에 뜨거운 열정을 가진 많은 젊은이들이 한껏 나서기를 바란다.

그리스로마 신화에서 아들 이카로스에게 날개를 만들어준 명장名匠 다이달로스Daedalus는 과학기술자를 상징한다. 다이달로스는 왜 새로운 날개를 준비하지 않았을까? 높이 날면 날개가 떨어지리라는 걸 알면서 왜 다른 날개를 미리 마련해두지 않았을까? 지금 한국은 새로운 날개가 필요하다. 추격형이 아니라 선도형으로 날 수 있는 담대한 날개다. 한국의 다이달로스들이여, 아들을 위해 더 높이 날아오를 수 있는 새로운 날개를 준비할 때다.

"날개야 다시 돋아라. 날자, 날자, 날자, 다시 날자꾸나. 다시 더 날아 보자꾸나."[2]

주

1. "국가경쟁력 추락이 아니라 국가의 추락이 다가온다", 〈한국경제〉, 2016. 6. 1.
2. 이상 作, 「날개」의 마지막 문장을 변형한 것이다.

I
개인

과학의 매력 자연에 숨어 있는 창조주의 암호를 풀어라

필수교양 'Liberal arts'를 모르는 자는 이 문을 나서지 마라

경제수익 임대업이 벤처 창업보다 돈을 더 벌까요?

연구윤리 파리 발톱 때의 연구조차 마음 편히 할 수 없는가?

노벨상 과녁 근처에도 못 가면서 금메달을 받겠다고요?

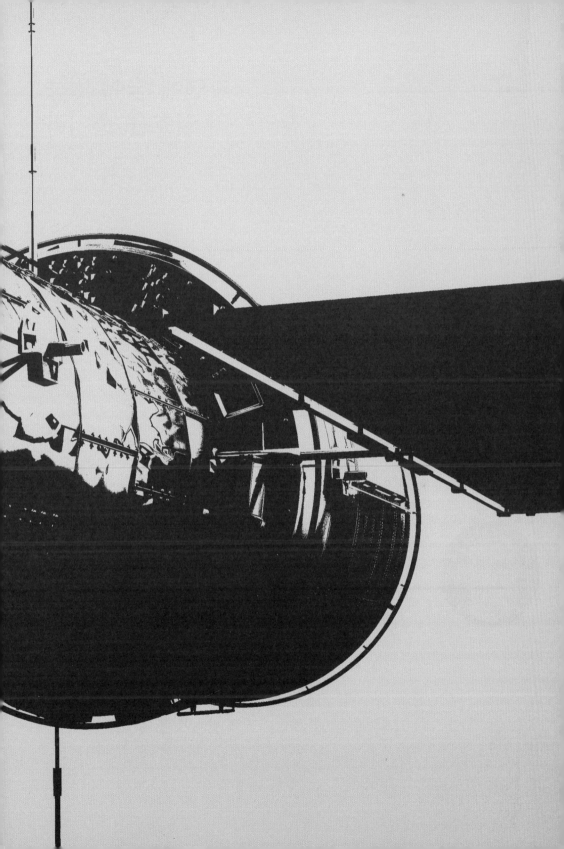

자연에 숨어 있는
창조주의 암호를 풀어라

AlphaGo WINS!!!! We landed it on the moon. So proud of the team!! Respect to the amazing Lee Sedol too.[1]

알파고가 이겼다!!!! 우리는 달에 도착했다. 우리 팀이 자랑스럽다!! 훌륭한 이세돌에게도 경의를 표한다.

데미스 허사비스
twitter @demishassabis

구글 딥마인드DeepMind의 창업자이자 인공지능 바둑프로그램 '알파고AlphaGo'를 만든 데미스 허사비스Demis Hassabis(1976~)가 2016년 3월 알파고가 한국의 프로바둑기사 이세돌 9단과 마주한 첫 대국에서 불계승을 거두고 나서 그의 트위터에 올린 글이다. 얼마나 기뻤을까? 그가 개발한 인공지능이 인간 최고의 바둑 고수를 상대해 불계승으로 이기다니……. 1969년 닐 암스트롱Neil Armstrong(1930~2012)이 아폴로 11호를 타고 달에 처음 착륙한 성취에 비교할 만큼 기뻤을까? 인공지능이 인간을 넘어선 바로 그 순간, 인공지능의 창조주는 그 희열에 인간이 지구를 떠나 우주에 첫 발을 디디는 것처럼 어마어마한 의미

이세돌이 알파고와의
대국에 나섰다.

ⓒ연합뉴스

를 부여했다. 과학기술의 매력은 이런 것일까? 이세돌은 알파고와의
대국에서 3연패한 뒤에도 꺾이지 않았다. "이세돌이 패한 것일 뿐 인
간이 패한 것은 아니다." 새로운 한계를 향해 끊임없이 도전하는 인
간의 매력은 또 이런 것일까?

수의 세계로 들어가보자

How I want a drink, alcoholic of course, after the heavy lectures
involving quantum mechanics.[2]
양자역학과 관련된 어려운 강의가 끝나면, 정말 얼마나 술 한잔
걸치고 싶던지.

양자역학에 관한 소감을 소개하는 글이 아니다. 원의 둘레를 지름
으로 나눈 값, 곧 원주율을 쉽게 외우기 위한 문장일 뿐이다.

이 문장에서 각 단어를 이루는 알파벳의 개수를 순서대로 쓰면 3.14159265358979가 된다. 원주율의 값을 소수점 아래 15자리까지 쉽게 외울 수 있는 것이다. 소수점 아래 30자리까지 외는 시詩도 있고, 10,239자리까지 외는 노래도 있다. 중국의 루차우呂超는 2005년 어느 날 하루 종일 67,890자리를 암송해서 기네스북에 올랐고, 같은 해 일본 도쿄대의 가나다 야스마사金田康正 교수는 컴퓨터로 1,241,100,000,000자리의 값을 구했다. 가나다 교수의 π값을 A4 용지에 가로 82자, 세로 41줄씩 한 장에 3,362자씩 쓰려면 모두 369,155,265장이 필요하다. 그런데 왜 원주율은 딱 떨어지지 않고 무한히 이어질까?

π값이 그렇다면, 소수素數(prime number)는 어떤가? 소수는 '1과 자기 자신만으로 나누어떨어지는 1보다 큰 자연수'로, 2, 3, 5, 7, 11, 13, 17, 19, 23, 29, 31, ……과 같이 무한히 찾아낼 수 있다. 기원전 200년께 그리스의 수학자이자 지리학자인 에라토스테네스Eratosthenes(기원전 276~기원전 195/194)는 소수만 걸러내는 방법을 소개했다. 2부터 시작해서 자연수를 순서대로 써놓고 2 이외의 2의 배수, 3 이외의 3의 배수, 5 이외의 5의 배수 등으로 이어지는 순서로 수를 지우면 끝에 남는 수가 소수라는 것이다. 그 유명한 '에라토스테네스의 체Sieve of Eratosthenes'다. 에라토스테네스는 알렉산드리아와 시에네에서 정오에 해가 만드는 그림자에 착안하여 지구 둘레를 처음으로 계산해 $45,000km$(정확한 거리는 약 4만km)라는 근사값을 얻었다. 지도에 위도와 경도의 좌표를 표시한 것도 그가 처음이다. 프랑스의 수학자 마랭 메르센Marin Mersenne(1588~1648)은 '2의 거듭제곱에서 1이 모자란 수'를 '메르센 소수Mersenne number'라고 불렀다. '$M_n = 2^n - 1$'로 표현할 수 있는 3, 7, 15, 31, 63, 127, 255, 511, 1023, 2047, 4095, 8191,…… 같은 숫자다.[3]

소수점 자릿수가 가장 긴 π값이 그렇듯, 가장 큰 소수도 호사가好事家들의 이야깃거리다. 밤하늘을 뒤져 이름 없는 새로운 별을 찾듯, 발견되지 않은 새로운 소수를 하나하나 찾아내는 사람들이 있다. 미국 센트럴미주리 대학의 커티스 쿠퍼Curtis Cooper 교수는 2016년 1월 새로운 가장 큰 소수를 발견했다고 발표했다. 자릿수가 자그마치 2,233만이고, 이것은 49번째 메르센 소수($2^{74,207,281}-1$)다. 메르센 소수로는 '$M_{74207281}$'로 간단하게 표현하지만, 읽는 데만 서너 달이 걸릴 정도다. 보통 사람이 맨눈으로 읽을 수 있는 가장 작은 글자 크기인 4포인트로 인쇄하면 500쪽 분량의 책이 된다. 쿠퍼 교수는 지난 20년간 가장 큰 소수 기록을 계속 갱신하며 4개나 발견했다.[4]

에라토스테네스

마랭 메르센

커티스 쿠퍼

ⒸBryan Tebbenkamp,
UCM Photo Services

소수가 π와 연결된다

인간은 소수를 몇 개나 찾아낼 수 있을까? 소수는 정말 무한히 많은가? '기하학의 아버지' 에우클레이데스(유클리드, 기원전 325년경~기원전 265년경)는 이미 2300년 전에 『기하학 원본Elements, 원론』 9권 「명제 20」에서 '소수는 무한하게 존재한다'(There are infinitely many prime numbers)라며 증명해놓았다. p_1, p_2,……, p_n이 소수일 때, p_1, p_2,……, p_n의 공배수를 하나 골라 N이라 하면, $N = p_1 \times p_2 \times …… \times p_n$으로 나타낼 수 있다. 그러면 'N+1'은 p_1, p_2,……, p_n 중 어떤 것으로 나누어도 나머지가 1이다. 'N+1'의 소인수는 p_1, p_2,……, p_n과는 다르다. 바로 이 소인수가 새로운 소수이기 때문에, 결국 소수는 무한히 많다는 것이다. 18세기에 스위스의 수학자 레온하르트 오일러Leonhard Euler(1707~1783)도 소수의 역

에우클레이데스

레온하르트 오일러

토머스 나이슬리

수의 합이 무한하다는 것을 밝혀 결국 소수가 무한하다는 것을 증명했다. 이를 '소수의 역수의 합의 발산Divergence of the sum of the reciprocals of the primes'이라 한다.[5]

$$\sum_{p \text{ prime}} \frac{1}{P} = \frac{1}{2} + \frac{1}{3} + \frac{1}{5} + \frac{1}{7} + \frac{1}{11} + \frac{1}{13} + \frac{1}{17} + \cdots = \infty.$$

소수가 무한하다는 걸 알아차린 수학자들은 소수의 분포에 대해 관심을 가졌다. 소수가 등장하는 법칙이 있는 걸까? 소수는 어떤 자리에서는 자주 나타나고 어떤 자리에서는 뜸하기 때문이다. 특히 '쌍둥이 소수'의 분포는 어떤 의미를 가진 걸까? '쌍둥이 소수'란 어떤 수 p가 소수이고 p+2도 소수일 때, (p, p+2)를 부르는 말이다. 예를 들어 (3, 5), (5, 7), (11, 13), (17, 19), (29, 31), …… (1,000,000,000,061, 1,000,000,000,063),……은 쌍둥이 소수다. 미국의 토머스 나이슬리Thomas Nicely는 1994년 쌍둥이 소수의 역수의 합을 계산하다가 인텔 펜티엄 마이크로프로세서 칩이 나눗셈을 할 때 일으키는 오류를 발견하기도 했다.

프로이센 수학자 크리스티안 골드바흐Christian Goldbach(1690~1764)는 1742년 '2보다 큰 모든 짝수는 소수의 합으로 표현할 수 있다'는 '골드바흐의 추측Goldbach's Conjecture'을 발견하고 오일러에게 편지로 보냈다.

오일러도 '소수의 역수의 발산의 합'을 토대로 조금 복잡한 수식이지만, '오일러 곱셈공식Euler product formula'을 이용하여 소수의 분포를 대략 알아내는 방법을 제시했다.

$$\sum_{n=1}^{\infty} \frac{1}{n} = \prod_{p} \frac{1}{1-p^{-1}} = \prod_{p} \left(1 + \frac{1}{p} + \frac{1}{p^2} + \cdots\right)$$

(편지 이미지 - 손글씨 편지)

$$4=2+2$$
$$6=3+3$$
$$8=3+5$$
$$10=3+7=5+5$$
$$12=5+7$$
$$14=3+11=7+7$$
$$16=3+13=5+11$$
$$18=5+13=7+11$$
$$20=3+17=7+13$$

'골드바흐의 추측'

오일러는 제곱수의 역수를 무한히 더한 값인 제타 함수를 $\zeta(s)=\sum\limits_{k=1}^{\infty} k^{-s}$ 와 같이 표현했다. 결국 오일러는 곱셈공식을 바탕으로 's=2'인 경우 제타 함수의 값이 π의 제곱에 비례한다는 놀라운 사실을 발견했다. 무의미하게 나열된 것으로 보였던 소수가 원주율과 관계가 있다는 것이다.

크리스티안 골드바흐

$$\zeta(2) = \sum_{n=1}^{\infty} \frac{1}{n^2} = \frac{1}{1^2} + \frac{1}{2^2} + \frac{1}{3^2} + \frac{1}{4^2} + \cdots = \frac{\pi^2}{6}$$

더 이상 나눌 수 없는 '수의 원자Atoms of numbers'라고 할 수 있는 소수Prime number가 '가장 완벽한 도형', '가장 아름다운 도형'인 원과 관계가 있다! 수학자들이 '창조주의 암호'에 한 발 다가선 것일까?

리만 가설을 풀면 영생을 얻는다?

카를 가우스

베른하르트 리만

영화 〈뷰티풀 마인드〉

ⓒuniversal pictures

독일의 카를 가우스^{Karl Gauss(1777~1855)}는 낙엽이 둥지 바로 밑에는 많이 떨어지지만 둥지에서 멀수록 적게 떨어지는 것과 마찬가지로 소수도 1을 중심으로 할 때 멀수록 소수가 적게 분포할 것이라고 예측했다. 가우스의 '소수 정리^{Prime Number Theorem}'다. 어떤 큰 수 N에 가까운 정수 하나를 무작위로 골랐을 때 그 정수가 소수일 확률은 $\frac{1}{\ln N}$에 가까워진다는 것이다(ln은 자연로그).

베른하르트 리만^{Bernhard Riemann(1826~1866)}은 스승인 가우스의 '소수 정리'를 바탕으로 오일러의 제타 함수를 눈에 보이는 입체 그래프로 그려본 결과 함수값이 '0'이 되는 점 4개가 나타났다. 그는 더 많은 영점^{Zero point}이 같은 직선 위에 있을 것으로 추측했다. 곧 $a+bi$ 의 형태로 이루어진 복소수^{Complex number}의 함수, 복소함수^{Functions of complex variable}가 '0'이 되는 값의 분포가 일직선상에 있다는 것이다. 이것이 그 유명한 '리만 가설^{Riemann Hypothesis}'이다. 드디어 인류는 소수의 법칙을 알 수 있는 공식을 찾은 것일까?

'창조주의 암호'를 풀려는 시도는 얼마나 혹독한 대가를 치러야 하는 것일까? 리만은 33살인 1859년 리만 가설을 담은 「주어진 수보다 작은 소수의 개수에 관하여」를 발표한 뒤 마흔 살에 폐결핵으로 죽었다. 영국의 고드프리 하디^{Godfrey Hardy(1877~1947)}와 존 리틀우드^{John Littlewood(1885~1977)}는 1914년 리만 가설을 증명한 것으로 오해할 만한 논문을 발표했다가 실패한 뒤 리만 가설이 틀렸다고 주장하며 평생 좌절 속에 살았다. 영화 〈뷰티풀 마인드^{Beautiful Mind}〉(2002)의 주인공 존 내시^{John Nash(1928~2015)}는 리만 가설을 증명해도 전혀 이상하지 않을 만큼 기대를 모은 천재 수학자였다. 리만 가설이 100년째 난제로 남아 있던 1959년, 100주년 기념 강연에서 내시는 갑자기 더듬거리기 시작했다. 2015년 부인과 함께 자동차 사고로 갑자기 사망하기까지 그는 평생 정신분열증을 앓았다. 이에 '리만 가설을 풀면 영생을 얻는다'거나 '푸는 바로 그 순간 미쳐버리거나 죽어버린다'는 소문까지 나돌았다. 리만 가설에 도전하는 것은 상금으로 걸린 '100만 달러를 버는 가장 어려운 방법'이고, 외계인을 만나면 제일 먼저 물어보고 싶은 질문이 "리만 가설은 과연 증명할 수 있는가?"란다. 묘비에 '우리는 알아야만 한다. 우리는 결국 알게 될 것이다'고 쓴 독일 수학자 다비트 힐베르트David Hilbert(1862~1943)가 죽었다가 500년 뒤에 깨어나면 제일 먼저 "리만 가설은 증명되었습니까?"라고 물어볼 것이라고도 한다.[6]

존 내시
ⓒⓒPeter Badge

다비트 힐베르트

창조주가 숨겨놓은 암호는 참 많다. 프랑스의 피에르 드 페르마Pierre de Fermat(1601~1665)는 그 암호를 몇 개 풀어놓고 얄밉게도 해법을 밝히지 않았다. 1637년 그는 그리스의 디오판토스Diophantos(201/215~285/299)가 쓴 산수론 『아리스메티카Arithmetica』의 제2권 8번 문제 밑에 "나는 놀라운 방법으로 이 정리를 증명했지만 책의 여백이 부족해 여기 옮기지는 않는다"고 썼다. 이것이 바로 '페르마의 마지막 정리Fermat's Last Theorem'다. 'a, b, c가 양의 정수이고 n이 3 이상의 정수일 때, $a^n + b^n \neq c^n$이다'는 것이다. 이 정리도 350년이 넘도록 리만 가설처럼 숱한 수학자들을 괴롭혔다. 결국 영국의 앤드루 와일스Andrew Wiles(1953~)가 1995년 증명하면서 모든 페르마의 정리는 인간의 영역으로 넘어왔다.[7]

디오판토스

미국의 클레이수학연구소는 2000년 인류가 풀어야 할 '밀레니엄 문제 7개'를 선정하고 각 문제를 푸는 사람에게 상금 100만 달러를 내걸었다. 1900년 힐베르트가 제시했던 '힐베르트 문제들'이 20

『아리스메티카(Arithmetica)』

피에르 드 페르마

그리고리 페릴만

ⓒⓢGeorge M. Bergman

보몽 드 로마뉴의 페르마 상 앞에 서 있는
앤드루 와일스

ⓒⓢKlaus Barner

1670년 출간된 피에르 드 페르마의 주석이 달린 디
오판토스의 『아리스메티카』 제2권 8번 문제(라틴어:
Qvæstio VIII) 밑에 페르마의 마지막 정리가 들어
있는 주석(Observatio domini Petri di Fermat)이
수록되어 있다.

세기 수학의 발전에 중요한 영향을 미쳤던 것처럼 밀레니엄 문제 7개
가 21세기 수학의 발전에 큰 역할을 할 것으로 기대하고 있다. 지금까
지 해결된 문제는 2002년 그리고리 페렐만Grigori Perelman(1966~)이 증명
한 '푸앵카레 추측Poincaré Conjecture'으로 2006년에서야 비로소 인정을
받았다. 나머지 6가지 문제는 지금도 여전히 세계 수학자들의 집요한
도전을 받고 있다. 이 가운데 'P-NP 문제P-NP Problem'와 '양-밀스 질
량간극 가설Yang-Mills existence and mass gap'은 한국 수학자들이 증명을 제
시하기도 했지만 아직 인정을 받지는 못했다.[8]

[표 1-1] 밀레니엄 문제[9]

문제	제기자 및 제기 연도		내용 요약	의미		해결
P-NP 문제	스티븐 쿡 Stephen Cook (1939~ , 미국)	1971	다항식시간 내에 풀 수 있는 문제인 P와 다항식시간 내에 문제에 대한 답이 맞는지 확인하는 NP가 서로 같은지 다른지 증명하는 것.	컴퓨터 과학 이론에서 중요한 문제.	X	2003년 전북대 김양곤 증명. 인정받지 못함.
호지 추측	윌리엄 호지 William Hodge (1903~1975, 영국) ©Paul HImos	1941	호지 코호몰로지와 특이 코호몰로지 들과 대수기하학적 코호몰로지 사이의 관계에 대한 추측.	대수기하학과 미분기하학 관련.	X	
푸앵카레 추측	질 앙리 푸앵카레 Jules-Henri Poincaré (1854~1912, 프랑스)	1904	모든 경계가 없는 단일 연결 콤팩트 3차원 다양체는 3차원 구면과 위상동형인가를 증명하는 것.	우주의 형태에 관한 추측.	O	2002년 그리고리 페렐만 (러시아) 증명 제시. 2006년 공식 인정.
리만 가설	베른하르트 리만 Bernhard Riemann (1826~1866, 독일)	1859	리만 제타 함수의 자명하지 않은 모든 영점의 실수부가 1/2이라는 추측. 소수의 등장 패턴이 일정하다는 가설.	소수의 분포와 연관.	X	
양-밀스 질량간극 가설	양전닝 Yáng Zhènníng (1922~ , 중국) 로버트 밀스 Robert Mills (1927~1999, 미국)	1954	양-밀스 이론과 질량간극 가설을 입증하는 문제. 쿼크와 글루온은 질량이 없지만 이 둘로 구성된 양성자는 질량이 있는 모순을 수학적으로 증명하는 것.	최초의 비가환 게이지 이론. 전자기학 다음으로 두 번째 게이지 이론.	X	2013년 건국대 조용민 증명. 검증 중.
나비에-스토크스 방정식	클로드 나비에 Claude Navier (1785~1836, 프랑스) 조지 스토크스 Sir George Stokes (1819~1903, 영국)		점성을 가진 유체의 운동을 기술하는 비선형 편미분방정식의 해를 구하는 문제.	날씨모델, 해류, 관에서 유체의 흐름, 은하에서 별의 움직임 설명.	X	
버치-스위너턴 다이어 추측	브라이언 버치 Bryan Birch (1931~ , 영국) ①③William stein 피터 스위너턴-다이어 Peter Swinnerton-Dyer (1927~ , 영국) ①③Renate Schmid	1965	타원곡선을 유리수로 정의하는 방정식이 가지는 해가 유한한지 무한한지 알 수 있는 방법을 구하는 문제.		X	

밀레니엄 문제에 도전!

허걱! 이쯤 하면 기가 질린다. 도대체 수학자들은 무엇을 위해 무슨 재미로 평생 이런 문제를 풀고 있는가? 디오판토스는 짓궂게도 자신의 묘비에까지 수학 문제를 적어놓았다. 문제를 풀지 못하면 그의 일생을 이해할 수 없는 셈이다. 디오판토스는 몇 살까지 살았을까? 84살에 죽은 그는 언제 묘비의 문제를 만들었을까?

신의 축복으로 태어난 그는 인생의 1/6을 소년으로 보냈다. 그리고 다시 인생의 1/12이 지난 뒤에는 얼굴에 수염이 자라기 시작했다. 다시 1/7이 지난 뒤 그는 아름다운 여인을 맞이하여 화촉을 밝혔으며, 결혼한 지 5년 만에 귀한 아들을 얻었다. 아! 그러나 그의 가엾은 아들은 아버지의 반밖에 살지 못했다. 아들을 먼저 보내고 깊은 슬픔에 빠진 그는 그 뒤 4년간 정수론에 몰입하여 스스로를 달래다가 일생을 마쳤다.[10]

고드프리 하디

리만 가설에 도전했던 악동 고드프리 하디는 죽음마저 수학으로 증명할 수 있다고 허풍을 떨었다. "만일 내가 당신이 5분 후에 죽을 것을 완벽히 증명할 수 있다면 매우 슬프겠지만, 증명의 기쁨으로 그 슬픔을 덜 수 있을 겁니다." 증명의 기쁨이 죽음의 슬픔보다 훨씬 크다는 것이다. 수학이 정말 그렇게 매력적인 학문일까? 보통 사람에게는 "글쎄올시다"일 수밖에 없다.

2004년 물리학자들은 가장 아름다운 방정식 20개를 선정했다. '수학에서 가장 아름다운 공식'으로 꼽히는 '오일러의 공식Euler's formula'이 물리학자의 눈에도 1위로 보였다.

오일러의 공식은 지극히 단순한 데다 중요하며 경이롭기까지 하다. 서로 아무런 관계가 없어 보이는 수인 0과 1, 그리고 자연로그(e)와 허수(i)와 원주율(π)을 결합해서 연관성을 밝혀냈기 때문이다. 실수 1에 무한소수와 허수의 결합을 더해서 0이 되다니 정말 놀라운 결과다. 수학에서 가장 중요한 3가지 연산인 덧셈과 곱셈과 거듭제곱을 한 번씩 사용했기 때문에, 또는 지수함수와 삼각함수가 연결된다는 사실을 설명했기 때문에 아름답다고도 한다.[11] 영화 〈박사가 사랑한 수식〉(2005)의 주인공 테아로 아키라 박사도 가장 아름다운 수식으로 오일러 공식을 꼽았다.

$$e^{ix} = \cos x + i \sin x$$
$$e^{i\pi} + 1 = 0$$

오일러의 공식: 위 식에서 x=p 로 하면 아래 식을 얻는다.

기억은 80분밖에 지속되지 않지만, 당신은 영원히 남아있습니다!

박사가 사랑한 √수식

영화 〈박사가 사랑한 수식〉 공식 포스터
ⓒ스폰지

[표 1-2] 가장 아름다운 수학 공식[12]

창안자	명칭	연도	수식	의미
피타고라스	피타고라스의 정리	기원전 6세기경	$a^2 + b^2 = c^2$ (a, b는 짧은 변, c는 빗변)	직각삼각형에서 빗변의 길이와 나머지 두 변의 길이 사이에 성립하는 비례 관계.
에우클레이데스	황금비율	기원전 4세기경	$\frac{a+b}{a} = \frac{a}{b} = \frac{1+\sqrt{5}}{2}$ (a, b는 각각 사각형의 긴 변, 짧은 변)	a, b의 비율이 약 1.618:1인 사각형을 '황금사각형'이라고 함.
레오나르도 피보나치	피보나치 수열	1200년경	$F_n = F_{n-1} + F_{n-2}$	
카를 가우스	최소제곱법	1795년	근사적으로 구하려는 해와 실제 해의 오차의 제곱의 합이 최소가 되는 해를 구하는 방법.	값을 정확하게 측정할 수 없는 경우에 유용.
레온하르트 오일러	오일러의 정리 (다면체 정리)	1752년	V=꼭지점, E=모서리, F=면, V−E+F=2	정다면체의 수가 다섯 개밖에는 없다는 것을 증명.
	오일러의 항등식	1748년	$e^{i\pi}=\cos\pi+i\sin\pi=-1$ $e^{i\pi}+1=0$	
조제프 라그랑주	라그랑주의 정리	1770년	모든 자연수는 4개를 넘지 않는 제곱수의 합으로 나타낼 수 있다.	

	명칭	연도	수식	의미
피에르 드 페르마	페르마의 마지막 정리	1637년	n이 2보다 큰 자연수일 때, $x^n = y^n + z^n$ n≥3일 때, x, y, z를 만족시키는 자연수는 존재하지 않는다.	
블레즈 파스칼	파스칼의 삼각형	1636년경	서로 다른 n개에서 r개를 선택하는 방법의 수를 묻는 문제 해결에 유용.	
존 네이피어	자연로그	1614년	$a > 0$, $a \neq 1$, $M > 0$이고 p가 실수일 때, (1) $\log_a 1 = 0$, $\log_a a = 1$ (2) $\log_a MN = \log_a M + \log_a N$ (3) $\log_a M/N = \log_a M - \log_a N$ (4) $\log_a M^p = p\log_a M$	큰 수의 곱셈과 나눗셈을 더 간단한 수의 덧셈과 뺄셈의 계산으로 바꾸어 간단하게 함.
스타니스 와프 울람	울람 나선		$4x^2 + bx + c$ (b, c는 정수)	소수 분포에 특정 패턴이 강한 경향이 있음.
알베르트 아인슈타인	질량–에너지 등가원리	1905년	$E = mc^2$ (E 에너지, m 질량, c 광속)	모든 질량은 그에 상당하는 에너지를 가지며, 질량이 커지면 에너지도 커진다.

들에 핀 꽃이 아름다운 이유

'수포자'(수학을 포기한 사람)나 '과포자'(과학을 포기한 사람)는 이들 공식이 도대체 왜 아름다운지 쉽사리 받아들이기 어렵다. 그렇다면 자연은 아름다운가? 음악이나 미술은 아름다운가? 아름답다면 왜 아름다운가?

"토끼 한 쌍이 매달 새끼 한 쌍을 낳는다면 1년에 모두 몇 마리가 태어나는가?" 이탈리아의 레오나르도 피보나치Leonardo Fibonacci(1170~1250)는 한 달마다 늘어나는 전체 토끼의 수는 1, 1, 2, 3, 5, 8, 13, 21, 34, 55, 89, 144, ……이라고 보았다. 처음 두 항은 1이고, 셋째 항부터 바로 앞의 두 항을 더한 값으로 이어지는 '피보나치 수열Fibonacci Sequence'

1개월   F1=1

2개월   F2=1

3개월   F3=2

4개월   F4=3

5개월   F5=5

  F6=8

피보나치

이다. 피보나치 수열이 아름다운 이유는 곳곳에서 드러난다. 꽃잎의 수를 세어보면 거의 모든 꽃잎이 1장, 3장, 5장, 8장, 13장, ……으로 되어 있다. 백합은 1장, 붓꽃은 3장, 채송화, 패랭이, 동백, 장미는 5장, 모란, 코스모스는 8장, 금불초와 금잔화는 13장이다. 과꽃과 치커리는 21장, 질경이와 데이지는 34장, 쑥부쟁이는 종류에 따라 55장과 89장이다. 씨앗은 꽃머리에서 왼쪽과 오른쪽으로 엇갈리게 나선 모양으로 자리를 잡는다. 데이지 꽃머리에는 34개와 55개의 나선이 있고, 해바라기 꽃머리에는 55개와 89개의 나선이 있다. 가장 좁은 공간에 가장 많은 씨앗을 촘촘하게 배열하기 위해 꽃은 '최적의 수학적 해법'으로 피보나치 수열을 선택하는 것이다. 줄기에서 잎을 배열하는 잎차례도 마찬가지다. 잎이 제각기 최소의 그늘에서 최대의 햇빛을 받기 위한 전략이다.

피보나치 수열에서 앞항과 뒤항의 비율을 계산해보자. 1/2, 2/3, 3/5, 5/8, 8/13, ……을 소수로 풀면 1.618에 가까운 무한소수로 이어

자연에 숨어 있는 창조주의 암호를 풀어라

39

진다. 그렇다. 1.618은 황금비^{Golden Ratio}다.

고대 그리스의 수학자 에우독소스^{Eudoxos(}기원전 408~기원전 355)가 만든 명칭으로, 황금비를 나타내는 파이(ø:1.618)도 황금비를 조각에 애용했던 고대 그리스의 페이디아스

Pheidias(기원전 480년경~기원전 430년)의 이름에서 따왔다. 황금비는 자연에서 얼마든지 찾아낼 수 있다. 나선형으로 커지는 달팽이, 고둥, 소라, 앵무조개, 사람의 귓바퀴에서 태풍의 눈이나 나선은하에 이르기까지 황금비로 퍼지는 피보나치 수열의 아름다운 모습을 발견할 수 있다. 황금비는 사람의 몸에도 나타난다. 팔의 길이를 어깨 폭으로 나눌 경우, 키를 발끝에서 배꼽까지의 높이로 나눌 경우도 황금비에 가깝다. 잘생긴 미인의 얼굴에도 황금비가 보인다. 두 눈을 좌우로 연결한 선에서 코끝까지의 수직선을 입술 중앙에서 코끝까지 길이로 나누면 황금비가 되고 두 눈을 연결한 선에서 턱 끝까지 수직 높이로 나눠

에우독소스

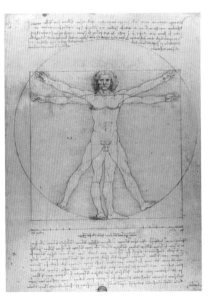

인체비례도
(THE VITRUVIAN MAN, 1485년경)

도 황금비가 나온다. 어쩌면 자연은 불규칙하고 무질서하며 우연이 지배하는 세상이 아니라 굉장히 정교하고 복잡한 법칙에 따라 움직이고 있을지도 모른다. 수학자와 과학자의 역할은 그 아름다운 법칙을 찾아내는 것이다. 아름다운 법칙을 구현하는 것은 예술가의 몫이다. 이집트의 피라미드, 밀로의 비

너스, 파르테논 신전, 석굴암, 부석사 무량수전 같은 건축이나 조각은 물론 레오나르도 다빈치의 '모나리자'나 '최후의 만찬'이나 '인체비례도' 같은 그림에서 황금비를 쉽게 발견할 수 있다.[13]

고대 그리스의 피타고라스Pythagoras(기원전 580년경~기원전 490년경)는 대장간에서 아름다운 조화를 이루는 망치 소리를 듣고 분석한 결과 두 망치의 무게가 1:2나 2:3 같은 정수비를 이루는 것을 발견했다. 또 하나의 줄을 2, 3, 4, 5, 6등분하면 한 옥타브의 모든 음을 만들 수 있다는 것도 알아냈다. '낮은 도'(1)를 기준으로 레(8/9), 미(4/5), 파(3/4), 솔(2/3), 라(3/5), 시(5/9), '높은 도'(1/2)가 모두 자연수의 비례로 만들어

피타고라스, 음악을
수학으로 증명하다

©Theoria Musica,
Franchino Gafurio, 1492

진 것이다. 피타고라스는 해와 달과 모든 별들이 하루에 한 번씩 지구를 돌면서 신을 위해 '천체의 음악Music of the spheres'을 연주하고 있다고 주장했다. 오선지에 음표가 놓인 것처럼, 수성·금성·지구·화성·목성·토성이 제각기 음정을 내는 궤도에 자리를 잡고, 수성은 가장 높은 음을, 토성은 가장 낮은 음을 낸다는 것이다. 요하네스 케플러 Johannes Kepler(1571~1630)는 행성의 각 속도를 순정률의 음정으로 표현하여 다성음악에 맞는 우주의 질서를 구현하고 싶어 했다. 오일러는 아름다운 음악이 어떻게 만족감을 일으키는지 수학으로 설명하려 했다. 이처럼 음악은 과학혁명이 한창이던 17세기까지 산술, 기하, 천문과 함께 과학을 이루는 4과목Quadrivium 가운데 하나였던 것이다.

요하네스 케플러

호기심의 바다를 향하여[14]

수학이나 과학을 잘해야 자연이나 예술의 아름다움을 느낄 수 있다면 세상은 정말 무미건조할 것이다. 자연이나 예술의 아름다움을 깨쳐야 수학이나 과학을 잘할 수 있다는 것도 어불성설이다. 수학이나 과학이 아무리 재미있고 아름답다고 한들 아무도 가르쳐주지 않으면 어떻게 그 즐거움을 깨칠 수 있을까? 그러면 수학이나 과학은 몇몇 전문가의 따분한 영역일 수밖에 없다. 유명한 수학자나 과학기술자들은 어린 시절에 어떤 계기로 수학과 과학에 흥미를 느끼게 됐을까?

알베르트 아인슈타인Albert Einstein(1879~1955)은 자서전에서 5살 때 아버지에게서 나침반을 선물로 받고 자석의 신비에 푹 빠져 과학자의 길을 걷게 됐다고 고백했다. 리처드 파인먼Richard Feynman(1918~1988)은 어릴 때 장난감 트럭 위에 올려놓은 구슬이 자동차의 진행방향과 반대로 움직이는 것을 보고 아버지와 함께 실험과 토론을 계속하면서 과학에 관심을 가졌다. 처음으로 유인 동력 비행에 성공한 라이트 형제Wilbur & Orville Wright(윌버: 1867~1912, 오빌: 1871~1948)는 어릴 때 아버지에게서 고무줄 동력으로 날아가는 헬리콥터 장난감을 선물 받고 비행에 대한 관심을 싹틔웠다. 미국 최고의 건축가로 꼽히는 프랭크 라이트Frank Wright(1867~1959)는 어머니가 필라델피아 박람회에서 구해 온 나무토막으로 쌓기놀이를 하며 어릴 때부터 공간 개념을 익혔다. 그에게 건축가의 꿈을 심어준 그 나무토막이 바로 유치원의 창시자인 프리드리히 프뢰벨Friedrich Fröbel(1782~1852)이 개발한 은물恩物(gift)이다. 『곤충기』로 유명한 앙리 파브르Henri Fabre(1823~1915)는 학교도 제대로 다니지 못할 정도로 가난했기 때문에 장난감은 감히 꿈도 꿀 수 없었다. 그래서 어린 시절 그의 손과 주머니에 가득 잡혀 있는 온갖 곤충들이 장난감 역할을 대신할 수밖에 없었다. 아예 장난감을 만들어서 가지고 노는 과학자도 있다. 아이작 뉴턴Isaac Newton(1642~1726/1727)은 어릴 때 생쥐를 잡아 장난감 방앗간을 만들었다. 그 불쌍한 생쥐는 소처럼 무거운 연자방아를 돌린 것이 아니라, 다람쥐처럼 쳇바퀴를 돌려 방아를 움직였다. 이 장난감 방앗간으로 실제로 밀을 빻았다고 하니 뉴턴의 장난은 장난이 아니었다고나 할까.

©Russell Watkins/DFID

빌게이츠(위)와
삼목놀이(아래)

장난감도 시대에 따라 달라진다. 뉴턴의 장난감이 생쥐와 방앗간이었다면, 빌 게이츠Bill Gates(1955~)의 장난감은 컴퓨터였다. 빌 게이츠는 13살 때 삼목놀이Tic-tac-toe용 소프트웨어를 개발했다. 삼목놀이란 가로세로 3×3의 바둑판 모양의 빈 칸에 ○와 ×를 번갈아 넣으면서 한 모양을 3개 연달아 놓는 쪽이 이기는 게임이다. 그의 목소리를 직접 들어보자.

당시 컴퓨터에는 모니터가 없었다. 우리는 순서대로 타자기처럼 생긴 키보드의 자판을 누른 다음, 얌전히 앉아서 프린터가 치리릭 치리릭 시끄러운 소리를 내며 결과를 종이에 찍어 보여줄 때까지 기다렸다. 결과가 나오면 우리는 냅다 그리로 뛰어가서 자판을 눌러 다음 칸을 메꾸거나 누가 이겼는지 확인했다. 연필과 종이로 30초면 너끈히 해치울 수 있는 삼목놀이로 점심시간을 몽땅 허비하는 경우도 있었다. 그러나 아무도 불평하지 않았다. 컴퓨터가 신기하기만 했던 것이다.

아이들이 거기에 흠뻑 빠져들었던 것은 거대하고 값비싸고 번듯한 기계를 우리 같은 어린이가 조작할 수 있다는 데서 오는 희열 때문이었음을 뒤늦게 나는 깨달았다. …… (중략) …… 어린 우리가 거대한 기계한테 명령을 내리면, 기계는 꼬박꼬박 그 지시를 따른다는 사실이 놀라웠다.[15]

이처럼 유명한 과학기술자는 어린 시절 부모에게서 받은 선물에서 과학기술에 대한 흥미를 느끼고, 부모와의 대화와 토론을 통해 과학기술에 대한 관심을 발전시켜갔다. 또 스스로 발견하거나 발명한 장난감을 단순한 놀이의 대상이 아니라 관찰과 탐구의 대상으로 승화시켜갔다.

자, 지금 우리나라에서 과학에 흥미를 느끼고 과학을 계속 탐구하고 싶어 하는 '어린 과학기술자'가 얼마나 될까? 또 그 '어린 과학기술자'를 위해 사려 깊게 선물을 고르고, 과학을 주제로 함께 대화하고 토론하는 부모는 얼마나 될까? 한국의 청소년들이 과학에 대해 재미를 느끼지 못하는 가장 큰 이유는 부모가 과학에 대해 재미를 느끼지 못하기 때문이다. 부모의 관심에서 이미 삭제된 영역을 자녀의 관심 속에서 발견하기를 기대하는 것은 무리다. 요즘 청소년은 재미있는 과학에 노출될 기회, 곧 과학의 참맛을 느껴볼 기회가 적은 것이다. 과학의 참맛을 알려줄 수 있는 사람이 필요하다. 과학을 이해하는 사려 깊은 부모를 두는 것은 위대한 과학자를 낳는 가장 좋은 조건 가운데 하나일 뿐이다. 부모가 아니라면, 친척이나 친구, 교사를 비롯하여 가장 가까이에 있는 과학자가 그 역할을 할 수 있어야 한다. 우리나라는 바로 곁에서 과학의 참맛을 알려줄 사람이 거의 없다는 것이 문제다.

그런데 부모나 학교나 정부는 수학이나 과학에 흥미를 가지라고 다그칠 뿐 왜 아무도 그 즐거움을 가르쳐주지 않을까? 안타깝게도 어릴 때부터 수학이나 과학에 즐거움을 느끼고 생활에서 그 즐거움을 계속 발전시키는 사람은 별로 보이지 않는다. 부모나 학교나 정부는 왜 수학이나 과학을 자꾸 가르치려고만 할까? 그 즐거움만 알려주면 될 텐데……. 생텍쥐페리Saint-Exupery(1900~1944)가 말했다. "배를 한 척 지으려면 일을 지시하고 일감을 나눠주지 말고, 넓은 바다에 대한 동경을 키워줘라.(If you want to build a ship, don't drum up people to collect wood and don't assign them tasks and work, but rather teach them to long for the endless immensity of the sea.)"

찰스 다윈Charles Darwin(1809~1882)이 어린 시절에 아버지 때문에 과학을 싫어했다는 사실을 아는 사람은 별로 없다. 의사 집안인 부계와 도자기 명문가인 모계의 부유한 집안에서 태어난 다윈은 할아버지와 아버지의 뒤를 이어 의사가 되라는 아버지의 강요 때문에 과학 과목을 매우 싫어했다. 다윈은 할아버지 이래즈머스 다윈Erasmus Darwin(1731~1802)이 생물의 진화설을 주장했고, 사촌인 프랜시스 골턴 Francis Golton(1822~1911)이 우생학의 창시자가 될 만큼 과학의 토양이 풍부

다윈 집안 사람들.
(위쪽부터) 찰스 다
윈, 할아버지 이래즈
머스 다윈, 사촌 프
랜시스 골턴, 외삼촌
조사이어 웨지우드

한 집안에서 자랐다. 또 외삼촌 조사이어 웨지우드 2세Josiah Wedgwood Ⅱ (1769~1843)는 강경한 아버지를 끈질기게 설득하여 그가 비글Beagle호를 탈 수 있도록 배려해주었다. 이런 주변 환경이 다윈이 과학의 참맛을 마음껏 만끽할 수 있도록 만들어주었던 것이다. 다윈은 파브르처럼 그저 살아 있는 장난감(곤충)을 갖고 놀기를 즐거워하고, 식물, 광석, 조개껍데기, 동전, 우표 따위를 수집하는 데 골몰한 평범한 개구쟁이였을 뿐이다. 또 호수에서 동식물을 채집하고, 굴을 잡는 어부를 따라다니며 바다 생물을 관찰하고, 박물학자를 따라 남아메리카에 갔던 흑인에게서 새를 박제하는 방법을 배우는 것만 좋아했을 따름이다. 다윈은 아버지 때문에 학교 공부의 흥미를 잃었지만, 친척과 주변 사람들의 배려 아래 과학에 대한 관심을 싹틔우고 열정을 불태울 수 있었다. 다윈은 학교에서 배우는 과학은 싫어했지만, 자연에서 다양한 과학의 영양분을 풍부하게 섭취하고 과학의 진정한 맛을 만끽할 수 있었던 것이다. 어린 다윈이 곤충을 얼마나 좋아했는지, 숲 속에서 희귀한 풍뎅이를 발견하고 흥분한 그의 목소리를 들어보자.

내가 얼마나 신이 났었는가 하면 말이지, 언젠가 늙은 나무껍질을 떼어내다가 아주 보기 드문 풍뎅이 두 마리를 보고는 양손에 한 놈씩 잡았지. 그러고 있는데 전혀 새로운 세 번째 놈을 보았지. 차마 놓칠 수가 있어야지. 그래서 오른손에 잡았던 놈을 그냥 입속에 집어넣고 말았지 뭔가.[16]

주

1. http://twitter.com/demishassabis/status/707474683 906674688

2. Malcolm W. Browne, "Mathematicians Turn to Prose in an Effort to Remember Pi", *New York Times*, 1988. 7. 5.

3. 소수에 관한 내용은 "Sieve of Eratosthenes", Wikipedia (http://en.wikipedia.org/wiki/Eratosthenes%27 Sieve); "에라토스테네스의 체", 네이버캐스트 (http://navercast.naver.com/contents.nhn?rid=22&contents_id=20310) 등을 참조했다.

4. 가상 큰 소수에 관한 내용은 "숫자 하나가 500쪽이나 된다고? 거대 소수를 찾는 사람들", (http://www.dongascience.com/news/view/10527); "'자릿수 2천233만' 새로운 소수 발견", (http://www.ytn.co.kr/_ln/0104_201601211317546443) 등의 기사를 참조했다.

5. 소수의 무한성과 관련해서는 "Divergence of the sum of the reciprocals of the primes", Wikipedia (http://en.wikipedia.org/wiki/Divergence_of_the_sum_of_the_reciprocals_of_the_primes); "소수는 왜 무한한가", 네이버캐스트 (http://navercast.naver.com/contents.nhn?rid=22&con tents_id=20310) 등을 참조했다.

6. 리만 가설과 관련된 글은 "리만 가설", 네이버캐스트 (http://navercast.naver.com/contents.nhn?rid=22&contents_id=42140); "Riemann hypothesis", Wikipedia (https://en.wikipedia.org/wiki/Riemann_hypothesis); "힐베르트의 23가지 문제", 네이버캐스트 (http://navercast.naver.com/contents.nhn?rid=22&contents_id=7528) 등을 참조했다.

7. "페르마의 마지막 정리 증명한 앤드루 와일스, 아벨상 수상!", 〈과학동아〉(http://www.dongascience.com/news/view/11366).

8. 케이스 데블린 지음, 전대호 옮김, 『수학의 밀레니엄 문제들 7』(까치글방, 2004); "밀레니엄 문제", 위키백과, (http://ko.wikipedia.org/wiki/%EB%B0%80%EB%A0%88%EB%8B%88%EC%97%84_%EB%AC%B8%EC%A0%9C).

9. 케이스 데블린 지음, 앞의 책; "밀레니엄 문제", 앞의 웹사이트.

10. "Diophantos", Wikipedia (http://en.wikipedia.org/wiki/Diophantus).

11. 리오네 살렘 외 지음, 장석봉 옮김, 『세상에서 가장 아름다운 수학공식』(궁리, 2012); 존 M. 헨쇼 지음, 이재경 옮김, 『세상의 모든 공식』(반니, 2015).

12. 리오네 살렘 외 지음, 앞의 책; 존 M. 헨쇼 지음, 앞의 책; http://ko.wikipedia.org

13. 피보나치 수열과 관련된 황금비와 관련된 내용은 이광연, 『자연의 수학적 열쇠, 피보나치 수열』(프로네시스, 2006); "황금비", 네이버캐스트 (http://navercast.naver.com/contents.nhn?rid=22&contents_id=10499) 등을 참조했다.

14. 이 절은 허두영이 쓴 "니들이 과학의 참맛을 알어?"(http://web.kyunghee.ac.kr/~khugnews/past/120/17.html)를 그의 허락을 받고 옮겨놓은 것이다.

15. 빌 게이츠 지음, 이규행 옮김 , 『(빌 게이츠의) 미래로 가는 길』 (삼성, 1995).

16. 브로노프스키 지음, 김은국 옮김, 『인간 등정의 발자취』 (범양사 출판부, 1985).

'Liberal arts'를 모르는 자는 이 문을 나서지 마라

"이게 들국화, 이게 싸리꽃, 이게 도라지꽃……."

"도라지꽃이 이렇게 예쁜 줄 몰랐네. 난 보랏빛이 좋아!"

국어교과서에 실린 황순원의 소설 「소나기」(1953년)에서, 소년이 서울
에서 전학 온 윤초시네 증손녀와 나누는 대화다. 이 대목에서 국어
선생님은 읽기를 멈추고 '보랏빛'은 죽음을 상징한다고 설명한 뒤, 칠
판에 '복선伏線'이라고 쓰면서 '보랏빛'은 비극적인 결말의 복선이라고
덧붙인다. 보랏빛이 왜 죽음을 상징하는 걸까? 어둡고 우울한 느낌을
주는 색이라서 그렇다고 한다. 국어 선생님도 학교에서 그렇게 배웠
고, 배운 대로 가르치고 있는 익숙한 장면이다.

　이 수업에 참견해보자. 도라지꽃을 본 적이 있는 학생은 몇 명이나
될까? 혹시 선생님도 도라지꽃을 알지 못하는 건 아닐까? 설마! 도라
지꽃이 무슨 색으로 피는지 알까? 소녀는 흰색과 보라색을 보고 '보
랏빛'을 골랐다. 같은 보랏빛이라도 제비꽃과 도라지꽃은 느낌이 다르

다. 도라지꽃의 '보랏빛' 느낌을 학생들이 알까? 이해인 수녀는 "엷게 받쳐 입은 보랏빛 고운 적삼"이라고 표현했다. 도라지꽃을 제대로 본 적도 없는 학생이나 선생님이 윤초시네 증손녀의 말에 얼마나 공감할 수 있을까?

좀 더 '짓궂은' 질문을 해보자. 도라지에서 꽃의 색깔을 결정하는 요소는 무엇일까? 어떤 환경에서 흰색이나 보라색으로 피는지 가르쳐주는 선생님이 과연 몇이나 될까? 꽃의 색깔을 결정하는 것은 안토시아닌anthocyanin, 카로티노이드carotinoid, 엽록소 등의 식물색소들이다.[1] 토양이 산성이면 붉은색을, 알칼리성이면 파란색을 띠게 만든다. 식물색소가 없으면 흰색이 나타난다. 수국이나 라일락도 도라지처럼 흰색에서 보라를 거쳐 파란색에 이르는 대역에서 꽃의 색깔이 달라진다. 도라지꽃으로는 용액이 산성인지 알칼리성인지 파악하는 리트머스 기능을 하는 천연 지시약도 만들 수 있다.

황순원의 「소나기」도 천연 지시약도 모두 초등 5, 6학년에서 다루는 내용이다. 국어 선생님이 도라지꽃의 보랏빛 비밀에 대해 살짝 언급해주거나, 과학 선생님이 천연 지시약을 설명하면서 「소나기」를 잠

국어 선생님이 도라지꽃의 보랏빛 비밀을 이야기해주거나 과학 선생님이 천연지시약을 설명하면서 「소나기」를 언급해주면 좋지 않을까.
ⓘⓒAtilin
ⓘⓒKurt Stueber

깐 언급해주기만 해도 수업 효과는 크게 달라질 것이다. 학교 꽃밭에 도라지를 심어놓고 학생들이 관찰하게 하는 것도 훌륭한 수업이 될 것이다. 도라지꽃의 보랏빛 비밀을 국어와 과학이 어우러지는 영역에서 탐구할 수 있는 것이다.[2]

문과와 이과는 왜 나누어졌는가?

국어 선생님은 왜 도라지꽃의 보랏빛 비밀을 설명하지 못하고, 과학 선생님은 왜 도라지꽃의 보랏빛 복선을 이해하지 못하는 걸까? 국어 선생님은 왜 과학의 아름다움을 느끼지 못하고, 과학 선생님은 왜 문학적 상상력을 키우지 못하는 걸까? 도대체 문과와 이과를 나누는 기준은 무엇이며, 언제부터 왜 나누기 시작했을까?

문과와 이과의 구분은 제2차 교육과정(1963~1973)에서부터 고등학교 과정에 처음 도입됐다. 인문계人文系(Humanities Track)라고도 불리는 문과文科는 인간과 사회에 관하여 사상, 심리, 역사 등을 연구하는 학문으로, 문학, 철학, 사학에 관한 학문에다 법학, 경제학 등도 포함한다. 자연계自然系(Sciences Track) 또는 이공계理工系(Natural Sciences & Engineering Track)라고도 불리는 이과理科는 수학, 자연과학 및 그것을 응용한 학문을 통칭한다.

우리나라에서 문과와 이과를 구분하게 된 것은 경제성장 정책의 산물이다. 경제개발 5개년 계획이 처음 추진되던 당시 농업 생산력을 높이고, 전력과 석탄 같은 에너지를 확충하며, 정유·비료·화학·기계 분야의 산업을 발전시킨다는 목표 아래 산업화 시대에 적합한 전문인력을 양성하기 위해 문과와 이과를 나눈 것이다. 1994년 대학수학능력시험의 영향으로 이과와 문과의 구분이 더 심해졌다. 제7차 교육과정(1997~현재)부터 공식적으로 문과와 이과의 구분이 사라졌지만, 대학입시를 준비하기 위해 아직도 개별 학교에서는 문과와 이과로 나누어 수업을 하고 있는 것이 현실이다.

교과과정에서 공식적으로 문과와 이과의 구분을 없앴는데 학교에서 아직도 나누는 이유는 무엇인가? 대학수학능력시험 때문이다. 수능에서 이과생은 사회탐구과목 시험을 볼 필요가 없고, 문과생은 과학탐구과목 시험을 치를 필요가 없다. 시험을 칠 필요가 없는 게 아니라 아예 시험을 칠 수가 없다. 사회탐구와 과학탐구가 같은 시간에 배정되어 있기 때문에, 같은 시간에 다른 장소에 동시에 존재할 수 있는 양자역학적 인간이 아닌 다음에야 시험을 치를 수가 없는 것이다. 대학에서 내신과 수능성적 처리규정을 문과와 이과로 구분하고 서로 다른 논술주제를 출제하는 것도 문제다. 또 기업과 정부가 문과와 이과로 나누어 인력을 채용하고 관리하는 것도 문과와 이과의 골을 더 깊이 갈라놓는다. 따라서 일선 학교에서 학생의 진학과 취업을 위해 문과와 이과로 나누어 교육하는 것은 어쩌면 당연한 결과일 것이다.

그래도 문과와 이과를 나누는 기준이 무엇인가에 대한 의문은 여전히 남는다. 당사자인 학생은 물론 학부모와 교사조차 문과와 이과를 나누는 기준을 모른다. 거의 대부분의 경우 일선 학교에서 문과와 이과를 나누는 기준은 '수학'이다. 수학을 못하면 문과, 잘하면 이과라는 이분법이다. 왜 수학이 문과와 이과를 나누는 기준이 되었을까? 수학이 아니라면 도대체 무엇을 보고 문과와 이과로 나누는 걸까? 실제로 문과와 이과는 구분할 수 있는 기준이 없을 뿐만 아니라 나눌 필요조차 없다. 문과와 이과는 학문적으로나 현실적으로

나 나눌 수 있는 뚜렷한 경계가 없기 때문이다. 철학과 경영학은 같은 문과이니 가깝고, 경영학과 산업공학이 각각 문과와 이과이니 멀다고 할 수가 없다. 근대 이론과학의 선구자인 아이작 뉴턴은 신학을 신봉했고, 생물진화론을 정립한 찰스 다윈은 토머스 맬서스Thomas Malthus(1766~1834)의 인구론과 같은 사회학에 관심이 많았다.

토머스 맬서스

서양에서 문과와 이과로 표현되는 용어가 있다면, 각각 인문학Humanities, 인문주의Humanism와 과학Science, 과학기술Science and Technology일 것이다. 이 구분은 사실 19세기 과학기술의 실용적 가치와 사회적 성과에 대해 인문학 또는 인문주의의 도덕적 가치와 지적인 성찰이 대립하면서 생겨난 것이다. 17~18세기에 뉴턴과 데카르트René Descartes(1596~1650)의 영향을 받아 모든 세계를 수학적 지식과 선험적 이성으로 이해하려는 과학주의Scientism에 맞서 18~19세기에 인간의 억압된 감정을 해방하고 도덕적 신념을 강조하는 낭만주의Romanticism가 등장한 것과 마찬가지다. 따라서 서양의 문과와 이과는 단순히 당시 실용성과 전문성을 중시하는 문화에 대한 반감에서 생겨난 것이지 영역을 구분하려 했던 것은 아니었다. 우리나라의 교육제도로서 문과와 이과의 구분은 과학과 인문학의 경직된 구분이다. 아직도 존속하는 문과와 이과의 구분은 기준도 없고 근거도 없이 어쩔 수 없는 관습으로 지속되고 있을 뿐이다.

아이작 뉴턴

데카르트

엉뚱한 곳으로 부는 인문학 열풍

2000년대 초 한국에 느닷없이 인문학 열풍이 불었다. 기업의 대표이

사를 대상으로 하는 조찬 주제가 인문학으로 바뀌고, TV 방송에서 인문학 토크쇼가 편성됐으며, 대기업의 면접관들은 쩔쩔매는 면접생에게 인문학에 관한 아리송한 질문을 퍼부었다.[3] 인문학 독서모임과 인문학 카페에는 퇴근한 직장인들이 몰려들고, 심지어 백화점과 동네의 문화센터에도 아줌마를 위한 인문학 강좌가 등장했으며, 급기야 박근혜 대통령도 문화융성위원회에 '인문정신 가치정립'을 강조했다.[4] 강신주, 고미숙, 김경집, 박웅현, 오종우, 이지성 같은 스타 강사와 베스트셀러 작가가 인기를 끌고, '인문학 강의'를 표방하는 서적들이 날개 돋친 듯 팔렸다. 가히 '인문학의 르네상스'라 할 만했다.

　　그러나 정작 인문계 대학들은 최악의 불황을 겪었다. 취업률이 낮거나 경쟁력이 떨어지는 문사철文史哲(문학·역사·철학) 학과는 대학 구조조정의 칼 아래 통폐합하고, 인문사회 분야의 연구기관들은 연구지원이 줄어들어 정부의 '헐값' 연구 과제라도 울며 겨자 먹기로 받았다. 열풍의 발원지여야 할 인문계 대학은 오히려 찬바람이 불고, 젊은 인문학자들은 이 대학과 저 도서관을 전전하며 시간강사로 힘겨운 생활을 이어나갔다. 문과를 나오면 취직이 되지 않아 '문송합니다(문과라서 죄송합니다)'라는 자학적인 마지막 고백까지 터져 나왔다. 인문학

공동체의 총체적인 위기다. '돈이 되는' 인문학에 가려 진짜 인문학이 죽어가고 있는 것이다.

요즘 엄청 '잘나가는' 이공계에 밀려 인문학이 위기를 겪는다고 생각하면 큰 오산이다. 한국의 인문학자들이 빠르게 변하는 시대에 걸맞은 인문학의 본질적인 가치를 스스로 생산하고 확산시키지 못한 것은 분명 그들의 잘못이다. 그러나 왜곡된 인문학 열풍은 사실 이공계 때문이다. 문과와 이과를 가르는 높은 칸막이에 막힌 이공계의 인문학 결핍 때문에 빚어진 소동이다. 대기업에서 신입사원을 뽑을 때 인문학적 교양이 질문에 포함된 이유는 인문교양에 대한 이공계 출신 사원의 해맑은 '백치미'에 기겁을 했기 때문이다.[5] 주입식 교육으로 찌든 세대에게서 창조성을 발견하는 것이 과욕이라면, 최소한 업무에 필수적인 서류작성 능력과 소통 능력과 리더십을 확인해야 하지 않을까? 인문학적 '항체'가 없어 백치 상태인 이공계 인력에게 긴급 수혈한 '인문학' 처방이 매혈賣血, 곧 '돈이 되는' 인문학 열풍으로 변질됐다고나 할까.

Liberal Arts도 번역하지 못하는 인문학자들

The reason that Apple is able to create products like the iPad is because we've always tried to be at the intersection of technology and the liberal arts. To be able to get the best of both. To make extremely advanced products from a technology point of view, but also have them be intuitive easy-to-use, fun-to-use, so that they really fit the users. The users don't have to come to them, they come to the user. And it's the combination of these two things that I think has let us make the kind of creative products like the iPad.[6]

애플이 아이패드 같은 제품을 창조할 수 있는 이유는 기술과 liberal arts가 만나는 교차로에서 양쪽의 장점을 구현하기 위해 항상 고민하기 때문입니다. 기술의 관점에서 가장 진보한 제품을 만들려면 직관적으로 사용하고 재미있어서 사용자에게 정말 적합해야 합니다. 사용자가 제품에게 다가갈 필요가 없이 제품이 사용자를 찾아가는 겁니다. 아이패드 같은 창조적인 제품을 만들어내는 것은 결국 기술과 liberal arts의 결합입니다.

2011년 3월 2일 아이패드2 제품 출시 발표회에서 스티브 잡스가 설명하는 모습
ⓒ 연합뉴스

유감스럽게도 한국의 왜곡된 인문학 열풍은 스티브 잡스^{Steve}

Jobs(1955~2011)의 연설문을 타고 가장 높은 꼭짓점을 찍었다. 2011년 3월 2일 아이패드2^{iPad2}를 처음 공개하는 날, 잡스는 최고의 기술과 최고의 'liberal arts'가 만나는 바로 그 지점에 도달하기 위해 애플이 제품^{products}과 고객^{users} 사이에서 얼마나 노력했는지 설명했다. 여기서 국내 언론은 'liberal arts'를 '인문학'으로 번역했다. 아이패드는 '기술과 인문학의 결합'으로 탄생했다는 것이다. '내학에서 철학 강의를 들었다'거나 '서체학을 배웠다'거나 '불교의 선禪에 심취했다'는 짧은 경험 덕에 잡스는 졸지에 한국에서 가장 유명한 '인문학 전도사'가 됐다. 대학에 '스티브 잡스 아카데미'가 개설되고, 대기업 면접에서 그는 '왜 소크라테스와 점심을 꿈꿨나'를 묻기 시작했다.『CEO 스티브 잡스가 인문학자 스티브 잡스를 말하다』,『내 안의 스티브 잡스를 깨워라!』,『누가 한국의 스티브 잡스를 죽이나』 같은 서적이 인기를 끌고,「스티브 잡스의 인문학적 접근을 중심으로 한 디자인 경영 연구」나「현대디자인의 시각에서 스티브 잡스의 '인문정신에 대한 고찰」 같은 논문도 나왔다.

사실 잡스에게서 인문학의 흔적을 찾아보기는 정말 쉽지 않다. 학부 중심 대학의 철학과를 1학기 다녔고, 서체학 강의를 청강했다는 이유로 스티브 잡스를 인문학자로 분류할 수도 없다. 불교와 선에 심취한 기술자나 디자이너도 수없이 많다.⁷ 잡스가 한국에서 '인문학의 전도사'가 된 것은 언론에서 'liberal arts'를 '인문학'으로 잘못 번역했기 때문이다. 잡스는 'liberal arts'라는 표현을 자주 사용했다.

"So I view computer science as a liberal art... It should be something that everybody learns, you know, takes a year in their life, one of the courses they take is, you know, learning how to program."**8**

"나는 컴퓨터과학을 'liberal art'라고 생각합니다. ……그건 모든 사람이 배워야 하는 것이고요. 아시다시피, 살면서 일 년쯤 걸려서 듣는 수업 중의 하나로, 뭐라고 할까, 프로그램을 만드는 법을 배우는 것이죠."

잡스는 컴퓨터과학computer science을 'liberal art'라고 했다. 'liberal art'가 '인문학'이라는 번역은 도대체 어디서 나온 것일까? 2011년 3월 2일 아이패드2를 처음 공개하던 날, 잡스의 연설을 더 들어보자.

"It's technology married with liberal arts, married with the humanities that yields us the result that makes our hearts sing… they are talking about speeds and feeds… that is not the right approach to this… even easier to use… even more intuitive… the SW and the HW and the applications intertwine in an even more seamless way."**9**

"우리 가슴을 뛰게 하는 제품을 만드는 것은 liberal arts와 결합한, 인문학과 결합한 기술입니다. 다들 속도와 배터리에 대해 이야기하지만…… 올바른 접근법이 아닙니다.…… 더 쉽고,…… 더 직관적으로…… 소프트웨어와 하드웨어와 앱들이 더 깔끔하게 서로 연결되는 겁니다."

이건 또 뭔가? 잡스는 기술이 'liberal arts'와 '결혼'하고, 인문학과 '결혼'한다고 표현했다. 그러면 분명 'liberal arts'는 인문학humanities과 다른 것이다. 같은 연설문에 들어 있는 문장인데……. 한국의 언론은, 그리고 인문학자들은 잡스의 연설을 다 들어보지도 않고 'liberal arts'를 '인문학'이라고 번역해버린 걸까? 잡스는 컴퓨터과학도 'liberal art'라고 했는데, 'liberal arts'가 왜 인문학인가? 그러면 그동안 잡스의 연설에서 'liberal arts'라는 단어를 근거로 불었던 인문학 열풍은 다 무엇이란 말인가? 한국의 지식인들이 알려진 사실에 대해 근거를 확인하는 과학적인 태도 없이, 돈만 벌려는 상술에 대한 인문학적 성찰 없이 부화뇌동附和雷同한 씁쓸한 블랙코미디다.

'Liberal Arts'를 모르면 들어오지 마라

플라톤Platon(기원전 427~기원전 347)은 『국가론』에서 사람을 통치자(철학자), 수호자(군인), 생산자(민간인) 3계급으로 나눴다. 플라톤이 기원전 387년 설립한 아카데메이아Academeia는 통치자의 자녀를 대상으로 산술, 기하학, 천문학을 가르치고, 일정한 과정을 거치면 이상적인 통치

플라톤

아카데메이아로 가는 고대의 길
ⓘⓒTomisti

'Liberal arts'를 모르는 자는 이 문을 나서지 마라

자가 받아야 할 철학을 가르쳤다. 특히 기하학은 사유에 의한 깨달음을 가르치는 데 필수적이라는 판단 아래, 학원 입구에 '기하학을 모르는 자는 이 문으로 들어오지 마라'는 간판을 걸기도 했다. 중세 시대에 학교는 삼학三學(trivium)과 사과四科(quadrivium)를 가르쳤다. 지금으로 치면 중학교 시절에 가르치는 삼학은 문법Grammar, 수사학Rhetoric, 논리학Dialectic이고, 고등학교 시절에 가르치는 사과는 음악, 수학, 기하학, 천문학이다. 이 삼학과 사과를 합쳐 '자유 칠과自由 七科'라 부른다. 이것이 바로 'Seven Liberal Arts'다.

아리스토텔레스가 '살아 있는 도구'라고 규정한 노예는 사람에 포함되지도 않았다. 노예는 신체의 자유, 거주이전의 자유, 원하는 일을 할 수 있는 자유를 갖지 못했으며, 법적 소송에서도 주체가 될 수 없었다. 따라서 노예가 아닌 자유인으로 살려면 '자유 칠과'를 배워야 했다. '자유를 위한 분야Liberal Arts'라고 할까, '자유 칠과'는 자유인으로서 살기 위해 배워야 할 7가지 교양과목이다. 이 교양과목은 자유인을 섬기기 위해, 곧 직업을 갖기 위해 배우는 전문과목과 다르다. 대학마다 조금씩 다르지만, 요즘으로 치면 자유학부Liberal Arts College는 문학·언어·철학·역사·수학·과학을 공부하며, 특정 직업을 가지려면 따로 농업·상업·의학·공학·경영학·법학을 가르치는 전문학부로 가야 한다. 수학도 과학도 'liberal arts'에 속한다. 그래서 스티브 잡스는 컴퓨터과학을 'liberal art'라고 했으며, 기술technology과 'liberal arts'가 만나는 교차로에서 아이패드가 탄생했다고 설명하는 것이다.

근대과학이 인문학을 내쫓은 사연

'Liberal arts'로 보듯, 수학과 과학은 문학·언어·철학·역사와 함께 교양 있는 지식인에게 필수적인 커리큘럼이었다. 플라톤은 예술과 사상과 과학이 수와 계산을 사용한다는 점에서 비슷하다고 생각했고, 아리스토텔레스도 자연에 대한 탐구(자연철학)와 인간에 대한 탐구(인문학)의 관계에 대해 강조했다. 르네상스 시대의 예술가들도 스스로 자연의 비밀을 탐구하는 자연철학자라고 여기기도 했다. 이탈리아 메디치 가문의 후원 아래 인문학자, 장인, 예술가들이 서로 긴밀하게 교류하면서 창의적이고 융합적인 생각으로 발명품과 예술품을 탄생시킬 수 있었다. 예를 들어 갈릴레오 갈릴레이Galileo Galilei(1564~1642)가 받은 드로잉, 원근법, 명암법 교육은 그가 망원경을 제작하고, 그 망원경으로 관찰한 달에도 산과 계곡이 있다는 결론을 이끌어내는 데 중요한 역할을 했다.

갈릴레오 갈릴레이

　　근대과학이 등장하면서 수학과 과학은 'liberal arts'에서 핵심 커리큘럼으로 부상했다. 특히 아이작 뉴턴이 근대과학의 틀을 완성하면

1906년 베네치아공화국의 총독 레오나르도 도나토에게 망원경에 대해 설명하는 갈릴레오 갈릴레이의 모습을 상상하여 그린 그림. (19세기 제작)

서 이성과 경험을 중심으로 세계를 이해하려는 객관성의 이념이 18세기 유럽의 대표적인 시대정신으로 자리 잡았다. 근대과학은 신학의 논리를 실증하거나 경험을 통해 자연현상을 '해몽'하기만 하는 수동적인 시녀의 역할에서 벗어나, 복잡한 자연을 수학적 원리로 해석하고, 진공펌프로 진공을 만들어내는 것과 같이 자연에 존재하지 않는 새로운 현상을 창조하는 능동적인 활동으로 변했다.[10] 과학연구 자체를 직업으로 하는 전문과학자가 나타나고 그들의 모임인 학술단체들이 등장했다. 과학자에게 인문학은 더 이상 관심을 끌지 못했고, 오히려 자연을 객관적으로 해석하거나 창조하는 데 방해가 되는 장해물로 여겨지기 시작했다. 이런 근대과학의 폭주에 대한 반발은 당연한 것이다. 과학이 모든 것을 해결할 수 있다는 과학지상주의 태도가 널리 퍼지면서, 인문학자들이 과학지상주의를 우려하고 비판하기 시작한다. 장 자크 루소Jean-Jacques Rousseau(1712~1778), 드니 디드로Denis Diderot(1713~1784) 같은 계몽주의 사상가들은 자연을 환원주의로 설명하려는 근대과학이 인간의 욕구와 감정과 멀어지면서 자연의 조화, 생명, 신비, 아름다움 같은 특징을 잃어버리고 있다고 비판했다.

루소(위)와 디드로는 자연을 환원주의로 설명하려는 근대과학이 자연의 조화와 신비, 생명, 아름다움을 잃게 했다고 비판했다.

19세기 들어 관찰자의 주관을 완벽하게 배제하려는 '기계적 객관성Mechanical objectivity'의 연구전통이 과학의 이상으로 간주되면서 과학과 인문학의 관계는 회복할 수 없을 정도로 갈라서게 되었다.[11] 근대과학, 특히 1830~1840년대 사진술이 발달하면서 자연을 있는 그대로 담아내야 한다는 새로운 인식이 싹텄다. 이전까지 과학자들은 예술가와 함께 자연을 재현하는 도감atlas을 그리는 과정에 적극적으로 개입하여 그들이 '생각'했던 자연의 규칙성과 법칙성을 담아냈다. 자연의 이미지를 공들여 꾸미고crafting, 이상화idealization하는 작업은 과학자가 당연히 해야 할 일로 여겼다. 하지만 1850년대 무렵 과학자들은

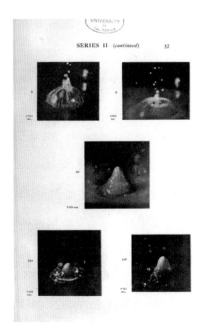
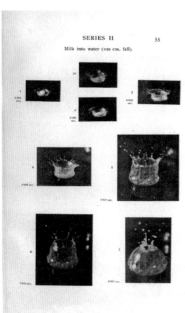

아서 워딩턴은 도감에 그려진 물방울의 규칙성과 법칙성이 실제 사진에는 나타나지 않는다는 것을 발견했다.

ⓒ아서 워딩턴 *A Study of Splashes*

자연을 재현하는 이미지에 개입하는 행위를 비판하기 시작했다. 예를 들어 유체역학을 연구하던 아서 워딩턴Arthur Worthington(1852~1916)은 도감에 그려진 물방울의 규칙성과 법칙성이 실제 사진에는 나타나지 않는다는 점을 발견했다. 16세기에 갈릴레이가 망원경으로 달을 관측하고 그 표면이 울퉁불퉁하다는 사실을 확인하면서, 당시까지 정설이었던 우주는 완벽하게 매끄럽고 조화롭다는 아리스토텔레스 Aristoteles(기원전 384~기원전 322)의 이론을 반박하는 혁명적이고 실증적인 근거를 제시한 것과 마찬가지다. 이에 따라 과학자들은 19세기 중반부터 자연에서 발견한 이미지에 '아름답다'거나 '좋다'와 같은 주관적인 가치를 배제하고 엄격한 기준에 따라 기계적으로 해석하는 방식에 골몰하게 됐다.

'기계적 객관성'에 집착하는 연구전통은 결국 인간의 주관을 철저하게 배제하는 기계를 탄생시켰다. 19세기 후반 새로 부각된 '카메

'Liberal arts'를 모르는 자는 이 문을 나서지 마라

63

라 옵스큐라Camera Obscura'('어두운 방'이라는 뜻)나 '카메라 루시다Camera Lucida'('밝은 방'이라는 뜻) 같은 사진술은 자연을 정확하게 드러내기 때문이라기보다 인간의 주관을 배제하기 때문에 과학자에게 인기를 끌었다. 기계는 지치지 않고 작업을 할 수 있기도 하지만, 추측이나 편견이 될 수 있는 인문학적인 상상력이 아예 개입하지 못하도록 하기 때문이다. 여기에 산업혁명을 통해 과학기술의 위력이 드러나고 물질적인 가치를 중요하게 여기는 풍조가 성행하면서, 대중들도 인문학을 무시하기 시작했다. 이에 따라 20세기 중반까지 '기계적 객관성'은 그동안 '같은 방'에 뒤섞여 살던 과학과 인문학을 '별거' 상태로 만들어버렸다. 과학의 전통은 합리적이며 진보적이며 미래지향적인 반면 인문학의 전통은 엘리트 집단의 오래된 문화로 본 영국의 찰스 스노우Charles Snow(1905~1980)의 목소리를 들어보자.

찰스 스노우

©Jack Manning/The
New York Times

> 참을 수 없던 나는 몇 사람이나 열역학 제2법칙을 설명할 수 있느냐고 물었다. 반응은 냉담했고 부정적이었다. 나는 "당신은 셰익스피어의 작품을 읽은 일이 있습니까?"라는 질문과 맞먹는 과학의 질문을 던진 셈이었다.…… (중략) ……이처럼 현대물리학의 위대한 체계는 진보한다는데, 서구의 가장 현명하다는 사람 중의 대부분은 물리학에 대해서 말하자면 신석기 시대의 선조와 같은 통찰력밖에는 없는 실정이다.[12]

과학기술자의 인문학적 성찰

요즘 과학과 인문학을 바라보는 우리의 시각은 스노우의 이야기와 많이 닮았다.[13] 19~20세기 산업혁명의 시대에 과학기술을 경제성장과 인간의 편의를 위한 도구로 인식했던 것처럼, 한국은 1960~1980년대 '기술입국'의 시기에 과학기술을 부국강병의 수단으로 여겼다. 과학기술은 국민을 배불리 먹이고 국가를 강하게 만드는 도구라고 생각한 것이다. 과학자는 과학으로 기술만 만들어내면 되고, 기술자는 그 기술로 제품만 생산하면 됐다. 결국 과학기술자는 인문학을 좋아할 이유가 없고, 군이 배워도 활용할 기회가 없었다.

인문주의人文主義(humanism)는 신을 중심으로 세상을 보는 중세의 세계관인 신본주의神本主義에 반발하여 인간의 존엄성을 중요하게 여기고 인간의 능력과 성품 그리고 현재의 소망과 행복을 소중하게 생각하는 정신이다. 지금 한국의 과학기술자에게는 따뜻한 인문주의가 필요하다. 과학기술의 물신物神에서 벗어나 인간을 중심으로 과학기술을 바라보아야 한다는 것이다. 스티브 잡스의 'liberal arts'를 제멋대로 해석한 씁쓸한 블랙코미디는 정확하게 표현하자면 인문학에 대한 굶주림을 방증하는 사례다. 얼마나 굶주렸기에 'liberal arts'를 '인문학'으로 해석하고 사회변화를 이끌어내는 혁명의 불씨로 띄웠을까? 물신적인 가치관의 폭주를 우려하는 인문학적 성찰이 필요한 시기다. 가끔씩 관찰의 안경을 벗고 성찰의 눈을 뜰 때다.

주

1. 꽃 색깔에서 안토시아닌은 붉은색과 푸른색을, 카로티노이드는 노란색과 주황색을, 엽록소는 초록색을 결정 짓는다. 이밖에도 꽃 속의 색소들이 햇빛을 흡수·반사하는 특징에 따라 꽃 색깔이 정해지며, 주변 환경에 따라 꽃 색이 변할 수 있다.

2. 허두영, "도라지꽃의 보랏빛 비밀", 〈동아일보〉, 2014. 9. 16.

3. 이도희, "역사·인문학을 모르면 대기업 입사 '꿈도 꾸지마!'", 〈한국경제〉, 2014. 9. 2.

4. "박대통령, 문화융성위 주재… 인문정신문화진흥 방안 논의", 〈뉴스1〉, 2014. 8. 6.

5. 임수정, "기업이 채용할 때 인문학을 중시하는 까닭", 〈비즈니스포스트〉, 2014. 5. 5.

6. 스티브 잡스, 아이패드2 발표회, 2011. 3. 2.

7. 이덕환, "스티브 잡스와 인문학", 『과학기술출판』 (2011년 가을호).

8. Public Broadcasting Service(PBS), *Steve Jobs: The Lost Interview*, 1995 (이 인터뷰는 2012년 극장에서 개봉).

9. 스티브 잡스, 아이패드2 발표회, 2011. 3. 2.

10. 17세기 영국에서는 "실험이 사실을 만들어내고 창조한다"는 자연철학의 명제가 등장했다. 예를 들어 영국의 로버트 보일은 1660년 직접 제작한 진공펌프를 이용하여 진공을 만들어냈다. 진공은 자연에 존재하지 않지만, 실험기구를 이용하여 새로운 현상을 창조한 것이다.

11. '기계적 객관성'이라는 용어는 다스턴과 갤리슨이 공동으로 출판한 *Objectivity* (Zone Books, 2007)에서 사용되었고, 이 글에서 사용한 '기계적 객관성'에 대한 내용은 다음의 웹페이지를 참고했다: http://navercast.naver.com/contents.nhn?rid=148&contents_id=69091&leafId=148

12. C. P. 스노우 지음, 오영환 옮김, 『두 문화』 (사이언스북스, 2001), 27-28쪽.

13. 『두 문화』에서 보이는 스노우의 생각은 과학의 문화와 인문학의 문화가 서로 소통할 수 없는 이질적인 문화라는 것을 보여주는 것이었다. 하지만 스노우는 본질적으로 국가와 사회가 더 발전하기 위해서 인문학자도 과학을 배워야 한다는 과학 우월주의를 내세우고 있다. 물론 이러한 스노우의 생각이 바람직한 것은 아니다.

임대업이 벤처 창업보다
돈을 더 벌까요?

"임대업자요오~."

2016년 3월, 종합편성채널인 JTBC에서 새 학기를 맞아 서울의 초중고교에 다니는 학생 830명을 대상으로 장래 희망을 조사해서 보도했다.[1] 전체적으로 1위는 연예인이나 체육인, 2위는 교사나 교수를 꼽았지만, 고등학생의 경우 '현실적인' 희망을 숨기지 않았다. 1위는 공무원(22.6%), 2위는 임대업자(16.1%), 3위는 연예인·운동선수(14.0%)다. 이유는 "돈도 잘 벌 수 있고, 뭐 나중에 살기도 편하고", "돈 많이 벌어서요. 돈 잘 벌 수 있어서요", "연금이 나와서", "잘리지 않고 안정적이기 때문"이라고 한다. 어떤 신문에서는 '중학생 꿈이 임대업자인 나라'라는 기사가 1면 머리로 실리기도 했다.[2] 본인이 곰곰이 꿈꿔온 순수한 희망일까, 부모의 노후대책을 그대로 이어받겠다는 걸까? 너도나도 "과학자요"를 외치던 부모세대와 굳이 비교할 필요는 없다. 수익과 안정성을 추구하는 게 부모세대의 현실이다 보니 자녀세대를 나무랄 이유는 하나도 없다. 문제는 그 직업들이 그들이 희망하는 대로 미래에도 과연 수익이 높고 안정적일 것인가 하는 점이다.

임대업을 하려면 배워야 하는 것들

임대업자는 땅이나 건물을 빌려주면서 전세나 월세를 받는다. '놀면서' '힘들이지 않고' '안정적으로' '높은' 수익을 얻을 수 있다고 여긴다. 최근 한국에서 임대업은 임대소득과 시세차익이라는 '두 마리의 토끼'를 좇을 수 있고, 소득이 높아도 세금을 내지 않거나 적게 낼 편법이 많은 재테크 수단으로 보이는 것이다. 과연 그럴까? 법률부터 공부해보자. 임대사업자란 주택을 임대하는 사업을 목적으로 관할 관청에 등록한 자로, 기업형과 일반형 사업자로 구분한다. 기업형은 8년 이상 임대할 목적으로 매입임대주택 100호 이상이나 건설임대주택 300호 이상을, 일반형은 기업형이 아닌 자로 1호 이상의 민간임대주택을 취득하였거나 취득해야 한다. 임대사업자로 등록하려면 ▲기업형과 일반형 ▲민간건설과 민간매입 ▲기업형 임대주택 ▲준공공임대주택 및 단기임대주택을 구분해야 한다.

　가장 간단한 오피스텔 임대업자를 예로 들어보자. 취득세, 등록세, 재산세, 양도세에 대한 규정부터 머리 아프다. 본인이 살고 있는 주택(소유)이 있는 경우, 전용면적, 공시지가, 기준시가, 공동소유, 매매시기, 명의, 의료보험, 장부기장, 이자공제, 간이과세 등에 따라 내야할 세금이 달라진다. 임대차계약서를 어떻게 작성할 건지? 임차인과 분쟁이 생길 경우 어떻게 할 건지? 건물구조 변경금지, 전대금지 같은 조항을 둘 건지? 주요 조항을 어겼을 경우 또 어떻게 할 건지? 월

세를 안 내면서 나가지도 않는 악성 임차인에게 명도 소송을 낼 것인지? 점유이전가처분과 가압류는 어떻게 할 건지? 미래에 예상되는 수익에 대한 차임지급 청구와 건물 훼손으로 인한 손해배상 청구는 어떻게 할 건지? 또 경제적 약자인 임차권자의 권리를 보호하기 위해 제정된 임대차보호법에 어떻게 대처할 것인지?

임대인은 임차인에게서 가끔 연락을 받는다. 천장에서 물이 샌다, 수돗물이 안 나오거나 물줄기가 약하다, 전기 배선에 문제가 생겼다, 변기나 싱크대가 막혔으니 뚫어달라, 전등이 안 켜진다, 어떤 장치나 기구가 고장 났으니 수리해달라, 벽이나 바닥에 금이 갔다, 유리창이나 창틀에 문제가 생겼다, 현관의 잠금장치나 방범장치에 이상이 생겼다, 건물 주변이 지저분하다 등 임차인의 불평과 하소연은 끝없이 이어진다. 그 불평을 해결하려면 문제가 어디서 왜 발생했는지, 임대인과 임차인 가운데 누가 부담해야 할 것인지 따져야 한다. 배관, 상하수, 전기, 인테리어, 방범 등 살림살이와 유지보수에 두루 능통한 '맥가이버'가 되어야 할 판이다. 그 전문적인 내용이나 규정을 알지 못하거나 따지기 귀찮으면 임대인이 수리비를 부담해야 한다. 임차인에게 알아서 고친 뒤 수리비를 청구하라고 하면 또 왠지 뒷골이 당긴다. 또 불필요한 언쟁으로 번지지 않도록 다양한 성향을 가진 임차인을 다루는 능수능란한 태도와 경험도 필요하고, 최악의 경우에 발생하는 분쟁을 해결하기 위한 전문 지식도 익혀야 한다. 이런 것들이 귀찮아 임대관리인을 둔다고 문제가 해결되는 것은 아니다. 임대관리인을 두면 수익률이 떨어지게 되고 임대관리인을 관리해야 하는 부담도 여전히 남기 때문이다.

수학(셈)도 잘해야 한다. 내가 지불한 건물 분양가와 대출을 임차인에게서 받을 보증금과 임대료와 비교해서 수익률을 분석해야 한다. 내가 내야 하는 세금과 유지보수 비용 그리고 나의 노력에 대한 대가는 물론 언제 발생할지 모르는 임차인과의 분쟁 비용도 미리 계산에 넣어둬야 한다. 공실空室이 발생할 확률도 꼼꼼히 따져야 한다. 임차인이 오랫동안 들어오지 않으면 공실률이 높아져 손실을 보게 된다. 임차인도 잘 받아야 한다. 임대료를 성실하게 내지 않거나 이웃에게 피해를 끼치는 나쁜 임차인을 골라내는 안목도 갖춰야 한다. 주변 건물의 임대료와 공실률도 꾸준히 파악하고 대처해야 한다. 내 건물의 강점과 약점을 분석해서 보증금과 임대료를 책정하고 임차인 유치 전략을 세워야 한다. 건물을 매입할 때 시세분석, 상권분석, 권리분석을 거쳐 앞으로 예상되는 시세차익까지 고려해야 한다. 갑자기 또는 적절한 시기에 건물을 양도하지 못해 건물을 '깔고 앉아' 돈을 까먹는 손실을 보는 경우가 많기 때문이다. 수익률을 잘못 분석해 나중에 시세가 크게 떨어진다면 임대업을 하게 된 것을 후회하게 될 것이다.

오랫동안 공실이 많거나 수익률이 떨어질 경우 사업모델을 바꾸는 것도 검토할 수 있다. 어차피 빈 방이라면 숙박공유 서비스를 제공하는 에어비앤비AirBnB에 가입해 수익률을 높이는 게 낫지 않을까? 에어비앤비는 방·집·사무실에 비어 있는 공간을 다른 사람이 쓸 수 있도록 중개해주는 서비스를 제공한다. 여유 공간을 빌려주고 수익을 올리려는 임대인과 숙박을 저렴하게 해결하려는 임차인을 웹을 통해 연결한다. 저렴한 잠자리Airbed와 소박한 아침식사Airbreakfast를 제공한다는 의미에서 회사의 이름이 '에어비앤비'다. 숙박공유 또는 공유경제에 관심을 갖고 그 맥락을 재빨리 파악할 수 있어야 한다. 또 세계 각국에서 찾아오는 손님을 맞으려면 홈페이지나 휴대폰을 부지런히 확인하고 적어도 영어나 다른 외국어 한두 개 정도는 둘러댈 줄 알아야 할 것이다.

자, 그래도 임대업을 하고 싶은가? 학생들의 꿈이 임대업자라면 임대업의 비전을 밝혀주고 준비해야 할 조건을 알려줘야 할 것이다. 아무런 비전도 없이 준비도 없이 임대업을 하고 싶어 한다면, 자신이 임대주가 되고 싶은 건물 앞에 가서 열심히 기도하라고 조언하는 수밖에 없다. 과학기술자도 마찬가지다. 어릴 때 과학기술자가 되고 싶다고 아무리 노래를 불러도 과학기술자의 비전과 조건에 대해 아무도 알려주지 않는다. 한국의 과학기술자는 과학기술자가 되고 싶어 하는 젊은 후배들을 위해 어떤 비전과 조건을 조언해줄 것인가?

'떼돈' 버는 과학기술자

진학이나 취업에서 과학기술을 택하면 과연 돈을 많이 벌 수 있는가? 일단 기술이나 공학 분야는 몰라도 과학은 돈과 멀어 보인다. 과학을 공부하면 무슨 일을 할 수 있나? '과학'이라 하면 어떤 직업이 떠오르는가? 하얀 가운을 입고 양손에 실험도구를 든 사람, 또는 책장의 빽빽한 책 앞에서 눈을 치켜뜨고 아이디어를 떠올리는 사람이다. 과학을 공부해서 얻을 수 있는 직업을 생각할 때 대부분 교수나 연구원을 생각할 것이다. 교수나 연구원은 그 직업을 갖기까지 들인 노력에 비해 경제적이거나 사회적인 보상을 제대로 받지 못한다는 인식이 널리 퍼져 있다. 다른 직업에 비해 학력이 높아야 하기 때문에 취업하는 시기도 늦을 수밖에 없다. 기술이나 공학 하면 기름때 묻은 작업복을 입고 공장에서 일을 하거나 하얀 작업모를 쓰고 현장에서 작업에 몰두하는 사람을 떠올린다. 돈은 적당히 버는지 모르지만 사회적인 대우는 그리 만족스럽지 않다고 여긴다. 이처럼 과학·기술·공학의 영역에서 형성된 오랜 선입관은 좀처럼 바뀌지 않는다.

교수나 연구원이 '떼돈'을 번 사례를 찾아보자. 한양대 융합전자공학부 박재근 교수는 삼성전자에 근무할 때 무결점 결합실리콘 웨이퍼 기술로 1,000만 달러짜리 해외 기술이전을 성사시켜 삼성전자 최초로 사내 발명 보상금 1억 원을 받았다. 박 교수는 한양대로 자리를 옮겨 슈퍼실리콘 웨이퍼를 개발하고, 그 기술을 삼성에 이전하여 기술료 600만 달러를 받았다. 국내 최대의 기술이전 수익이다. 또 차세대 반도체 메모리기술을 개발하여 삼성과 SK하이닉스에서 기술료 27억 원을 받기도 했다. '로열티의 왕' 또는 '반도체 신기술 제조기'라 불리는 박 교수는 3년에 한 번 꼴로 기술을 이전하여 로열티를 벌고 있다.[3] 한국표준과학연구원의 김종호 박사는 2008년 초소형 마우스와 터치스크린 기술을 미성포리테크에 이전하여 기술료 40억 원과 20년 동안 매년 5억~15억 원씩 최소 325억 원을 받고, 총매출액의 3%를 경상기술료로 받기로 했다.[4] 서울대 화학생물공학부 현택환 교수는 균일 나노입자 생산기술을 한화석유화학에 이전하여 서울대는 43억 원, 본인은 이 가운데 20억 원을 기술료로 받았다. 또 강원대 토목공학과 윤경구 교수는 굉장히 빨리 굳는 라텍스 개질 콘크리트 제조법LMC을 삼우아이엠씨에 넘겨주고 12억 원에 달하는 수익을 올렸다.[5]

고생 끝에 개발한 기술이 굉장히 매력적이어서 이전하기 싫거나 이전받을 기업이 없는 경우 직접 창업하는 게 나을 것이다. 서울대 전기공학부 정덕균 교수는 미국에서 유학할 당시 생각했던 아이디어를 바탕으로 개발한 고속비디오신호전송회로DVI 기술로 1995년 재미교포 4명과 함께 실리콘이미지를 창업했다. 이 기술이 1998년 국제표준으로 채택되면서 실리콘이미지는 창립 4년 만에 매출 2천억 원을 내는 기업이 되어 나스닥NASDAQ에 상장되는 기염을 토했다.[6] 인하대 병원 송순욱 교수는 8년간의 연구 끝에 골수에서 순도가 높은 성체 줄기세포를 분리하는 층분리배양법을 개발하여 41억 원을 받고[7] 호미오세라피에 기술을 이전했다가 이 회사가 문을 닫자 직접 SCM생명과학을 설립했다. SCM생명과학은 난치성 질환에 대한 치료 효과와 안전성이 높은 줄기세포 치료제를 생산하기 위해 2015년 미국의 PCT 카라드리우스 사와 협약을 맺고 본격 생산을 준비하고 있다.[8]

창업을 한 뒤 교수나 연구원 신분을 유지하다 아예 사업가로 변신한 경우도 많다. 메디톡스의 정현호 대표는 선문대 미생물학과 교수로 근무하다가 보툴리눔 독소를 원료로 보톡스와 동일한 약효를 내는 메디톡신을 개발하여 2000년 메디톡스를 창업했다. 이 회사는 2009년에 상장한 뒤 2015년 시가총액이 2500% 증가한 약 2조 원 규모로 급성장했다.[9] 씨젠의 천종윤 대표는 이화여대 생물학과 교수로 재직하면서 2000년에 학내 벤처 형태로 씨젠을 창업했다. 씨젠은 2006년 여러 병원체를 동시에 진단할 수 있는 DOP이중특이성 부여 유전자 증폭기술을 개발하면서 성장하기 시작하였고, 2015년 매출이 600억 원으로 시가총액은 약 1조 원에 달한다.[10]

과학기술로 '떼돈' 번 사람들

물론 교수나 연구원이 되어야 '떼돈'을 버는 것은 아니다. 대학에서 과학기술을 공부했거나 공부하다가 집어치운 사람 가운데 세계적인 과학기술을 공부했거나 중도에 그만둔 뒤 세계적인 기업의 창업주가 된 사람들. (왼쪽 위부터) 빌 게이츠, 폴 앨런, 스티브 잡스, 스티브 워즈니악, 래리 페이지, 세르게이 브린, 마크 저커버그, 고든 무어, 로버트 노이스, 윌리엄 휴렛, 데이비드 패커드, 프레드리크 이데스탐, 레오 메켈린, 도요타 기이치로, 레이쥔, 일론 머스크

기업의 창업주로 각인된 사업가는 셀 수 없이 많다. 마이크로소프트 Microsoft를 세운 빌 게이츠와 폴 앨런Paul Allen(1953~), 애플Apple을 일으킨 스티브 잡스와 스티브 워즈니악Steve Wozniak(1950~), 구글Google 제국을 건국한 래리 페이지Larry Page(1973~)와 세르게이 브린Sergey Brin(1973~), 페이스북Facebook을 엮어낸 마크 저커버그Mark Zukerberg(1984~)는 매우 익숙한 이름들이다. 인텔Intel의 고든 무어Gordon Moore(1929~)와 로버트 노이스 Robert Noyce(1927~1990), 휴렛팩커드HP의 윌리엄 휴렛William Hewlett(1913~2001)과

데이비드 패커드David Packard(1912~1996), 노키아Nokia를 세운 프레드리크 이데스탐Fredrik Idestam(1838~1916)과 레오 메켈린Leo Mechelin(1839~1914), 도요타Toyota의 시동을 건 도요타 기이치로豊田喜一郎(1894~1952) 모두 낯설지 않다. 최근에는 샤오미Xiaomi를 꾸며낸 레이쥔雷軍(1969~), 스페이스XSpaceX와 테슬라 모터스Tesla Motors를 세운 일론 머스크Elon Musk(1971~)가 언론에 자주 오른다.

한국에도 익숙한 이름이 무척 많다. 네이버의 이해진, 다음카카오의 김범수, NC소프트의 김택진, 넥슨의 김정주, 휴맥스의 변대규, 셀트리온의 서정진은 한국 벤처 성공신화의 가장 대표적인 주인공들이다. 인바디의 차기철, 나노엔텍의 장준근, 컴투스의 박지영, 티맥스소프트의 박대연, 비트컴퓨터의 조현정, 쎄트렉아이의 박성동, 주성엔지니어링의 황철주, 바이오니아의 박한오, 위메프의 허민, 미래나노텍의 김철영, 쏠리드의 정준, 지엔씨에너지의 안병철, 골프존의 김영찬은 꾸준히 신화를 만들어가고 있다. 한글과컴퓨터의 이찬진, 메디슨의 이민화, 아이리버의 양덕준, 안철수연구소의 안철수는 한때 한국이나 세계까지 깜짝 놀라게 했던 신화를 썼던 주역이다. 모두 과학기술 분야를 전공하고, 대부분 정보기술이나 바이오기술을 무대로 삼은 게 공통점이다.

꼭 과학기술을 전공해야 과학기술 분야에서 '대박'의 신화를 쓰는 것은 아니다. 인터넷접속 프로그램 '원클릭'을 개발한 네오위즈의 나성균(경영학), 온라인게임 업체인 위메이드의 박관호(경영학), 한게임을 창업한 남궁훈(경영학), 통신용 반도체를 설계하는 위즈네트의 이윤봉(경제학), CMOS 이미지센서를 개발하는 실리콘화일의 신백규(경제학), 'WHY? 시리즈'로 과학출판에 돌풍을 일으킨 예림당의 나성훈(무역학), 자동차 부품을 제조·판매하는 성우하이텍의 이명근(법학),

'뮤온라인'을 개발한 온라인게임 기업 웹젠의 이수영(무용학)은 대부분 경영학이나 경제학을 전공했지만, 과학기술로 '떼돈'을 번 사람들이다. 그들은 자신의 제품이나 기술에 대해 전문가들이 깜짝 놀랄 만큼 깊은 과학기술 지식을 갖추고 있기도 하다. 꼭 과학기술을 전공해야 과학기술 분야에서 성공하는 것은 아닌 것이다. 하지만 과학기술이 다른 분야에 비해 '대박'의 성공신화를 이룰 가능성이 매우 높은 비옥한 토양인 것은 사실이다.

세계의 억만장자를 살펴보면 미국은 기술형, 중국이나 러시아는 권력형, 한국은 상속형 억만장자가 많다. 미국은 기술혁신을 통해, 중

[표 3-1] 포브스 선정 한국의 50대 부자 중 자수성가한 부자(2016)[11]

순위	이름	자산총액(원)
4	권혁빈 스마일게이트 대표	5조 6162억
6	김정주 NXC 대표	4조 6993억
7	임성기 한미약품 회장	4조 4701억
10	김재철 동원그룹 회장	2조 8654억
12	이중근 부영회장	2조 6935억
13	서정진 셀트리온 회장	2조 6362억
14	박현주 미래에셋 회장	2조 5215억
16	김범수 다음카카오이사회 의장	2조 2923억
22	장평순 교원그룹 회장	1조 7765억
26	김준기 동부그룹 회장	1조 5473억
29	김택진 엔씨소프트 대표	1조 3181억
31	신동국 한양정밀 회장	1조 2607억
34	이상혁 옐로모바일 대표	1조 2034억
36	쿠팡 김범석 대표	1조 888억
39	이해진 네이버이사회 의장	1조 716억
41	이준호 NHN 엔터테인먼트 회장	1조 315억
42	조창걸 한샘 명예회장	1조 29억
47	김병주 MBK파트너스 회장	8424억
48	이상일 일진글로벌 회장	8367억
49	신선호 전 센트럴시티 의장	7908억

국이나 러시아는 권력에 빌붙어, 한국은 부모에게 물려받아 억만장자가 된다는 것이다. 2016년 미국의 〈포브스Forbes〉 지가 발표한 '한국의 50대 부자Korea's 50 richest people'를 보면, 최근 한국 억만장자의 유형이 상속형에서 서서히 자수성가형으로 옮겨가고 있다. 50대 부자 가운데 자신의 노력으로 부를 이룬 사람은 20명으로 40%에 달했다. 이번에 50대 순위에 처음 진입한 7명 중 6명이 자수성가형이다. 한미약품의 임성기 회장, 동원그룹의 김재철 회장, 옐로모바일 이상혁 대표, 쿠팡의 김범석 대표, 한양정밀의 신동국 회장, MBK 파트너스의 김병주 대표가 그들이다. 자수성가형 부자는 대부분 기술로 창업하고 혁신을 통해 부를 축적했다.

고용안정성에서 뒤지는 과학기술자

과학기술 분야가 '대박'의 성공 가능성이 매우 높은 기름진 토양이라지만, 정작 대학이나 대학원에서 과학기술을 전공한 졸업생들은 전공과 관련 없는 분야의 직종을 선택하고 있다. 2015년 한국과학기술기획평가원KISTEP이 발표한 "한국과 미국의 이공계 졸업자 직업 분포

[표 3-2] 2013년 한국의 이공계 졸업자 세부 전공별 진출 추이

구분	2013	
	자연계열	공학계열
이공계 직종	12.8	33.5
이공계 관련 직종	14.5	14.6
비이공계 직종	72.7	52.0

(단위: %)

비교"에 따른 우리나라의 자연계열과 공학계열의 직종 분포 비율을 살펴보자.[12] 생각보다 많은 사람들이 과학기술과 관련 없는 비이공계 직종을 선택했다. 이 현상은 공학계열보다 자연계열에서 더 심하게 나타난다. 실제로 과학기술을 공부했거나 공부하고 있는 대부분의 사람들은 어느 정도 동감할 것이다. 주위 사람들도 자신도 과학기술로 돈을 벌기 쉽지 않다는 인식을 가지고 "이제 과학 안 해!"를 외치는 사람들은 꽤나 많아 보인다.

　선뜻 이해하기 어려운 이런 현실을 직접 확인할 수 있는 경우가 바로 치·의·약학 전문대학원이다. 치·의·약학 전문대학원에 다니는 대부분의 학생은 서울대, 카이스트 같은 최상위권 대학의 이공계 출신이다. 전공으로 보면 학부에서 생물이나 화학 계열을 공부한 학생이 반절이 넘는다.[13] 곧바로 의대에 진학하는 데 실패한 학생은 일단 다른 이공계열에 발을 들여놓은 다음, 대학에 입학하자마자 대학원 시험을 준비하여 치·의·약학 전문대학원에 가기도 한다. 그런데 더 슬픈 현실은 과학기술을 공부하기 위해 이공계로 진학한 학생들이 결국 경제적이거나 사회적인 벽에 부딪혀 전문대학원 진학을 꿈꾸고 있다는 것이다. 이공계 대학이 의학전문대학원 입시를 준비하는 발판으로 전락한 것이다. 실제로 2010~2012년 서울대 자퇴생 369명 가운데 이공계열이 294명(79.7%)이다. 자퇴한 10명 가운데 8명이 이공계인 셈이다.[14] 졸업한 뒤 취직하기 어렵고 취직해도 대우를 제대로 받지 못하는 데다 고용안정성도 떨어지기 때문에, 치·의·약학 전문대학원이나 법학전문대학원으로 방향을 돌리려는 것이다.

　이처럼 이공계 재학생과 졸업생들이 치·의·약학 전문대학원에 진학하는 이유 가운데 가장 큰 것은 앞으로 벌어들일 큰 수익을 기대하기 때문이다. 전문대학원에서 공부하는 동안 만만치 않은 학비가

들어가지만 졸업한 뒤 의사나 약사가 되어 각각 병원이나 약국을 차리고 상당한 수익을 거두는 경우가 꽤 많다. 심지어는 대기업에 다니다가 그만두고 전문대학원에 입학하는 사람도 적지 않다. 전문대학원, 특히 의학전문대학원에서는 연구의 자율성을 추구할 수 있다는 것도 상당한 매력이다. 사회가 전반적으로 과학기술을 경제성장의 도구로 여기다 보니, 기초연구를 무시하거나 연구의 자율성을 떨어뜨리는 경우가 많다. 그래서 생명과학을 연구하다 의학전문대학원에 진학한 사람 가운데 적지 않은 수가 의사 집단이란 울타리에서 기초과학을 계속 연구하기를 희망하고 있기도 하다. 뭐니 뭐니 해도 가장 큰 매력은 전문가로서 고용안정성이 상당히 높다는 것이다. 요즘 많은 사람들이 공무원을 지망하는 것처럼 이공계에 진학한 학생들 역시 가장 안정적인 직업으로 의사와 약사를 꿈꾸는 것이다. 속된 말로 과학기술자로 근무하다 보면 언제든지 '잘릴' 우려가 높지만, 의사나 약사는 평생 자영업을 영위할 수 있다는 것이 좀처럼 뿌리치기 어려운 유혹이다.

과학기술자는 정말 고용안정성이 떨어지는가? 빠르게 발전하는 과학기술은 나이 든 과학기술자에게는 적잖은 부담이다. 나이가 들수록 학습하는 속도가 과학기술의 발전 속도를 따라가지 못할 것 같기 때문이다. 그러다 보니 점점 좁고 깊어지는 전문 영역에서 밀려나게 된다. 의사나 약사는 자격증이 있기 때문에 정년에 신경 쓰지 않고 소득활동을 계속 이어갈 수 있다. 과학기술자가 딸 수 있는 자격증(기술사, 기사 등)은 의사나 약사에 비해 대우받지 못할 뿐더러 자영업을 하는 데에도 별 도움이 되지 않는다. 1997년 갑자기 불어닥친 외환위기는 과학기술자의 고용 불안을 확인한 사건이다. [표 3-3]을 보면 1997년에서 1998년으로 넘어가면서 연구기관과 기업의 연구 인력이 줄어든 모습이 확연히 눈에 띈다. 당시 정부출연연구소나 기업연구소에서 일하던 과학기술자는 본인이나 동료의 실직을 경험했으며, 정부의 PBS성과주의 예산제도로 눈앞의 성과에 집착하고 업무량이 많아졌다.[15] 또 수많은 젊은 박사급 연구원이 오랫동안 비정규직에서 벗어나지 못하는 것도 과학기술자의 고용안정성을 떨어뜨리는 요인이다.

[표 3-3] 연구개발주체별 연구개발인력 분포 추이[16]

연도	공공연구기관	대학	기업
1995	15,007	44,683	68,625
1996	15,503	45,327	71,193
1997	15,158	48,588	74,665
1998	12,587	51,162	66,018
1999	13,982	50,155	70,431

(단위: 명)

'대박'과 안정성의 관계

주기율표에서 1족에 속하는 리튬(Li), 나트륨(Na), 칼륨(K), 루비듐(Rb), 세슘(Cs) 같은 알칼리금속Alkali Metal은 반응성이 굉장히 높아 순수한 상태 그대로 존재하지 못하고 다른 물질과 결합하여 화합물을 이룬다. 또 17족에 들어 있는 플루오린(F), 염소(Cl), 브롬(Br), 요오드(I), 아스타틴(At) 같은 할로겐Halogen 원소도 반응성이 매우 높아 알칼리금속과 금방 화합물을 만든다. 반면 18족을 이루는 헬륨(He), 네온(Ne), 아르곤(Ar), 크립톤(Kr), 크세논(Xe), 라돈(Rn)의 6개 원소는 화학적으로 매우 안정되어 화합물을 거의 만들지 못하기 때문에 비활성기체Inert Gas라 불린다. 알칼리금속과 할로겐원소는 '대박'을 노리는 사람들, 비활성기체는 '안정성'을 꿈꾸는 사람들에 비유할 수 있을까? 비활성기체는 다른 원소와 좀처럼 어울리지 않기 때문에 귀족가스Noble Gas라 불리기도 하지만, 그 양이 매우 적어 희귀가스Rare Gas라고도 한다. 안정된 귀족은 희귀할 수밖에 없는가?

안정성만 추구하는 사회는 마치 엔트로피Entropy(무질서도)가 0인 사회와 같다. 이는 모든 분자가 운동을 멈추고 완전히 정지한, 절대온노가 0도로, 어떤 변화도 일어나지 않는 상태를 말한다. 따라서 안정성만 추구하는 것은 변화를 거부하는, 엔트로피가 0인 사회를 만드는 것과 같다. 반면 엔트로피가 굉장히 높은, 대박만 추구하는 사회는 대규모 투자는 물론 사기나 횡령 같은 범죄로 무질서도가 매우 높기 때문에 불안해서 살 수가 없다. 높은 위험을 걸고 높은 수익을 추구하는 '하이 리스크 하이 리턴High Risk High Return'의 세계다.

결국 안정성과 대박은 서로 반비례하기 때문에 동시에 만족시킬 수 없다. 주식투자에서 원금을 보장하면서 동시에 높은 수익을 추구할 수 없는 것과 마찬가지다. 안정을 좇든 대박을 좇든, 그건 개인의 자유다. 그러나 많은 학생들이 어릴 때부터 "임대업자요오~"하면서 안정을 좇는 것은 사회적으로 큰 문제가 될 수 있다. 임대업이 과연 안정성이 높은지에 대해서 꼼꼼하게 따져보기나 했을까? 어릴 때부터 안정에 집착하면 나이 들어 '도전'을 추구하기 어렵다. 나이가 들면 점점 더 안정을 도모하게 되기 때문이다. 어릴 때부터 안정을 추구하면 한국의 특징인 역동성이 사라져 엔트로피가 점점 떨어지는 '늙은 사회'로 가라앉게 될 것이다. 2015년 1조6천억 원이 넘는 매출을 기록한 1세대 벤처기업 휴맥스HUMAX를 창업한 변대규 회장의 목소리를 들어보자.

사람들이 선망하는 직업, 안정적인 직장을 선택하기보다 창업을 하세요. 무조건 해보세요. 아마 대부분 실패할 겁니다. 그러나 ROI(투자자본수익률)는 기대할 만합니다. 투자한 돈보다 훨씬 많은 것을 배우게 되기 때문이죠. 젊어서 하는 창업은 무조건 남는 장사입니다. 성공에 대한 기대치를 낮추고 그 과정에서 내 공을 쌓으면 언젠가 성공할 겁니다. 실패해 취업을 하더라도 직장생활에서 성공할 확률이 높아집니다. 오너 마인드, CEO 마인드로 일하기 때문입니다.[17]

가장 행복한 나라의 조건

행복지수가 가장 높은 나라는 어디일까? 유엔이 발표한 『2016년 세계 행복 보고서』[18]에서 국민이 가장 행복을 느끼는 나라 1위로 덴마크가 꼽혔다. 1인당 국내총생산GDP, 사회적 지원, 기대수명, 선택의 자유, 정부와 기업의 부패지수 등을 기준으로 산정한 것이다. 덴마크 사람들은 벌어들인 수입의 절반 이상을 세금으로 낸다. 수입에 따라 매긴 세금을 내고 의료, 복지, 교육의 여러 혜택을 무상으로 누릴 수 있다. 그 혜택 가운데 하나는 일자리다. 사회의 안정성을 높이기 위해 정부가 배려하는 것이다. 물론 덴마크에도 실직자가 있다. 덴마크에서는 실직이 오히려 돈을 더 벌 수 있는 기회가 될 수도 있다. 한 회사에 계속 있으면 동일노동과 동일임금으로 인해 연봉이 오르지 않는다. 직장에 다니면서 또는 쉬면서 직업훈련학교에서 기술을 배우면 더 높은 연봉을 받을 수 있다. 일자리를 잃거나 창업에 실패하더라도 정부에서 4년간 이전 연봉의 80%를 주고 직업교육을 제공하면서 원하는 직업을 찾을 수 있도록 도와준다.[19] 직업이 평등하다고 여기기 때문에 의사와 기술자의 소득 수준은 크게 차이나지 않는다.

'가장 행복한 나라'가 '기업을 경영하기 가장 좋은 나라'일까? 〈포브스〉는 '기업을 경영하기 좋은 나라'로 2014년에 이어 2015년에도 덴마크를 1위로 꼽았다. 세계 144개국을 대상으로 재산권·세금·부패지수·투자자 정보 등을 토대로 순위를 매긴 것이다.[20] 덴마크는 중소기업의 천국이라고도 불릴 정도로 다양한 분야에서 많은 기업들이 활동하고 있으며, 세계 최고의 반열에 오른 글로벌 기업도 많다. 장난감·게임·테마공원 사업을 운영하는 레고Lego, 세계 최대의 해운기업 머스크라인Maersk Line, 다국적 제약회사 노보노디스크Novonordisk, 세계 최대의 펌프제조기업 그런포스Grundfos, 풍력발전기 업체 베스타스Vestas, 명품오디오 제작사 뱅앤올룹슨Bang & Olufsen, 세계 3대 명품도자기 업체 로열코펜하겐Royal Copenhagen이 대표적인 덴마크 기업이다. 이들 대기업은 여러 분야에 '문어발'을 뻗지 않고, 고유한 분야에서 1위를 지키거나 노린다는 게 특징이다.

이런 '행복한 사회' 분위기와 자유로운 기업 환경 아래 덴마크에서는 대학을 졸업한 뒤 취직보다 창업을 선호하는 사람들이 많다. 정부가 제공하는 안정적인 사회보장제도와 함께 창업지원제도도 잘 정비되어 있어 큰 부담을 가지지 않고 새로운 사업에 도전할 수 있는 것이다. 정부가 나서서 스타트업을 육성하고 기업가정신을 배양한다. 기업과 학교를 연계시켜 창업을 위한 제도를 만들고 교육을 실시하기 때문에 창업에 성공할 확률도 높다.

창업은 과학기술과 무슨 관계가 있을까? 과학기술을 전공한다고 '떼돈'을 번다고 할 수도 없고, 과학기술 분야에서 사업을 한다고 '대

'세계행복지수' '기업 경영하기 가장 좋은 나라' 1위로 꼽힌 덴마크의 세계적인 기업들

임대업이 벤처 창업보다 돈을 더 벌까요?

박'을 낸다고 할 수도 없다. 과학기술을 굳이 '떼돈'이나 '대박'과 연관시킬 이유가 있을까? '떼돈'이나 '대박'은 우연의 산물일 수도 있지만, 막연한 기대로 얻을 수 있는 것은 아니다. 과학적인 태도가 필요하다. '과학적인 태도Scientific Attitude'란 과학적으로 사고하는 습관, 곧 문제를 해결하거나 어떤 정보를 평가할 때 취하는 특별한 행동양식을 말한다. 생각하고 행동하는 데 있어 합리적이고 민주적인 과정을 거쳐 판단하는 것이다. 과학적인 태도는 오류를 줄이는 가장 효율적인 수단이다. 편견을 가지지 않아야 하며, 다들 옳다고 주장하더라도 계속 의문을 갖고 검증하려는 자세를 가져야 한다. 다들 그렇게 '안정적이고 수익이 높다'는 임대업을 하기 위해서라도 스스로 과학적인 태도를 갖춰야 하는 것이다.

주

1. 윤샘이나, "새 학년 맞는 초중고… 요즘 아이들의 '꿈' 들어보니", 〈JTBC〉, 2016. 3. 1.

2. 송학주, "중학생 꿈이 임대업자인 나라", 〈머니투데이〉, 2013. 9. 6. 1면.

3. "'로열티 왕' 박재근 교수, 이공계는 기회의 땅", 〈중앙일보〉, 2012. 10. 5.

4. 이영완, "손가락 댔을 때 느껴지는 힘 '촉각센서'로 구현", 〈조선비즈〉, 2011. 6. 24.

5. 왕성상, "국내 기술이전 수입이 가장 많은 연구자는?", 〈아시아경제〉, 2009. 11. 11.

6. 정용환, "벤처 성공신화 정덕균 교수", 〈중앙일보〉, 2006. 2. 25.

7. 박승기, "'특허 로열티 수입 1위' 송순욱 인하대 교수", 〈서울신문〉, 2012. 4. 18.

8. 이권구, "SCM생명과학, 美 줄기세포치료제 제조기업과 글로벌 공략", 〈약업신문〉, 2015. 10. 22.

9. 변동진, "보톡스가 만든 슈퍼리치, 메디톡스 정현호 4000억 자산 돌파", 〈BizFACT〉, 2015. 1. 27.

10. 김상철, "[김상철 전문기자의 기업가 열전](5) 천종윤 씨젠 사장", 〈동아닷컴〉 2015. 6. 24.

11. "South Korea's 50 Richest People", *Forbes* (http://www.forbes.com/korea-billionaires/list/#tab:overall).

12. 이정재·김양진·장진하, "한국과 미국의 이공계 졸업자 직업 분포 비교", 『ISSUE PAPER』(KISTEP, 2015), 24쪽.

13. 이여영, "의학전문대학원 입시생 전략한 이공계 대학생들", 〈중앙일보〉, 2006. 11. 03.

14. 신하영, "서울대 자퇴생, 의대·치대 노린 '반수생' 많다", 〈이데일리〉, 2014. 6. 25.

15. 송위진 외 3명, "한국 과학기술자 사회의 특성 분석", 『정책연구 2003-21』(KISTEP, 2004), 88-94쪽.

16. 송위진 외 3명, 앞의 자료, 78쪽.

17. 이필재, "변대규 회장 '좋아하는 일도 직업 되면 고통스러워'", 〈Scoop〉, 2015. 08. 11.

18. 유엔 자문기구인 유엔 지속가능발전해법네트워크(SDSN)에서 발표한 「2016 세계 행복 보고서 (*World Happiness Report 2016*)」.

19. 이완, "'쉬운 해고'의 나라에는 해고가 덜 두렵다", 〈한겨레〉, 2015. 10. 8.

20. Kurt Badenhausen, "The Best Countries for Business 2015", *Forbes*, 2015. 12. 16.

파리 발톱 때의 연구조차
마음 편히 할 수 없는가?

초등학생 시절부터 곤충을 무척 좋아한 이동파(李東坡, 가명)는 남달리 파리에 관심이 많았다. 시골에서 닭을 치는 할머니 댁에 갈 때마다 양계장 주변에서 윙윙거리는 파리 떼를 보면 같이 간 누나는 질겁하고 달아나지만, 동파는 오히려 파리 떼에 섞여 파리의 모습과 행동을 꼼꼼하게 관찰하곤 했다. 파리가 천장에 거꾸로 앉았는데도 떨어지지 않는 것도 신기하지만, 가만히 앉아 마치 잘못했다고 비는 것처럼 앞발을 비비는 것도 재미있었다. 파리가 천장에서 떨어지지 않는 것은 천장에 붙을 수 있는 점액이 발바닥에서 나오기 때문이다. 앞발을 비비는 것은 빨판에 붙은 먼지를 떨어내기 위해서다. 파리는 이 빨판을 통해 맛을 느끼는데, 여기저기 앉다가 붙은 먼지를 떨어내야 맛을 제대로 느낄 수 있기 때문에 앞발을 열심히 비비는 것이다. 어린 동파는 알면 알수록 신기한 파리에 대해 더 깊이 알고 싶어져 파리의 생태에 대해서도 관심을 가졌다. 파리의 비행 특성은 모기와 어떻게 다른가? 벌은 서로 교신하는데 파리도 서로 교신하는가? 어떤

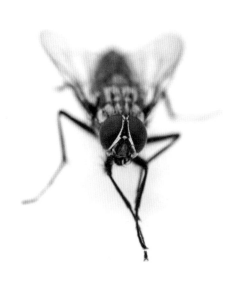

파리가 식충식물 파리지옥에 쉽게 붙잡히는가?

    파리[fly]는 파리목 가락지감침파리아목에 속하는 곤충이다.[1] 날개 한 쌍이 크게 발달하여 쌍시류[雙翅類(Diptera)]라고도 한다. 사람이 주로 거주하는 지역에서는 병원균을 옮기는 위생 해충이다. 성충은 머리, 가슴, 배 세 부분으로 나뉜다. 머리는 원형이나 타원형이며 큰 겹눈이 머리의 대부분을 차지하고 있고, 정수리에 홑눈이 세 개 있다. 머리에는 더듬이와 입이 있는데 더듬이는 세 마디로 되어 있고, 입은 핥거나 빨 수 있다. 가슴은 앞, 가운데, 뒷가슴으로 구분된다. 가운데가슴에 한 쌍의 앞날개가 있고, 날개는 투명한 막질로 되어 있으며 키틴질의 날개맥이 있다. 가슴 양쪽에 각각 한 쌍의 다리가 붙어 있다. 각 다리는 넓적다리마디, 종아리마디, 발목마디로 되어 있고, 발목 끝마디에 한 쌍의 발톱이 있으며 두 발톱 사이에 발바닥이 있어 이곳에서 맛과 냄새를 느낀다.

    파리는 세계 도처에 살며 10만 여 종이 알려져 있는데, 아직 알려지지 않은 종류도 제법 많다. 과科로 나눠도 벼룩파리과, 꽃등에과, 광대파리과, 초파리과, 똥파리과, 꽃파리과, 집파리과, 검정파리과, 쉬파리과, 기생파리과 등을 들 수 있다. 집 밖에서 활동하다가 가끔 집 안에 침입하는 검정금파리는 소아마비 바이러스를 옮기는 것으로 알려져 있다. 수면병을 옮기는 체체파리도 있고, 가축의 눈언저리나 입의 상처를 맴돌며 병을 옮기는 검정집파리도 있다. 무당벌레나 나비애벌레의 몸에 기생하며 그 몸에 알을 낳아 체액과 번데기의 몸을 먹으며 서식하는 기생파리도 있다. 해를 끼치는 종류도 있지만 도움을 주는 파리도 있다. 산과 들의 꽃에 모여 꽃가루 옮김을 도와주는 꽃파리가 있고, 교배가 쉬워 유전학 실험에 많이 사용되는 초파리도 있다.

파리에 대해 알면 알수록

일찌감치 파리에 대해 공부하기로 결심한 동파는 큰 어려움 없이 수시전형으로 한국대학 파리학과에 입학했다.[2] 그는 교수에게서 『파리학 개론Introduction to Fly Studies』으로 수업을 들으며 파리에 대한 전반적인 지식을 쌓았다. 이 개론서는 파리학Fly Studies을 전공하는 사람을 대상으로 하는 입문 성격의 교과서로, 별 재미도 없고 간략한 설명이 들어 있는 정도다. 학년이 올라가면서 동파는 '파리 앞다리론A theory of fly forelegs', '파리 뒷다리론A theory of fly hindlegs', '파리 몸통론A theory of fly body' 같은 각론을 배우며 파리학에 대한 식견을 넓혔다. 정해진 교과과정을 마치면 졸업을 하고, 파리에 대한 이학사Bachelor of science를 받게 된다. 그는 파리학과에서 파리에 대해 정말 많은 것을 공부했으니 스스로 파리에 대해 거의 모든 것을 안다고 생각한다. 하지만 솔직하게 말하면 파리에 대해 이것저것 들은 것은 많지만 조리 있게 설명하기는 어렵다. '절름발이 지식인'이라고 보는 것이 맞을 것이다. 파리를 여러 부위로 나누어 열심히 배우기는 했지만 스스로 그 지식을 가지고는 파리 전체의 모습으로 구현해낼 수 없기 때문이다. 파리에 대해 배웠지만 파리를 알지 못하는 것이다.

파리에 대한 지식이 부족한 것을 느끼고 더 깊이 공부하기 위해 동파는 파리학과 대학원 석사과정에 들어간다. 석사과정은 파리 전체를 연구해서는 절대 졸업할 수 없다. 연구 주제를 좁혀 접근해야 논문을 쓸 수 있기 때문에 그는 파리의 한 부위인 '파리 뒷다리'를 전공하기로 선택한다. 파리 뒷다리에 대한 논문을 준비하기 위해 2년 동안 파리 뒷다리를 파리 몸통에서 분리해 연구하고, 그것을 정리하여 졸업 논문으로 발표한다. 예를 들면 '파리 뒷다리 관절상태가 파리 움직임에 미치는 연구A study of the effect of fly hindleg's joint condition on fly movement'나, '파리 뒷다리의 움직임이 파리 몸통에 미치는 영향에 관한 연구A study of the effect of fly hindleg's movement in fly's body' 같은 것이다. 이러한 과정을 거쳐 논문을 발표하고 졸업하면 석사학위를 받게 된다. 그는 석사과정을 거치면서 자신이 파리에 대해 다 아는 줄 알았는데 사실은 아무것도 아는 것이 없다는 것을 깨닫게 된다. 특히 그는 뒷다리에 대한 논문을 썼기 때문에 앞다리에 대해서는 거의 아는 바가 없다. 따라서 파리에 대해 열심히 연구를 했는데도 파리에 대해서는 여전히 제대로 알지 못하는 아이러니가 발생한다.

파리학 석사는 파리에 대한 전문적인 지식을 쌓기 위해 파리학과 대학원 박사과정에 진학한다. 박사과정에서는 더 깊은 주제로 파고

들어 뒷다리를 연구하기보다는 '뒷다리의 발톱'처럼 세부적인 주제를 찾아 연구를 한다. 박사논문을 준비하는 과정에서 그는 한국파리발톱학회The Korean Society for Fly's Toenail에서 그동안 연구한 '파리 뒷다리 발톱 성분이 파리 발톱 성장에 미치는 영향에 관한 연구A study of the effect of toenails' ingredient of a fly's hindleg on a growth of fly's toenail'라는 제목으로 논문을 발표하고, 『파리학회지The Korean Journal of Fly Studies』에 정식으로 논문을 게재하면서 박사학위 논문을 쓸 자격을 부여받는다. 박사과정 동안 학술대회와 학술지에 발표한 논문을 발전시켜, 드디어 그는 '1년생 파리 뒷다리 발톱의 성장 패턴이 파리 먹이 취득 방식에 미치는 영향에 관한 연구A study of the effect of a growth pattern of a one-year fly's hindleg toenail on the method of food acquisition'로 박사학위를 취득한다. 오랜 세월에 걸쳐 파리에 대해 연구하면서 그는 그동안 자신만 파리에 대해 모르는 줄 알았더니 파리학을 전공한 다른 사람들도 다 모르고 있다는 사실을 깨닫게 된다.

시간강사의 비애

학사와 석사, 박사는 전문지식에서 어떤 차이가 있을까? 대학에 다니는 자체가 엄청난 신분의 변화였던 1970년대까지는 '학사'를 따기는커녕 대학에 들어가기만 해도 보통 사람들의 부러움을 받았으며, 박사는 그야말로 여러 방면에 지식이 넓고 아는 것이 많은 '만물박사萬物博士'나 다름없었다. 그래서 박사는 한자로 '넓을 博', '선비 士'로 썼다. 2015년 기준으로 고등학교 졸업생의 70.8%가 대학에 진학하고, 대학 졸업생의 4%가 박사학위를 받는다(2015년 대졸자 322,413명, 2015년 박사학위 13,077명).[3] 대한민국 전체 인구 5천만 명(2016년 기준 50,801,405명) 가운데 박사학위를 가진 사람이 2000년 이후만 해도 15만 3천명(0.3%)이 넘는다. 한국의 박사들은 과연 그 한자 '博'에 해당하는 넓은 지식을 갖고 있을까?

박사학위를 받았지만 교수나 연구원 자리를 구하기가 쉽지 않다. 바사라고 해서 자신이 가고 싶은 곳에 갈 수 있는 것도 아니다. 해마다 박사학위를 받는 사람은 늘어나고 있지만 연구활동을 이어갈 수 있는 곳은 진입장벽이 점점 높아지고 있다. 박사학위를 받고 취업을 하기 위해서는 학위논문 외에 다른 연구논문을 발표한 실적이 여러 편 있어야만 지원할 기회를 얻는다. 하지만 현실적으로 학위논문을 준비하는 동안에 다른 연구를 할 여유가 없어 실적을 만들어놓기가 어렵다.

그나마 속해 있던 학교에서 교양 강의 자리를 얻어 강사 활동을 할 수 있게 되면 입에 풀칠 정도는 할 수 있다. 일주일에 3학점짜리 강의 한 과목을 맡을 경우, 시간당 5만 원을 받아 한 달이면 60만 원 정도 받을 수 있다. 이것도 세금 떼고 뭐 떼고 하면 50만 원 수준이다. 손에 쥐는 게 연간 400만 원이라는 소리다. 보통 30대가 넘어 박사학위를 받게 된다. 가정을 꾸려야 하지만 이 정도 수입으로는 매우 힘들 수밖에 없다. 따라서 나이가 차도 결혼하지 못하거나 아예 하지 않는 경우도 많다. 설사 결혼을 해도 생계를 유지하기 위해 연구 활동을 해야 할 시간에 편의점에서 아르바이트를 하기도 한다. 강사료는 교통비를 겨우 때울 정도로 적고, 학기 시작 직전에야 강의 담당 여부를 알 수 있다. 먼 지역에서 며칠간 강의할 경우 찜질방에서 새우잠을 자면서 지내기도 한다. 비슷한 나이의 친구들은 결혼을 하고 집도 장만하고 몇 천만 원 대의 연봉을 받으며 생활을 한다. 박사학위를 받고 시간강사를 하는 사람들은 엄청난 상대적 박탈감을 느끼지만, 학문적인 성취에 대한 대가라 생각하고 참는다.

교양 강의를 여러 과목 맡아야 겨우 생활을 영위할 수 있는 수준이기 때문에 이동파 박사는 힘들지만 자신이 맡은 과목들을 열심히 준비해서 학생들을 가르쳤다. 시간강사라는 신분은 강의하는 것 외에 선배 교수들의 눈치를 봐야 하고 학과 사정을 파악해야 한다. 시간강사로 임용됐다고 해서 교수 자리를 보장받는 것이 아니기 때문이다. 비정규직이기 때문에 일정 기간 동안은 고용을 보장받지만 계약기간이 만료되면 신분은 또 불안정해진다. 게다가 강의 경력만 추가될 뿐, 나이가 들면서 취업 경쟁력이 떨어지게 된다. 이동파 박사는 금전적으로, 정신적으로, 육체적으로 힘들지만 그래도 언젠가는 좋은 날이 올 것이라는 희망을 가지고 교육 활동과 연구 활동을 병행했다.

불확정성의 원리가 생각나는 이유

천신만고 끝에 대한대학에서 교수 자리를 얻은 이동파 박사는 더 잘게 나뉜 전공을 선택해야 하기에 '파리 뒷다리 발톱에 긴 때'를 전공하기로 선택한다. 이 분야 역시 교수에 따라 까만 때, 누런 때, 얼룩진 때 등 색깔별로 제각각이어서 파리 발톱 때와 관련된 다른 학파가 형성된다. 그리고 각 학파에서 파리 발톱의 때에 관한 각양각색의 논문들이 발표된다. 이런 식으로 파리학을 계속 연구하면 할수록 연구 주제는 세분되고 전문적인 특성을 가지게 된다. 그러고 보면 결국 이렇게 세분화, 전문화된 주제는 당사자만이 소화할 수 있는 특정한 것이 된다는 결론에 이르게 된다.

교수가 되었다고 안주할 수는 없다. 연구 과제를 따야 한다. 이 교수는 파리 발톱 때에 관한 자신의 연구 주제를 확대시켜 연구를 계획했다. 그가 신청한 연구 과제는 '파리 뒷다리 발톱의 누런 때가 근육 긴장에 미치는 영향에 대한 연구A Study of the effect of a sallow dirt of fly's hind-leg toenail on muscle tension'다. 그는 파리 발톱에 낀 때가 파리의 움직임에 어떤 식으로든 영향을 줄 것으로 생각했고, 그것을 살피기 위해 근육 긴장 정도를 확인해보기로 한 것이다. 1년 정도의 기간 동안 수행될 이 연구에 들어갈 연구비를 1억2천만 원으로 책정했다. 다행히 계획한 대로 연구 과제가 받아들여져 바로 연구를 시작할 수 있었다. 장비와 기구를 장만하고 필요한 인력을 모으고 업무도 나눴다.

연구비를 따기보다 연구비를 관리하는 게 더 힘들다. 연구비를 쓰는 항목마다 몇 백 원짜리 영수증도 일일이 챙겨야 하고, 물품을 구입하는 데 갖춰야 할 서류가 한두 가지가 아니었다. 회의를 하고 함께 식사를 하면 식사비를 회의비로 처리하기 위해 회의록과 영수증을 제출해야 한다. 회의록에는 회의 내용뿐 아니라 참가자 전체의 서명이 필요하다. 영수증은 유흥업소로 등록된 곳이 아닌 일반음식점에서 발행하는 것이어야 한다. 비용도 한 사람에 3만 원을 넘으면 안된다. 한도를 넘으면 회의에 참석하지 않은 사람을 끼워 넣으면 되지 않을까? 항목과 내용이 적절하게 맞는지 전체적으로 꼼꼼하게 확인해야 한다. 연구할 시간도 부족한데 이 짓을 왜 하는 걸까? 하이젠베르크의 '불확정성의 원리Uncertainty Principle'가 떠올랐다. '물체의 위치와 운동량 가운데 하나를 측정하려고 하면 다른 하나가 변한다.' 연구비

(위치)를 상세하게 측정하려 들면 연구성과(운동량)가 변할 수밖에 없다. 감사원이 원하는 투명성을 확보하려면 결국 연구성과를 희생하는 수밖에 없을까? 당국자들은 '불확정성의 원리'에 대해 알고나 있을까?

　연구 과제를 한창 수행하는 중이지만 승진하려면 실적도 만들어야 한다. 중간보고서를 완성해야 하는 시점이기 때문에 다른 데 신경 쓸 겨를이 없지만 당장 실적을 내지 않으면 재임용심사에서 탈락할 수 있다. 그렇다고 지금 당장 새로운 연구를 시작할 수도 없어 이 교수는 지금 수행하는 과제의 일부를 논문으로 만들어볼까 생각하기도 했다. 아직 마무리되지 않은 연구라 발표할 단계는 아니지만 발표할 수 있는 것은 현실적으로 이것밖에 없기 때문이다. 지금까지의 진행상황만 가지고 이야기할 만한 것은 없을까? 데이터를 조금만 조정하는 것은 괜찮겠지? 이 교수는 당장 발표할 만한 성과를 만들어 내기 위해 실험 결과를 조작하고 싶은 유혹에 계속 시달렸다.

메피스토펠레스의 속삭임

연구 주제는 파리 뒷다리 발톱에 낀 누런 때의 특정 성분이 근육 긴장에 어떻게 영향을 주는지에 대해 알아보는 것이다. 근육수축에 영향을 주는 성분 가운데 칼슘에 대해서는 규명되었지만, 다른 성분에 대해서는 알려진 것이 없다. 이 교수는 누런 때에 있는 성분 중 나트륨이 파리의 근육 긴장에 영향을 준다는 가설을 세우고 실험을 시작했다. 학생들을 시켜 파리 수백 마리를 잡아 누런 때를 수집한 그는 누런 때에 나트륨이 얼마나 들어 있는지, 함량이 높을수록 근육의 움직임이 어떻게 달라지는지를 분석했다. 역시! 파리의 누런 때에 나트륨이 많을수록 근육수축이 더 두드러지는 것으로 보였다. 그러나 데이터를 꼼꼼하게 보면 나트륨의 양과 근육수축의 정도가 '예쁜' 비례 관계로 그려지는 것은 아니었다. 나트륨 함량이 높아도 근육수축에 별 차이를 보이지 않는 것도 있었고, 그 반대 결과를 보여주는 데이터도 있다. 이런 데이터를 모두 해석해서 결론을 내리기 어려웠다. 시간이 없다. 이 교수는 그 정도 데이터는 무시할 만한 수준에 있다고 판단하고, 누런 때에 나트륨 성분이 많을수록 근육 긴장도가 높아진다고 결론을 내렸다.

누런 때만 수집해서 그 성분을 조사하다 보니 샘플을 확보하는 것부터가 쉽지 않았다. 누런 때를 비슷한 황갈색 때와 구분해야 하지만 황갈색 때가 약간 섞여 들어온 것도 여러 개 있었다. 따라서 나트륨의 함량과 근육수축의 상관관계에 대한 결과값 역시 일정한 추이를 나타내기 어려웠다. 황갈색 때의 나트륨 성분이 결정적인 차이를 드러내는 것은 아니지 않는가? 그는 이 차이를 무시하고 실험 결과를 정리했다. 실험을 하다 보면 조작의 유혹에 휩싸일 때가 많다. 누런 때보다 오히려 황갈색 때에서 검출된 나트륨 중 일부에서 명료한 결과가 보였다. 연구자는 더 분명한 결과값을 나타내는 데이터를 선호하기 때문에 섞여 들어온 황갈색 때의 나트륨에 대한 결과로 주제를 바꿔버릴까 고민하기도 했다. 어차피 누런 때와 비슷해서 결과값을 바꾼다 해도 크게 문제되지 않을 것이다. 엑셀 프로그램에서 숫자 몇 개만 수정하면 된다. 눈치챌 만한 사람도 없다. 파리 뒷다리의 발톱에 낀 누런 때와 황갈색 때를 제대로 구분할 수 있는 전문가가 국내에 거의 없지 않은가? 내가 최고의 전문가인데……. 메피스토펠레

* 메피스토펠레스는 괴테의
『파우스트』에 나오는 악마의
이름으로 메피스토라고도 한
다. 『파우스트』에서 메피스토
펠레스는 파우스트와 계약을
맺어 자신에게 영혼을 팔게
하는 악마로 나온다. 인간을
악덕으로 유혹하여 악마의 계
약을 맺게 하고, 계약에 응한
인간은 악마의 손에 갈기갈기
찢겨 종국에는 지옥으로 떨어
지고 만다.

스Mephistopheles*가 속삭였다.

사실, 연구 활동을 하다 보면 유혹의 속삭임이 솔깃하게 느껴지는 경우가 굉장히 많다. 연구자를 평가할 때 논문 발표 실적을 중시하다 보니 표절도 심심치 않게 발생한다. 이동파 교수가 다니는 대한대학에서도 자기 표절이나 제자 논문 표절 같은 사건들이 잦았다. 예를 들면 정교수 승진을 앞둔 지네학과의 김진에 교수는 논문 실적을 학교에 제출해야 했다. 최근 별다른 연구 활동이 없던 터라 김 교수는 급하게 논문을 만들어내야 했다. 예전에 발표했던 자신의 논문 몇 편을 뒤적였다. 3년 전에 발표했던 '장수지네의 약용 성분에 대한 연구 A Study of Pharmaceutical Ingredient of *Otostigmus polytus*'를 꺼내 약간의 수정을 거쳐 '장수지네의 약리학적 연구Pharmacological Studies of *Otostigmus polytus*'라는 논문으로 탈바꿈시켜 승진 심사 실적으로 제출했다. 아무리 자신의 연구라도 출처를 밝히지 않거나 상당 부분을 그대로 가져오면 자기 표절에 해당한다. 김진에 교수의 사례도 마찬가지다. 3년 전에 발표한 논문과 이번에 제출한 논문은 거의 유사하다. 제목에서 '약용 성분'을 '약리학적'으로 바꾸었고, 목차 구성 방식도 거의 비슷하다. 몇몇 약용 성분에 대한 특징적인 부분을 조금 더 강조하고, 실험 결과로 제시한 그래프를 표로 바꾼 게 전부다.

파우스트 박사의 번민

유혹은 이렇게 강한데 처벌은 그렇게 약한가? 지난 2005년 불거졌던 황우석 논문 조작 사건을 계기로 연구윤리에 대한 목소리가 높아지고 교육도 늘어났지만, 정작 당사자들이 연구윤리를 중요하게 여기는 지에 대해서는 알 수가 없다. 감사나 검찰이나 언론에서 발각되지 않을 뿐, 현장에서 느끼는 연구윤리의 심각성은 별로 개선되지 않는 것처럼 보인다.

ⓘⓢⒸEric Koch / Anefo
(Nationaal Archief)

이동파 교수는 조교수 시절에 들었던 '연구자와 연구윤리' 강좌가 떠올랐다. 한국과학기술인력교육원에서 개설한 이 강의는 과학자사회를 사회학으로 처음 분석한 미국의 로버트 머튼Robert Merton(1910~2003)이 1942년 출판한 『과학의 규범구조The Normative Structure of Science』에 대한 이야기부터 시작한다. 과학자 집단은 다른 집단에서 찾아볼 수 없는 독특한 4가지 규범이 작동하여 과학공동체에서 합리적인 지식을 생산할 수 있다는 것이다. ① 연구자료와 결과를 공개하는 공유주의Communism, ② 과학적 성과 외에 다른 정치사회적 배경이 작용하지 못하는 보편주의Universalism, ③ 진리추구에만 관심을 두는 무사무욕 Disinterestedness, ④ 엄밀하고 충분한 증거가 없으면 어떤 이론도 받아들이지 않는 조직화된 회의주의Organized Skepticism다.⁴ 이 규범은 많은 과학학회에서 윤리강령을 제정하는 뼈대가 되었다. 미국의 윤리학자 데이비드 레스닉David Resnick이 펴낸 『과학의 윤리The Ethics of Science』에서 언급된 12가지 과학윤리도 생각났다. 자료를 뒤져보니 정직성Honesty, 조심성Carefulness, 개방성Openness, 자유Freedom, 명성Credit, 교육Education, 사회적 책임Social Responsibility, 합법성Legality, 기회Opportunity, 상호 존중Mutual Respect, 효율성Efficiency, 실험대상 존중Respect for Subjects이라고 적혀 있다.⁵

ⒸSteve McCaw(*Environmental Factor*, www.niehs.nih.gov)
로버트 머튼(위)과 데이비드 레스닉

자신이 지도한 제자의 논문을 가져다 쓰는 것도 참 쉽다. 제자 논문 표절은 공직자로 적합한 사람인지를 평가하는 과정에서 많이 드러난다. 그만큼 쉽고 흔했다는 이야기다. 이 교수의 선배로 거미학을 전공하다가 국회의원에 출마한 정검이 교수는 7년 전에 제자의 논문을 표절해 발표한 사실이 드러나 망신을 샀다. 정 교수의 제자가 발표한 논문은 '무당거미 포획사 생성과정에 대한 연구A Study on the Producing Process of Capture Thread in *Nephila clavata*'이고, 정 교수의 논문은 '무당거미의 포획사 생성에 대한 연구A Study on the Production of Capture Thread in *Nephila clavata*'다. 문제의 논문을 보면 민망할 정도다. 거의 대부분을 그대로 옮겨 쓴 데다 몇몇 단어나 토씨 정도만 바꾸었다. 제목에서 '포획사 생성과정'을 '포획사 생성'이라고 줄여 표현한 것이나, '나타내고 있다'를 '나타낸다'고 고쳐 발표한 것이다. 문제가 불거지자 정 교수는 당시의 관행인 데다 그다지 중요한 일이 아니라고 해명하기도 했다. 이동파 교수는 국회의원에 당선된 정 교수에게 축하인사 전화를 하지 않았다.

한국파리연구원에서 근무하는 대학 동기에게서 전화가 왔다. 추계학술대회에 같이 발표할 논문 '개미문신초파리의 생태학적 연구 Ecological Studies of *Goniurellia tridens*'에 선배 연구원 한 분이 실적이 필요하니 공동저자로 올려달라고 요청해 왔다는 것이다. 논문 주제는 최근 발견된 신종 초파리의 양날개에 뚜렷한 개미 모습이 천적으로부터 스스로를 보호하기 위해 만들어낸 진화의 증거라는 것이다.[6]

길이가 5mm 정도인 작은 날개에, 개미의 몸집은 물론 다리 6개와 더듬이 2개까지 선명해서 세계 파리학계에 제법 큰 반응을 일으킬 것으로 기대하는 논문이다. 그 선배 연구원은 티끌만 한 기여도 하지 않았는데, 공동저자는 너무 심하지 않은가? 게다가 그 선배 연구원은 예전에도 자신의 논문이 한 번 인용되었다는 단순한 이유 하나만으로 교신저자를 요구하기도 했다. 요즘 공동연구가 늘어나면서 한 논문에 표기하는 저자의 수가 많아지기는 하지만, 무임승차 요구가 너무 뻔뻔한 데다 '좋은 게 좋다'는 식으로 너무 쉽게 받아들여지고 있다.

　모기학을 전공하는 강목이 교수는 최근 교육부 감사 결과 3개월 감봉 조치를 받았다. 연구비를 개인적으로 사용한 데다 거래명세서와 연구비 지급신청서를 허위로 작성한 잘못을 지적받은 것이다. 강 교수가 제출한 내역을 보면 실험에 필요한 장비와 사무기기를 구입한 것으로 기록되어 있다. 하지만 그는 연구비로 자녀에게 노트북과 게임기를 선물하고, 자신이 운영하는 회사에서 필요한 용품을 구입했으며, 주말에 가족과 식사하는 데 쓰기도 했다. 또 해외출장 내역을 허위로 보고한 사실도 드러났다. 제25회 세계모기학술대회에 참석하기 위해 미국 뉴올리언스에 9박 10일 일정으로 출장을 다녀온 뒤 제출한 서류를 보면 항공료로 670만 원을 지출했고, 렌트카 비용도 하루에 1,000달러가 넘는다. 숙박과 식사에도 터무니없이 많은 금액을 썼다. 해외출장에 가족을 동반한 '호화 출장'이다. 강 교수가 3개월 감봉 처분을 받은 데 대해 동료 교수들은 오래된 관행인데 운 나쁘게 걸렸다고 위로하기도 했다.[7]

　이동파 교수는 얼마 전에 학회에 갔다가 노린재 분야에서 세계적으로 유명하고 대중에게도 널리 알려진 노인재 교수가 성추행 사건을 일으켜 결국 파면당했다는 소식을 들었다. 학과 행사를 마치고 가진 저녁 자리에서 여학생을 옆자리에 앉히고 술을 따르라고 하거나 허벅지를 쓰다듬는 신체 접촉을 시도했다는 것이다. 또 실험실에 혼자 있는 여학생을 뒤에서 껴안기도 하고, 항의하면 따로 만나 식사를 하자거나 보고 싶다는 내용의 문자 메시지를 보내 불쾌감을 주기도 했다. 문제는 피해 여학생이 한두 명이 아니라는 점이다. 그동안 수치심이나 협박을 걱정해서 목소리를 내지 못하던 여학생들이 수두룩하다. 대학이 미적거리며 노 교수의 사표를 받고 면직으로 처리하려하자 여학생회에서 항의하고 여론이 들끓는 바람에 부랴부랴 파면으로 처벌 수준을 높인 것이다.

세상에 또 이런 일이! 파리 발톱에서 누런 때의 독성을 연구하는 오옥시 교수가 엊그제 갑자기 검찰에 체포됐다. 가습기 살균제에 파리에 유해한 살충성분이 들어 있는지 분석을 의뢰한 기업으로부터 뒷돈을 받고 그 기업에 유리한 방향으로 실험데이터를 조작했다는 혐의다. 살균제가 파리에 유해하지 않다는 내용의 실험 결과를 요구받고, 연구 용역비 외에 개인 계좌로 2천만 원이 넘는 자문료를 받았다는 것이다. 피해자들의 이의 제기와 검찰의 수사가 진행되면서 수뢰 후 부정처사 및 증거위조 혐의가 드러난 것이다. 오 교수는 누런 때의 독성에 관한 한 세계적인 권위자인데, 하나도 아쉬울 것 없는 분이 어떻게 기업에서 돈을 받고 실험 결과를 조작하고 뇌물까지 받았을까? 수사 결과를 지켜봐야겠지만 이동파 교수는 과학기술자의 윤리의식이 사회적으로 얼마나 큰 영향을 미치는지 실감하게 됐다.

걸면 걸리는 연구비 관리

연구 과제를 수행하다 보면 데이터 조작, 논문 표절, 성추행, 뇌물 수수, 증거 위조 같은 유혹은 스스로 관리할 수 있다. 제일 관리하기 어려운 것이 연구비 가운데 인건비다. 대학에서 연구를 하다 보면 연구를 돕는 대학원생을 당연히 투입하게 된다. 논문을 써야 하는 석·박사과정의 대학원생은 지도교수의 눈치를 살필 수밖에 없다. 지도교수(연구책임자)가 마음먹기에 따라 인건비(연구수당)를 얼마든지 줄이거나 늘리고, 아예 지급하지 않을 수도 있다. 그러다 보니 연구책임자가 인건비를 횡령하는 사건이 자주 발생한다. 석·박사과정에서 과제에 참여하면 자기 명의의 통장을 만들어 체크카드와 도장을 연구비 관리 담당자에게 제출하도록 한다. 연구비 관리는 주로 연구책임자나 연구실의 대표가 맡는다. 과제마다 책정되는 대학원생 인건비가 참여연구원의 통장에 들어가지만, 참여연구원에게 돌아가는 금액은 극히 적다. 나머지는 교수가 그때그때 알아서 사용하는 것이다.

이동파 교수는 인건비에 관한 한 아예 손을 대지 않고 연구실의 간사에게 맡겨 정확하게 처리하도록 했다. 다른 실험실에서 연구하는 대학원생들이 부러워할 정도로 깔끔하게 사용한 것이다. 한번은 참여연구원의 역할과 성과에 따라 인센티브를 줘야겠다는 생각에 일괄적으로 지급되는 연구수당에서 10만 원씩 모아 간사가 보관토록 했다. 과제가 끝나면 인센티브로 나눠줄 요량이었다. 그런데 누군가의 투서로 하필 이 건이 감사원에 제보됐다. 촉망받는 과학자로서 글로벌프론티어사업의 일환으로 절지동물연구단을 이끌던 이 교수를 질시하던 몇몇 교수들이 문제를 삼기 시작했다. 성격이 제아무리 꼿꼿한 이 교수라도 몇 개월 동안 감사원 조사를 받으면서 육체적으로 정신적으로 겪는 엄청난 괴로움을 감당하기 어려웠다. 주변에서 그에게 보내는 의혹의 눈초리가 무엇보다 견디기 힘들었다. 그를 자랑스럽게 여기는 가족에게도 전혀 내색조차 할 수 없었다. 지옥처럼 느껴지는 나날들이 얼마쯤 지났을까, 프랑스 파리에서 열린 제82회 세계파리학회에 참석한 이 교수는 갑자기 연구실에서 걸려 온 전화를 받았다. 연구실의 간사였다. 하도 감사에 시달리다 보니 '감사합니다(Thank you)'라는 인사말에도 깜짝 놀라 몸서리치던 그녀였다. 그녀는 감사원에서 자꾸 전화를 걸어 으름장을 놓는데 어떻게 하면 좋으냐고 울먹였다. 학생들까지 괴롭히다니……. 나 때문에 학생들까지 괴롭힘을 당하다니…….

다음 날 아침, 파리의 유명 영자 일간지에 다음과 같은 부음이 실렸다.

Obituaries

Dr. Dongpa Lee

A promising Korean scientist in fly studies, fifty-two years of age, of 82 High street, was found dead in bed early Saturday morning in Paris. Medical Examiner Cutts found that he had committed suicide by inhaling gas.

이 부음은 한국의 언론에서는 아래와 같이 짧게 실렸다.

동파리 박사. 프랑스 파리에서 자살. 향년 52세

한국에서는 파리 발톱의 때에 관한 연구조차도 마음 편히 할 수
없는 것인가?

주

1. 파리에 대한 설명은 다음을 참고하라. 위키백과 (http://ko,wikipedia,org/wiki/%ED%8C%8C%EB%A6%AC_(%EA%B3%A4%EC%B6%A9))

2. 이 글은 한양대 유영만 교수의 『생각지도 못한 생각지도』 (위너스북, 2011)에 소개된 파리학 관련 내용을 활용하여 전개한 것이다. 유영만은 그의 저서에서 파리학을 소재로 학문의 전문화, 세분화 과정을 흥미롭게 소개하고 있다. 필자는 유영만의 아이디어를 기반으로 연구자의 성장 과정과 그 속에서 맞닥뜨릴 수 있는 연구윤리의 문제를 다루고자 한다.

3. 제시된 수치는 교육통계서비스 홈페이지에 게시된 자료를 근거로 했다. 교육통계서비스 홈페이지, (http://kess,kedi,re,kr/index)

4. 머튼의 과학 규범에 대해서는 다음의 책을 참고하라. 김경만, 『과학지식과 사회이론』 (한길사, 2004).

5. 레스닉의 윤리 원칙에 대해서는 다음의 책을 참고하라. 데이비드 레스닉 지음, 양재섭·구미정 옮김, 『과학의 윤리: 더욱 윤리적인 과학을 향하여』 (나남출판사, 2016).

6. 이 초파리에 관한 내용은 앞서 언급한 파리 연구에 대한 사례들과 달리 실제로 확인된 내용으로 아랍에미리트의 영자신문인 *The National*에 사진이 소개되면서 세간에 알려졌다. UAE 자예드 대학의 브리짓 하워드 교수는 파리 전문가로 이 초파리를 처음 발견했다. 이 초파리의 모습이 진화의 증거인지, 우연한 결과인지에 대해서는 아직 의견이 분분하다.

7. 이 내용부터는 실제 한국에서 일어난 사례를 바탕으로 구성했으며, 각종 신문을 통해 보도된 내용들을 두루 참고했음을 밝힌다.

과녁 근처에도 못 가면서
금메달을 받겠다고요?

올림픽 양궁의 과녁은 안쪽부터 노랑·빨강·파랑·검정·하양 5가지 색의 원으로 그려져 있다. 활을 쏘는 사대射臺에서 과녁까지 거리가 60m가 넘을 경우 과녁의 지름은 122cm다.[1] 한가운데 노란 원은 지름이 각각 24.4cm, 12.2cm, 6.1cm인 동심원 3개로 되어 있다. 화살이 바깥 노란 원(24.4cm)에 꽂히면 9점, 가운데 노란 원(12.2cm)에 꽂히면 10점이다. 동점이 나올 경우 정중앙의 제일 작은 원(6.1cm)에 꽂힌 화살이 많은 선수가 이긴다. 초보일수록 욕심을 부려 노란 원에 집착하게 마련이다. 바깥쪽 흰 원부터 시작해서 검은 원, 파란 원, 빨간 원을 맞히는 횟수가 점점 늘어나야 한가운데 노란 원에 탄착점을 집중시킬 수 있다. 사실 프로선수가 쏜 화살이 바깥 흰 원은커녕 과녁조차 빗나가는 경우도 보지 않는가?

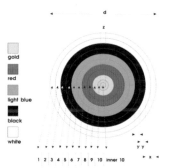

올림픽 양궁 과녁[2]

gold
red
light blue
black
white

1 2 3 4 5 6 7 8 9 10 inner 10

105

과학 분야의 과녁
한가운데로 비유되는
노벨상

©Nobel Foundation
ⓘⓢJonathunder

과학 분야에서 세계적인 연구 성과를 양궁에 비유한다면 노벨상은 한가운데 10점 만점짜리 노란 원이 될 것이다. 한국은 올림픽 양궁에서 거의 매년 금메달을 석권하다시피 하는데, 과학 연구 성과에서 왜 '노란 원'(노벨상)을 한 번도 못 맞히는 것일까? 정부는 2016년을 한국 과학기술 50주년으로 꼽는다.[3] 한국과학기술연구소KIST(현재 한국과학기술연구원)가 설립된 1966년을 기준으로 잡은 것이다. 유감스럽게도 한국은 이 50년 동안 '노란 원'을 한 번도 맞힌 적이 없다.

같은 기준으로 일본과 중국을 보자. 일본은 리켄연구소RIKEN(이화학연구소)를 세운 1917년부터 시작하면 2016년은 99주년이 된다. 일본은 32년 만인 1949년 유카와 히데키湯川秀樹(1907~1981)가 노벨 물리학상을 처음으로 받았다.[4] 그 뒤 도모나가 신이치로朝永振一郞(1906~1979. 1965년 물리학상), 에사키 레오나江崎玲於奈(1925~ . 1973년 물리학상), 후쿠이 겐이치福井謙一(1918~1998. 1981년 화학상), 도네가와 스스무利根川進(1939~ . 1987년 생리의학상)에 이어 2016년까지 일본에서 과학 분야의 노벨상 수상자는 모두 22명이나 된다.

중국의 노벨 과학상은 1949년 중국과학원CAS을 창립한 지 8년 만인 1957년에 물리학상을 받은 양전닝楊振寧(1922~)과 리정다오李政道(1926~)가 처음으로, 2015년 생리의학상을 받은 투유유屠呦呦(1939~)까지 모두 3명이다. 양전닝과 리정다오는 노벨상을 받은 뒤 미국으로 귀화했다. 딩자오중丁肇中(1936~ . 1976년 물리학상), 리위안저李遠哲(1936~ . 1986년 화학상), 주디원朱棣文(1948~ . 1997년 물리학상), 대니얼 추이崔琦(1939~ . 1998년 물리학상), 로저 첸Roger Yonchien Tsien(1952~ . 2008년 화학상), 가오쿤高錕(1933~ . 2009년 물리학상) 등 중국계 6명까지 포함하면 모두 9명이다. 요약하면 일본은 99년 동안 22명, 중국은 67년 동안 3명, 한국은 50년 동안 0명이다. 국가 차원의 연구소 설립을 기준으로 하면 일본은 32년 만에, 중국은 8년 만에 노벨상을 받았지만, 한국은 50년이 지나도 감감 무소식이다.

노벨상에 버금가는 상들

좋다. 어쨌든 한국은 50년 동안 한 번도 '노란 원'을 맞히지 못했다.
그러면 노란 원보다 조금 쉬운 빨간 원, 파란 원, 검은 원……, 아니
아니 맨 바깥에 있는 흰 원이라도 맞힌 적이 있는가? 노벨상 근처라
도 가본 적이 있냐는 것이다. 노란 원이 노벨상이라면, 그 주변의 빨
간, 파란, 검은 원에 해당하는 상은 무엇일까? 과학 분야에서 세계적
인 연구 성과에 대해 경의를 표하는 상이 노벨상밖에 없는가? 유감
스럽게도 한국의 과학계는 노벨상 이외의 다른 상에 대해서는 거의
알지 못한다. '초보'여서 그럴까, 색맹이어서 그럴까? 한국 과학계의
눈에는 '노란 색'밖에 보이지 않는 것은 무슨 까닭일까?

　노란 원보다 조금 넓은 과녁, 그러니까 빨간 원, 파란 원, 검은 원
에 해당하는 세계적인 상으로 울프상Wolf Prize이나 래스커상Lasker Award
을 꼽을 수 있다. 울프상은 독일계 유태인인 리카르도 울프Ricardo
Wolf(1887~1981)가 제정한 상이다.[5] 울프는 쿠바혁명에서 피델 카스트로
Fidel Castro(1926~)를 후원한 덕으로 쿠바에서 12년 동안 이스라엘 대사
를 지낸 뒤 1975년 울프재단을 설립했다. 가족과 함께 철강제련 찌
꺼기 처리사업으로 번 돈 1천만 달러를 기금으로 울프상과 크릴상
Krill Prize을 제정했다. 울프상은 농학, 물리학, 수학, 의학, 화학, 예술 6
개 부문에 대해 수상자에게 상금 10만 달러를 지급한다. 특히 물리
학상과 화학상은 노벨상 다음으로 명성이 높아 수상자 가운데 30%

촬영/ Calle Huth
필즈상(위)과 아벨상

정도가 5년 이내에 노벨상을 받을 정도다. 의학상은 노벨상, 래스커상에 이어 세 번째로 명성이 높다. 수학상은 필즈상이나 아벨상이 생기기 전까지 수학계의 노벨상에 가깝다는 평가를 받았다. 크릴상은 과학 분야의 젊은 연구원에게 주는 장학금 형태의 상이다. 한편, 래스커상은 '근대 광고의 아버지'로 불리는 미국의 앨버트 래스커Albert Lasker(1880~1952)와 의학연구 후원에 공헌한 그의 아내 메리Mary-Lasker(1900~1994)가 1945년 설립한 래스커재단Albert & Mary Lasker Foundation이 주는 상이다.[6] 기초의학, 임상의학, 공공서비스, 특별공적 4개 분야로 나뉘며, 기초의학과 임상의학은 매년, 공공서비스와 특별공적은 격년으로 수여된다. 특히 기초의학 분야의 경우 수상자의 약 50%가 노벨상을 받았다.

노벨상은 수학상이 없다. 수학 분야에서 노벨상에 해당하는 상으로 필즈상Fields Medal과 아벨상Abel Prize을 들 수 있다. 필즈상은 캐나다 토론토 대학의 존 필즈John Fields(1863~1932) 교수가 4년 주기로 열리는

2016년 울프상 수상자들

ⓒWolf Foundation
(www.wolffund.org.il)

세계수학자대회가 끝난 뒤 새로운 영역을 개척하는 데 공을 세운, 40세를 넘지 않는 젊은 수학자를 격려하는 상으로 1936년 제정했다.[7] 아시아에서는 일본이 3명을 배출했을 뿐 다른 나라의 수상자는 아직 없다. 중국계로서 수상한 인물이 2명 있기는 하지만 이들은 각각 미국과 호주 국적을 가지고 있다. 아벨상은 대수방정식에 탁월한 연구 성과를

래스커상 트로피를 들고 있는 메리 래스커
©Fred Palumbo

남긴 수학자 닐스 아벨Niels Abel(1802~1829)을 기념하여 2003년 노르웨이 학술원이 2003년부터 탁월한 업적을 낸 수학자에게 매년 시상한다.[8]

프리 노벨상이라도 받아야

과녁은 조금 넓어졌다. '노란 원'을 못 맞히면 상대적으로 쉬운 빨간 원, 파란 원, 검은 원……, 아니 아니 맨 바깥에 있는 흰 원이라도 맞힐 수 있어야 한다. 울프상과 래스커상은 노벨상 급의 연구 업적에 대한 시상으로 권위가 높아 '프리 노벨상Pre Nobel Prize'이라고도 한다. 프리 노벨상을 받는 과학자가 많아야 노벨상을 기대할 수 있지 않을까?

2000년 이후 울프상을 받고 나서 노벨상까지 이어진 경우는 모두 9건이다. 2002/2003년 울프상 물리학상 수상자인 앤서니 레깃Sir Anthony Leggett(1938~)은 2003년 노벨 물리학상을 받았고, 2004년 선정

울프상을 수상한 후 노벨상을 받은 주요 과학자들. (왼쪽 위부터 차례대로) 앤서니 레깃, 프랑수아 앙글레르, 피터 힉스, 노요리 료지, 배리 샤플리스, 아다 요나트, 윌리엄 머너, 로저 첸, 야마나카 신야

①②Kenneth C. Zirkel ①②Pnicolet ①Bengt Nyman

①②By Користувач:Brünei ⓒK.C. Alfred ①②Hareesh N Nampoothiri

①②Kevin Lowder 사진/ U. Montan

된 프랑수아 앙글레르François Englert(1932~)와 피터 힉스Peter Higgs(1929~)는 2013년 노벨 물리학상을 수상했다. 2001년 화학상 수상자인 일본의 노요리 료지野依良治(1938~)와 배리 샤플리스Barry Sharpless(1941~)는 바로 같은 해 노벨 화학상을 받았다. 또 2006/2007년 울프상 화학상 수상자인 아다 요나트Ada Yonath(1939~)와 2008년 수상자 윌리엄 머너William Moerner(1953~)는 각각 2009년과 2014년에 노벨 화학상을 받았다. 의학상에서는 2004년 수상자인 로저 첸(첸융젠)이 4년 뒤 노벨 화학상을, 2011년 수상자인 야마나카 신야山中伸弥(1962~)가 이듬해 노벨 생리의학상을 각각 받았다.

[표 5-1] 울프상(물리학상)을 받은 뒤 노벨상을 받은 과학자[9]

연도	이름	국적	노벨상
2001	No award		
2002/ 2003	Bertrand I. Halperin Anthony J. Leggett	US UK–US	2003 물리학
2004	Robert Brout Francois Englert Peter W. Higgs	Belgium Belgium UK	2013 물리학 2013 물리학
2005	Daniel Kleppner	US	
2006/ 2007	Albert Fert Peter Grunberg	France Germany	2007 물리학 2007 물리학
2008	No award		
2009	No award		
2010	John F. Clauser Alain Aspect Anton Zeilinger	US France Austria	
2011	Maximilian Haider Harald Rose Knut Urban	Austria Germany Germany	
2012	Jacob D. Bekenstein	Israel	
2013	Peter Zoller Ignacio Cirac	Austria Spain	
2014	No award		
2015	James D. Bjorken Robert P. Kirshner	US US	
2016	Yoseph Imry	Israel	

[표 5-2] 울프상(화학상)을 받은 뒤 노벨상을 받은 과학자[10]

연도	이름	국적	노벨상
2001	Henri B. Kagan Ryoji Noyori K. Barry Sharpless	France Japan US	2001 화학 2001 화학
2002/ 2003	No award		
2004	Harry B. Gray	US	
2005	Richard N. Zare	US	
2006/ 2007	Ada Yonath George Feher	Israel US	2009 화학
2008	William E. Moerner Allen J. Bard	US US	2014 화학
2009	No award		
2010	No award		

연도	이름	국적	노벨상
2011	Stuart A. Rice Ching W. Tang Krzysztof Matyjaszewski	US US Poland—US	
2012	A. Paul Alivisatos Charles M. Lieber	US US	
2013	Robert S. Langer	US	
2014	Chi—Huey Wong	Taiwan—US	
2015	No award		
2016	Kyriacos Costa Nicolaou Stuart Schreiber	Cyprus—US US	

[표 5-3] 울프상(의학상)을 받은 뒤 노벨상을 받은 과학자[11]

연도	이름	국적	노벨상
2001	Avram Hershko Alexander Varshavsky	Israel Russia—US	
2002	Ralph L. Brinster	US	
2003	Mario Capecchi Oliver Smithies	Italy—US UK—US	
2004	Robert A. Weinberg Roger Y Tsien	US US	2008 화학
2005	Alexander Levitzki Anthony R.Hunter Anthony J. Pawson	Israel UK—US UK—Canada	
2006	No award		
2007	No award		
2008	Howard Cedar Aharon Razin	Israel Israel	
2009	No award		
2010	Axel Ullrich	Germany	
2011	Shinya Yamanaka Rudolf Jaenisch	Japan Germany—US	2012 생리의학
2012	Ronald M. Evans	US	
2013	No award		
2014	Nahum Sonenberg Gary Ruvkun Victor Ambros	Israel—Canada US US	
2015	John Kappler Philippa Marrack	US US	
2016	C. Ronald Kahn Lewis C. Cantley	US US	

래스커상 수상자도 보자. 2000년 이후 래스커상 수상자 가운데 10명이 노벨상 수상으로 이어졌다. 2000년 특별공적 분야의 시드니 브레너Sydney Brenner(1927~)는 2년 뒤 노벨 생리의학상을, 2000년 기초 분야의 아론 치에하노베르Aaron Ciechanover(1947~)는 4년 뒤에 노벨 화학상을 받았다. 2001년 기초 분야에 선정된 마리오 카페키Mario Capecchi(1937~), 마틴 에번스Martin Evans(1941~), 올리버 스미시스Oliver Smithies(1925~) 세 사람은 6년 뒤 노벨 생리의학상을, 같은 해 임상 분야에서 상을 받은 로버트 에드워즈Robert Edwards(1925~2013)는 9년 뒤 노벨 생리의학상을 수상했다. 2002년 기초 분야의 제임스 로스먼James Rothman(1950~)과 랜디 셰크먼Randy Schekman(1948~)은 11년 뒤인 2013년에 노벨 생리의학상을 받았다. 중국의 투유유는 2011년 래스커상 임상 분

ⓘⓒBengt Oberger

ⓘⓒThaler Tamas

ⓘCardiff University

ⓘⓒChemicalHeritage Foundation

ⓒBourn Hall

ⓒYale University

ⓘⓒJames Kegley

ⓘⓒBengt Nyman

래스커상을 수상한 후 노벨상을 받은 주요 과학자들.
(왼쪽 위부터 차례대로)
시드니 브레너, 아론 치에하노베르, 마리오 카페키, 마틴 에번스, 올리버 스미시스, 로버트 에드워즈, 제임스 로스먼, 랜디 셰크먼, 투유유

과녁 근처에도 못 가면서 금메달을 받겠다고요?

야의 수상자로 선정된 뒤 2015년 노벨 생리의학상을 받았다. 특히 일본의 야마나카 신야는 래스커상(2009년)과 울프상(2011년)에 이어 노벨 생리의학상(2012년)까지 받아 세계 3대 과학상에서 트리플크라운 Triple Crown을 달성했다.

[표 5-4] 래스커상을 받은 뒤 노벨상을 받은 과학자[12]

연도	분야	이름	국적	노벨상
2000	기초	Aaron Ciechanover Avram Hershko Alexander Varshavsky	Israel Hungary—Israel Russia	2004 화학
	임상	Harvey J. Alter Michael Houghton	US UK	
	특별공적	Sydney Brenner	South Africa	2002 생리의학
2001	기초	Mario R. Capecchi Martin J. Evans Oliver Smithies	Italy UK UK—US	2007 생리의학 2007 생리의학 2007 생리의학
	임상	Robert G. Edwards	UK	2010 생리의학
	공공서비스	William H. Foege	US	
2002	기초	James E. Rothman Randy W. Schekman	US US	2013 생리의학 2013 생리의학
	임상	Wilem J. Kolff Belding H. Scribner	Netherlands—US US	
	특별공적	James E. Darnell, Jr.	US	
2003	기초	Robert G. Roeder	US	
	임상	Marc Feldmann Ravinder N. Maini	Poland— Australia India	
	공공서비스	Christopher Reeve	US	
2004	기초	Pierre Chambon Ronald M. Evans Elwood V. Jensen	France US US	
	임상	Charles Kelman	US	
	특별공적	Matthew Meselson	US	
2005	기초	Ernest McCulloch James Till	Canada Canada	
	임상	Alec John Jeffreys Edwin Mellor Southern	UK UK	
	공공서비스	Nancy Brinker	US	

연도	분야	이름	국적	노벨상
2006	기초	Elizabeth Blackburn Carol Greider Jack Szostak	Australia US Canada	
	임상	Aaron Beck	US	
	특별공적	Joseph Gall	US	
2007	기초	Ralph Steinman	Canada	
	임상	Alain Carpentier Albert Starr	France US	
	공공서비스	Anthony Fauci	US	
2008	기초	Victor Ambros David Baulcombe Gary Ruvkun	US UK US	
	임상	Akira Endo	Japan	
	특별공적	Stanley Falkow	US	
2009	기초	John Gurdon Shinya Yamanaka	UK Japan	2012 생리의학
	임상	Brian Druker Nicholas Lydon Charles Sawyers	US UK US	
	공공서비스	Michael Bloomberg	US	
2010	기초	Douglas L. Coleman Jeffrey M. Friedman	Canada US	
	임상	Napoleone Ferrara	Italy	
	특별공적	David Weatherall	UK	
2011	기초	Franz-Ulrich Hartl Arthur L. Horwich	Germany US	
	임상	Tu Youyou	China	2015 생리의학
	공공서비스	National Institutes of Health Clinical Center	US	
2012	기초	Michael Sheetz James Spudich Ronald Vale	US US US	
	임상	Roy Calne Thomas Starzl	UKt US	
	특별공적	Donald D. Brown Tom Maniatis	US US	
2013	기초	Richard H. Scheller Thomas C. Sudhof	US Germany-US	
	임상	Graeme M. Clark Ingeborg Hochmair Blake S. Wilson	Australia Austria US	
	공공서비스	Bill Gates Melinda Gates	US US	

과녁 근처에도 못 가면서 금메달을 받겠다고요?

연도	분야	이름	국적	노벨상
2014	기초	Kazutoshi Mori Peter Walter	Japan Germany	
2014	임상	Alim-Louis Benabid Mahlon R. DeLong	France US	
2014	특별공적	Mary-Claire King	US	
2015	기초	Stephen J. Elledge Evelyn M. Witkin	US US	
2015	임상	James P. Allison	US	
2015	공공서비스	Medecins Sans Frontieres	NGO	
2016	기초	William G. Kaelin, Jr. Peter J. Ratcliffe Gregg L. Semenza	US UK US	
2016	임상	Ralf F. W. Bartenschlager Charles M. Rice Michael J. Sofia	Germany US Canada	
2016	특별공적	Bruce M. Alberts	US	

후보가 되기도 어려운 현실

울프상이나 래스커상은 못 받아도 노벨상 후보 명단에라도 오를 수 있으면 '노란 원'에 매우 가까이 맞힌 셈이다. 매년 노벨상 후보를 발표하는 톰슨로이터는 독일 출신의 파울 로이터Paul Reuter(1816~1899)가 1851년 영국 런던에서 뉴스와 주식정보를 제공하는 사업으로 시작하여 현재 세계적인 학술정보 서비스 기업으로 성장했다.[13] 학술문헌인용 데이터베이스인 '웹 오브 사이언스Web of Science'를 토대로, 연구자의 논문 인용도와 학계 영향력 등을 고려하여 2002년부터 노벨상 수상이 유력한 후보자를 발표하고 있다. 톰슨로이터는 2016년까지 과학분야에서 214명을 노벨상 수상자로 예측했으며, 이 가운데 12.6%인 27명이 노벨상을 받았다.[14] 적중률이 그리 높지 않아 보이지만 논문

인용도와 학계 영향력에 따라 산출한 결과여서 톰슨로이터의 노벨상 수상 후보에 오르는 것만으로도 세계적으로 탁월한 연구 성과를 낸 것으로 평가받고 있다.

2002~5년 노벨상 수상 후보자로 꼽힌 나카무라 슈지中村修二(1954~)는 노벨 물리학상(2014)을, 로버트 그럽스Robert Grubbs(1942~)는 노벨 화학상(2005)을 받았다. 2006년에는 마리오 카페키, 마틴 에번스, 올리버 스미시스가 후보로 올라 이듬해 모두 노벨 생리의학상(2007)을, 같은 해 후보로 오른 알베르 페르Albert Fert(1938~)와 페터 그륀베르크Peter Grünberg(1939~)도 이듬해 노벨 물리학상(2007)을 받았다. 2007년에 후보로 꼽힌 아서 맥도널드Arthur McDonald(1943~)도 노벨 물리학상(2015)을 받았다. 2008년 후보자 브루스 보이틀러Bruce Beutler(1957~), 쥘 호프만Jules Hoffmann(1941~)은 노벨 생리의학상(2011), 안드레 가임Andre Geim(1958~), 콘스탄틴 노보셀로프Konstantin Novoselov(1974~)는 노벨 물리학상(2010), 단 셰흐트만Dan Shechtman(1941~)은 노벨 화학상(2011)을 수상했다. 2008년에는 로저 첸이 바로 그해 노벨 화학상(2008)을 받았다. 2009년 톰슨로이터는 의학 분야에서 후보자로 6명을 찍었는데, 5명을 맞혔다. 엘리자베스 블랙번Elizabeth Blackburn(1948~), 캐럴 그라이더Carol Greider(1961~), 잭 쇼스택Jack Szostak(1952~)은 같은 해 노벨 생리의학상(2009)을, 제임스 로스먼과 랜디 셰크먼은 4년 뒤 노벨 생리의학상(2013)을 받았다. 2010년에는 랠프 스타인먼Ralph Steinman(1943~2011)이 노벨 생리의학상(2011)을, 야마나카 신야는 노벨 생리의학상(2012)을 각각 받았다. 또 솔 펄머터Saul Perlmutter(1959~), 브라이언 슈밋Brian Schmidt(1967~), 애덤 리스Adam Riess(1969~)가 바로 이듬해 노벨 생리의학상(2011)을 받았다. 2011년 마틴 카르플루스Martin Karplus(1930~)는 노벨 화학상(2013)을 받았고, 2013년 프랑수아 앙글레르와 피터 힉스는 바

톰슨로이터가 수상 후보자로 꼽은 뒤 노벨상을 받은 주요 과학자들. (왼쪽 위부터 차례대로) 나카무라 슈지, 로버트 그럽스, 알베르 페르, 페터 그륀베르크, 아서 맥도널드, 브루스 보이틀러, 질 호프만, 안드레 가임, 콘스탄틴 노보셀로프, 단 셰흐트만, 엘리자베스 블랙번, 캐럴 그라이더, 잭 쇼스택, 랠프 스타인먼, 솔 펄머터, 브라이언 슈밋, 애덤 리스, 마틴 카르플루스

ⓘⓢGlenn Beltz

ⓘⓢChemical Heritage Foundation

ⓘForschungszentrum Jülich

Bengt Nyman

ⓘⓢHolger Motzkau

ⓘⓢHolger Motzkau

ⓘⓢHolger Motzkau

ⓘⓢZp2010

ⓘⓢTechnion–Israel Institute of Technology

ⓘⓢChemical Heritage Foundation

ⓘⓢKeith Weller/Johns Hopkins University School of Medicine

ⓘⓢProlineserver

ⓘⓢHolger Motzkau

ⓘⓢMarkus Possel

ⓘⓢHolger Motzkau

ⓘBengt Nyman

로 그해 노벨 물리학상(2013)을 수상했다. 일본의 야마나카 신야는 래스커상(2009년)을 받고, 톰슨로이터에 후보(2010)로 오른 뒤 울프상 (2011년)에 이어 노벨 생리의학상(2012년)까지 받았다.

[표 5-5] 톰슨로이터가 발표한 노벨상 수상 후보자(괄호 안은 노벨상 수상연도)**15**

연도		물리학	화학	의학
2002~ 2005		Michael Boris Green, John Schwarz, Edward Witten, Yoshinori Tokura	Adriaan Bax, Kyriacos C . Nicolaou, Georget Whitesides, Seiji Shinkai, Fraser Stoddart	Michael Berridge, Alfred G. Knudson, Bert Vogelstein, Robert A. Weinberg, Francis Collins, Eric Lander, Craig Venter, Yasutomi Nishizuka
	노벨상	**Shuji Nakamura(2014)**		—
2006		Alan Guth, Andrei D. Linde, Paul Steinhardt, Emmanuel Desurvire, Masataka Nakazawa, David N. Payne	Gerald Crabtree, Stuart Schreiber, Tobin Marks, David Evans, Steven Ley	Pierre Chambon, Ronald M. Evans, Elwood V. Jensen
	노벨상	**Albert Fert(2007), Peter Grünberg(2007)**	—	**Mario Capecchi(2007), Martin Evans(2007), Oliver Smithies(2007)**
2007		Sumio Iijima, Martin Rees, Yōji Totsuka	Samuel Danishefsky, Dieter Seebach, Barry Trost	Fred H. Gage, R. John Ellis, Franz–Ulrich Hartl, Arthur Horwich, Joan MassaguéSolé
	노벨상	**Arthur McDonald(2015)**	—	—
2008		Vera Rubin, Roger Penrose	Charles M. Lieber, Krzysztof Matyjaszewski	Shizuo Akira, Victor Ambros, Gary Ruvkun, Rory Collins, Richard Peto
	노벨상	**Andre Geim(2010), Konstantin Novoselov(2010), Dan Shechtman(2011)**	**Roger Tsien (2008)**	**Bruce Beutler(2011), Jules Hoffmann(2011)**

연도		물리학	화학	의학
2009		Yakir Aharonov, Michael Berry, John Pendry, Sheldon Schultz, David Smith, Juan Ignacio Cirac Sasturain, Peter Zoller	Michael Grätzel, Jacqueline K. Barton, Bernd Giese, Gary Schuster, Benjamin List	Seiji Ogawa
	노벨상	—	—	Elizabeth Blackburn(2009), Carol W. Greider(2009), Jack Szostak(2009), James Rothman(2013), Randy Schekman(2013)
2010		Charles L. Bennett, Lyman Page, David Spergel, Thomas Ebbesen	Patrick O. Brown, Susumu Kitagawa, Omar Yaghi, Stephen Lippard	Douglas Coleman, Jeffrey M. Friedman, Ernest McCulloch, James Till
	노벨상	Saul Perlmutter(2011), Adam Riess(2011), Brian P. Schmidt(2011)	—	Shin'ya Yamanaka(2012), Ralph M. Steinman(2011)
2011		Alain Aspect, John Clauser, Anton Zeilinger, Sajeev John, Eli Yablonovitch, Hideo Ōno	Allen J. Bard, Jean Fréchet, Donald A. Tomalia, Fritz Vögtle	Brian Druker, Nicholas B. Lydon, Charles L. Sawyers, Robert Langer, Joseph P. Vacanti, Jacques Miller, Robert L. Coffman, Tim Mosmann
	노벨상		Martin Karplus(2013)	
2012		Stephen E. Harris, Lene Hau, Leigh Canham, Charles H. Bennett, Gilles Brassard, William Wootters	Louis Brus, Masatake Haruta, Graham Hutchings, Akira Fujishima	Richard O. Hynes, Erkki Ruoslahti, Masatoshi Takeichi, Tony Hunter, Anthony Pawson, Charles David Allis, Michael Grunstein
	노벨상	—	—	—
2013		Geoffrey Marcy, Michel Mayor, Didier Queloz, Hideo Hosono	Bruce Ames, A. Paul Alivisatos, Chad A. Mirkin, Nadrian C. Seeman, M. G. Finn, Valery V. Fokin, Barry Sharpless(2001 수상)	Daniel J. Klionsky, Noboru Mizushima, Yoshinori Ōsumi, Adrian Peter Bird, Howard Cedar, Aharon Razin, Dennis J. Slamon
	노벨상	François Englert(2013), Peter Higgs(2013)	—	—

연도		물리학	화학	의학
2014		Charles L. Kane, Laurens W. Molenkamp, Ramamoorthy Ramesh, James F. Scott, Yoshinori Tokura, Peidong Yang, Shoucheng Zhang	Graeme Moad, Charles T. Kresge, Ezio Rizzardo, Ryong Ryoo, Steven Van Slyke, Galen D. Stucky, Ching W. Tang, San H. Thang	James E. Darnell, David Julius, Charles Lee, Robert G. Roeder, Stephen W. Scherer, Robert Tjian, Michael H. Wigler
	노벨상	–	–	–
2015		Paul B. Corkum, Ferenc Krausz, Deborah S. Jin, Zhong Lin Wang	Carolyn R. Bertozzi, Emmanuelle Charpentier, Jennifer A. Doudna, John B. Goodenough, M. Stanley Whittingham	Jeffrey I. Gordon, Kazutoshi Mori, Peter Walter, Alexander Y. Rudensky, Shimon Sakaguchi, Ethan M. Shevach
	노벨상	–	–	–
2016		Marvin L. Cohen, Ronald W. P. Drever, Kip S. Thorne, Rainer Weiss, Celso Grebogi, Edward Ott, James A. Yorke	George M. Church, Feng Zhang, Dennis Lo Yuk-Ming, Hiroshi Maeda, Yasuhiro Matsumura	James P. Allison, Jeffrey A. Bluestone, Craig B. Thompson, Gordon J. Freeman, Tasuku Honjo, Arlene H. Sharpe, Michael N. Hall, David M. Sabatini, Stuart L. Schreiber
	노벨상	–	–	–

이제야 과녁 한가운데 '노란 원' 주변에 있는 빨간 원, 파란 원, 검은 원의 색깔이 선명하게 눈에 들어온다. 울프상이나 래스커상 같은 '프리 노벨상'을 받든지, 톰슨로이터의 후보 명단에라도 올라야 언감생심焉敢生心 노벨상을 기대할 수 있는 것이다. 울프상 수상자를 나라별로 보면, 미국이 가장 많고 상을 주는 울프재단이 속한 이스라엘에 이어 영국이 세 번째다. 이 밖에 독일, 오스트리아, 프랑스, 벨기에, 스페인, 이탈리아, 러시아, 폴란드, 키프로스, 대만에서 수상자를 배출했다. 래스커상에서도 미국이 가장 앞서고 다음으로는 영국과 캐나다가 각각 2위와 3위를 차지하고 있다. 일본은 물리학을 제외한 화학과 의학에서 울프상 수상자를 내고, 래스커상에서는 세 영역에

ⓘMarc Lieberman

ⓘⓒMarkus Pössel

실험을 통해 이론을 증명하거나 새로운 패러다임을 제시해 노벨상을 받은 과학자들. (위에서부터 차례대로) 제임스 왓슨, 프랜시스 크릭, 모리스 윌킨스, 카를로 루비아, 리언 레더먼

서 모두 수상자를 배출했다. 중국은 울프상 수상자는 없지만 래스커상은 투유유가 받았다. 톰슨로이터의 후보자가 가장 많은 국가는 단연 미국(122명)이고, 2위는 영국(23명), 3위는 일본(22명)이다. 일본이 서양 국가들을 제치고 3위에 오른 것이 인상적이다. 중국은 국적을 바꾸지 않고 선정된 사람은 1명, 중국에서 태어난 뒤 국적을 옮긴 경우까지 합하면 5명이다.

자, 한국은 어떤가? 울프상이나 래스커상을 받은 사람은 한 명도 없다. 톰슨로이터가 2014년 발표한 노벨상 수상 후보명단에 카이스트KAIST의 유룡(1955~) 단장이 선정된 것이 전부다. 객관적으로 한국 과학자 중에서 노벨상에 근접하는 평가를 받은 사람은 딱 1명뿐이다. 톰슨로이터가 노벨상 수상 후보자를 예측하기 시작한 2002년부터 2016년까지 14년 동안 발표한 후보자 214명 가운데 한국인은 1명뿐이다. 한국에서 태어나 캐나다로 이민을 간 찰스 리Charles Lee까지 굳이 포함한다면 2명이다. 좀 더 거창하게 표현하면 '과학기술 50년' 동안 쏜 무수히 많은 화살 가운데 딱 한 발만 '노란 원' 근처에 맞았을 뿐이다. 그러니 앞으로 당분간 한국의 과학자가 노벨상을 받는 것은 매우 어렵다고 할 수밖에 없다. 어쩌다 행운의 화살 한 발로 정중앙의 '노란 원'을 맞히는 요행을 기대하는 것은 전혀 과학적인 태도가 아니기 때문이다.

도대체 어떤 연구를 해야 하나

최고의 과녁 '노란 원'을 다시 면밀하게 살펴보자. 알프레드 노벨Alfred

새로운 실험방법이나 장치를 개발하는 데 기여한 연구 주제로 노벨상을 수상한 과학자들. (왼쪽부터 차례대로) 마이클 스미스, 폴 라우터버, 피터 맨스필드, 하랄트 하우젠

©The Nobel Foundation   ©The Nobel Foundation   ©The Nobel Foundation   ©The Nobel Foundation/U. Montan

Nobel(1833~1896)의 유언에 따라 집행되는 노벨 과학상은 물리학, 화학, 생리의학 분야에서 연구를 통해 인류의 발전에 기여한 사람에게 수여하는 상이다.[16] 노벨상을 받는 과학자들은 도대체 어떤 연구를 하는 걸까? 수상자들의 연구 주제를 살펴보면 패러다임을 바꿀 정도로 창의적이거나, 새로운 연구방법을 창안하거나, 여러 영역에 걸쳐 영향을 미치는 실용적인 연구를 수행한 경우로 크게 나눌 수 있다.

역대 노벨상 수상자를 보면 1980년대까지 대부분 실험을 통해 이론을 증명하거나 새로운 패러다임을 제시하는 연구로 상을 받았다.[17] 예를 들어 제임스 왓슨James Watson(1928~)과 프랜시스 크릭Francis-Crick(1916~2004)과 모리스 윌킨스Maurice Wilkins(1916~2004)는 DNA의 이중나선 구조를 규명해 분자생물학의 시대를 연 것을 인정받아 1962년 생리의학상을 받았다. 카를로 루비아Carlo Rubbia(1934~)는 약력弱力을 매개하는 입자로 알려진 W입자와 Z입자의 입자충돌실험을 통해 확인한 연구를 인정받아 1984년 물리학상을, 리언 레더먼Leon Lederman(1922~)은 대형 양성자가속기를 이용하여 이론적으로만 존재했던 중성미자를 검출하는 성과로 1988년 물리학상을 받았다.

1990년대 들어 새로운 실험방법이나 장치를 개발하는 데 기여한 연구 주제로 수상하는 사례들이 자주 눈에 띈다. 마이클 스미스Michael Smith(1932~2000)는 돌연변이 유도를 통한 단백질 연구방법을 창안한 연구로 1993년 화학상을 받았다. 그가 개발한 위치결정 돌연변이

과녁 근처에도 못 가면서 금메달을 받겠다고요?

123

기초연구에 기반을 둔 실용적인 주제로 노벨상을 수상한 과학자들. (왼쪽에서부터 차례대로) 캐리 멀리스, 조레스 알페로프, 허버트 크로머, 잭 킬비

ⓘ⊙Dona Mapston
ⓘKremlin.ru
ⓘ⊙Aitor mikel

조작법SDM, Site-Directed Mutagenesis은 DNA의 유전자 정보의 일부를 바꾸어 기능을 변화시키는 방법으로 단백질공학이나 의약디자인 분야에 공헌한 것으로 평가된다. 이론적인 연구보다 실험적인 성격이 강한 생리의학 분야의 연구에 더 자주 영광이 돌아갔다. 폴 라우터버Paul Lauterbur(1929~2007)와 피터 맨스필드Peter Mansfield(1933~)는 자기공명영상 MRI 현상을 발견한 공로를 인정받아 2003년 생리의학상을 받았다. 하랄트 하우젠Harald Hausen(1936~)은 자궁경부암을 유발하는 유두종 바이러스를 발견한 성과로 2008년, 로버트 에드워즈는 체외수정을 통한 시험관 아기 탄생에 기여한 공로로 2010년 생리의학상을 받았다.

기초연구에 기반을 둔 실용적인 주제도 상을 받는다. 해당 분야의 영역을 새로 확장하거나 다른 분야에 영향을 미치는 경우다. 캐리 멀리스Kary Mullis(1944~)는 중합효소연쇄반응PCR, Polymerase Chain Reaction이라는 유전자 증폭기술을 개발한 공로로 1993년 화학상을 받았다. 이 기술은 DNA의 원하는 부분을 복제하여 증폭시키는 것으로 매우 적은 양으로도 원하는 만큼 DNA를 증폭시킬 수 있다. 영화 〈쥬라기 공원〉을 보면 공룡의 피에서 추출한 DNA로 공룡을 복원하는 장면이 나오는데 여기서 사용한 기법이 바로 PCR이다. PCR은 분자생물학에서 새로운 연구방법이기도 하지만 법의학이나 고고학처럼 DNA를 대상으로 하는 다른 분야에서도 상당히 유용하게 사용되고 있다.

조레스 알페로프^{Zhores Alferov(1930~)}, 허버트 크로머^{Herbert Kroemer(1928~)}, 잭 킬비^{Jack Kilby(1923~2005)}는 고속 트랜지스터에 필요한 반도체 구조와 집적회로를 개발한 성과를 인정받아 2000년 물리학상을 받았다. 이 연구는 마이크로일렉트로닉스와 광전 분야의 초기 발전에 기여한 것은 물론 레이저, 발광다이오드 기술에도 영향을 주어 오늘날의 광학 통신 및 디스플레이 기술에도 활용되고 있다.

누가 가장 가까운가

과녁의 모양과 색깔을 파악했으면, 이제 화살을 살펴보자. '노란 원'을 명중시킬 '명품' 화살은 과연 몇 개나 있을까? 톰슨로이터가 2014년 화학상 후보로 예상해준 '화살'부터 보자. 유룡 한국과학기술원 ^{KAIST} 화학과 교수는 현재 '노란 원'에 가장 가까운 '화살'로 꼽힌다. 유룡 교수는 제올라이트^{Zeolite} 분야를 개척한 과학자다. 제올라이트 는 갑자기 가열하면 거품을 내면서 끓는 것처럼 보이는 것으로, 그리스어 Zein(끓는) Lithos(돌)에서 유래했다.[18] 비석沸石이라고도 한다. 분자식 $Al_2O_3 \cdot SiO_2 \cdot H_2O$를 기본으로 하는 제올라이트는 알루미늄(Al)과 실리콘(Si)을 위주로 하는 광물로 미세한 구멍이 많아 물기를 많이 머금고 있다. 유룡 교수는 제올라이트의 미세한 구멍을 나노 차원에서 일정하고 규칙적으로 배열하는 방법을 개발하여 제올라이트의 활용 가치를 크게 높였다. 유룡 교수는 2005년 대한민국 최고과학기술인상을 받고 2년 뒤 국가과학자로 선정됐으며, 현재 기초과학연구원^{IBS} 나노물질 및 화학반응 연구단장으로 근무하고 있다.

톰슨로이터가 2014년
화학상 후보로
예상해준 유룡 교수
ⓕⓒ유룡

화학상에서 유룡 교수가 '과녁'에 가깝다면, 물리학상에서는 임지순 포항공대 교수, 생리의학상에는 김빛내리 서울대 교수 등이 꼽힌다. 임지순 교수는 1998년 원래 전기가 잘 통하는 탄소나노튜브를 여러 다발로 포개놓으면 반도체의 성질을 가지는 현상을 거울대칭성 mirror symmetry이라는 개념으로 설명했다.[19] 또 2006년 수소를 저장하는 물질의 구조설계를 다룬 논문을 발표하기도 했다. 임지순 교수는 2007년 최고과학기술인상을 받고, 2011년 국내 물리학자로는 처음으로 미국과학학술원NAS 종신회원으로 선출되기도 했다. 김빛내리 교수는 2003년 유전자 발현을 제어하는 작은 RNAmiRNA의 생성 기작을 규명했다.[20] miRNA는 단백질을 만드는 과정을 조절하여 세포의 분화, 성장, 사멸에 관여한다. '세포의 경찰'이라고나 할까. miRNA에 문제가 생기면 암과 같은 질병이 발생할 수 있다. 김빛내리 교수도 2010년 국가과학자에 이어 2013년 최고과학기술인으로 선정됐으며, 기초과학연구원에서 RNA연구단장을 맡고 있다.

우리가 다듬는 '화살'은 과연 언제 '노란 원'에 명중할 수 있을까? 유룡, 임지순, 김빛내리로 꼽는 세 '명품 화살'은 정말 황금과녁에 '꽉' 꽂히는 멋진 소리를 낼 수 있을까? 올프상, 래스커상, 톰슨로이터가 제시하는 객관적인 근거로 볼 때, 실제 '노란 원'과는 상당한 거리가 있을 수 있다는 냉정한 진단의 목소리는 한 번도 들어본 적이 없다. 매년 10월 노벨상 시즌이 돌아올 때마다 과학계는 왜 노벨상에게 어쭙잖은 짝사랑의 추파를 던지는 걸까? 노벨상에 대한 기대는 왜 항상 어설픈 애국심으로 범벅이 되어 있는 것일까? 유룡, 임지순, 김빛내리 교수가 과연 패러다임을 바꿀 정도로 창의적인 연구를 했는지, 정말 새로운 연구방법을 창안했는지, 여러 영역에 걸쳐 영향을 미치는 실용적인 연구를 수행했는지 왜 가늠해보고 따져보지 않는가?

객관적인 진단과 엄정한 평가는 과학의 기본적인 태도인데 말이다.

노벨상에 대한 아쉬움의 시선은 매번 이휘소李輝昭(1935~1977) 박사에게 돌아간다.[21] 이휘소 박사는 서울대에서 공부하던 도중 미국으로 건너가 이론물리학에서 탁월한 연구 성과를 보이다가, 1977년 급작스런 교통사고로 작고한 '비운의 과학자'다. 그는 '자발적인 대칭 깨짐Spontaneous symmetry breaking'으로 소립자의 질량을 규명하는 힉스 메커니즘에 기여하고, 참쿼크Charm Quark의 질량을 예측했으며, 리-와인버그 경계Lee-Weinberg Bound를 설정하여 암흑물질을 이해하는 문을 열었다. 노벨상은 살아 있는 사람을 대상으로 하기 때문에 이휘소 박사는 아예 후보에도 오르지 못한다. 사고를 당하지 않았다면 상을 받을 수 있었을까? 입자물리학과 물리우주론에서 새로운 이론을 세우거나 규명한 연구가 수두룩한 데다, 그와 관련 있는 분야를 연구한 학자들이 줄줄이 노벨상을 받았는데……. 설사 상을 받았다 하더라도 한국인 '이휘소'가 아니라 미국인 '벤저민 리Benjamin Lee'가 받은 것이다. 33살이 되는 1968년 미국으로 귀화했기 때문이다. 이휘소 박사는 서울대에서 화학공학을 공부하다가 미국에서 줄곧 물리학을 탐구했는데, 그의 물리학상 수상을 한국 과학의 놀라운 성취로 자찬하기는 왠지 쑥스럽지 않을까?

한국인의 노벨상에 대한 아쉬움의 시선은 매번 이휘소 박사에게 돌아간다. 그러나 설사 그가 살아생전 상을 받았더라도 한국 과학의 놀라운 성취로 자찬하기는 쑥스럽지 않을까?

©Fermilab

영점零點을 향한 정적靜寂

'과녁'을 살펴보고 '화살'을 점검했다면, 이제 '활'을 확인할 차례다. 활은 '명품 화살'을 메기기에 크기와 구조가 적합하고 탄력도 충분

과녁 근처에도 못 가면서 금메달을 받겠다고요?

한지, 시위의 장력tension은 팽팽한지, 오금(구부러진 부위)은 적당한지, 줌통(손잡이)은 편안한지, 아귀(줌통과 오금이 만나는 부위)는 오긋한지 꼼꼼하게 따져봐야 한다. 다시 말해 정부와 대학과 연구소는 연구자가 노벨상을 탐낼 만한 연구를 할 수 있는 정책이나 환경을 적절하게 제공하고 있느냐 하는 것이다.

정부가 겨냥하는 '과녁'은 쉽게 맞힐 수 있는, 적당히 짧은 거리에 있는 것으로 보인다. 주로 단거리용 화살에 대해 예산을 지원하기 때문이다. 연구비를 지원할 때 연구자가 신청한 주제가 3년 안에 어느 정도의 성과를 거둘 만한 것인지를 중요하게 판단하는 것이다.[22] 10년짜리 장기 과제라도 연구비 확보에 치중하고 성과를 중시하는 풍토에서는 연구자가 관심 있는 주제를 자유롭게 오랫동안 이어나갈 수 없다. 3년 안에 '노란 원'을 맞히라는 요구는 아니겠지만, 단기적인 성과를 독려하는 정책 분위기는 '시위'를 멀리 제대로 한번 당겨보려는 '궁수'를 위축시키기 마련이다.

단거리라도 '화살'을 많이 쏘면 언젠가는 '노란 원'을 맞힐 수 있을까? 한국의 과학자가 발표한 논문은 양적인 면에서는 세계 10위권에 있지만 질적인 수준으로 평가하면 피인용 횟수가 29위에 머무르는 수준이다.[23] 연구자를 평가할 때 논문을 몇 편이나 발표했는가가 중요하기 때문에 발표 건수를 늘리는 데 급급하다. 발표할 만한 논문에만 신경 쓰고, 논문과 관련 없으면 프로젝트도 하지 않는 실정이다. 논문 위주의 연구 풍토도 바뀌어야 한다. 논문을 쓰기 위해 창의적인 연구를 하는 게 아니라 창의적인 연구 결과가 논문으로 나타나야 한다.

가장 큰 문제는 '과녁'의 본질을 꿰지 못하고 있다는 사실이다. '과녁'을 다시 살펴보자. 노벨상은 패러다임을 바꿀 정도로 창의적이거나, 새로운 연구방법을 창안하거나, 여러 영역에 걸쳐 영향을 미치는

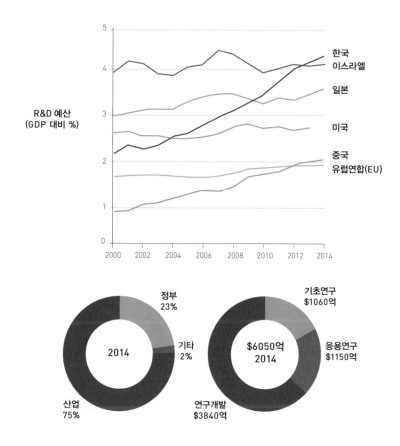

실용적인 연구를 수행한 경우에 주는 상이다. 어떤 위치에 고정된 목표물이 아니라 항상 '움직이는 과녁moving target'이다. 어디에 있을지도 모르는 '움직이는 과녁'을 겨누는 것은 '궁수'의 자유와 도전에 달려있다. 과학자는 기탄없이 토론하는 문화 속에서 주제를 찾고 해법을 발견한다.[24] 한국의 과학자도 이런 문화 속에서 연구하며 활동하고 있을까? 유감스럽게도 한국의 과학자는 연구를 위한 협력을 잘 이행하지 못한다. 제각기 전문 영역에서는 뛰어나고 또 열정적이지만 직책 간에, 실험실 간에, 또 다른 영역과의 소통이나 공유의 문화가 나타나지 않는다.[25] 학교와 연구소의 권위적인 문화 속에서 교육받고

과녁 근처에도 못 가면서 금메달을 받겠다고요?

129

생활하다 보니 질문과 토론에 적극적이지 못한 탓이다. 어쩌면 한국의 '궁수'는 '과녁'이 고정된 것으로 잘못 알고, 제각기 '밀실'에서 저마다의 '화살'을 당기고 있는 것은 아닐까?

정부의 주먹구구식 지원도 문제다. 2016년 〈네이처Nature〉 지는 "한국은 과학 연구의 필요성을 가슴으로 깨달으려 하기보다 돈으로 승부를 보려 한다"며, "국내총생산GDP 대비 연구개발투자 비중은 세계 1위지만, 노벨상 수상자는 한 명도 나오지 않았다"고 지적했다.[26] 또 기초과학보다 대기업을 중심으로 한 응용 분야 투자에 치중하고 있고, 과학기술정책도 시류에 따라 휩쓸린다는 것이다. 2016년 인공지능 알파고와 이세돌 9단의 바둑 대결 직후 대통령이 2020년까지 인공지능에 1조 원을 투자하겠다는 계획을 발표한 것이 '주먹구구식 대응'의 대표적인 사례라는 것이다.

장차 유력한 노벨상 후보자는 오히려 정부의 정책적 혜택에서 멀리 떨어진 지역의 연구기관, 비인기 학문 분야에서 나올지도 모른다. 미국은 가장 많은 노벨상 수상자를 배출한 국가다. 전북대 과학학과 김근배의 조사에 의하면 미국 노벨과학상 수상자들의 출신 학부를 살펴보았을 때, 하버드 대학 16명, 컬럼비아 대학 14명, 뉴욕시립대학 City University of New York, CUNY 11명, MIT 7명, 일리노이 대학 어바나 샴페인 University of Illinois at Urbana-Champaign, UIUC 6명 등으로 나타난다.[27] 몇몇 대학은 세계적으로 유명한 곳이지만 CUNY와 UIUC는 각각 시립, 주립 대학으로 규모나 연구자원 등에서 다소 떨어진다. 그럼에도 상당수의 수상자를 배출했다. 일본은 또 어떤가? 도쿄나 교토 같은 중심지가 아니어도 각지에 과학 연구의 거점이 형성되어 있다.[28] 나고야를 비롯하여 도호쿠, 홋카이도 대학 출신의 여러 연구자들이 노벨상을 수상했다. 이렇게 볼 때 일본은 수도권 대학이 아니어도 각 지역의 대학에서 노벨상 수상자가 나오고 있다. 이는 노벨상이 정부의 정책이나 학문적 인기에 영합하는 사람이 아닌 올곧게 오랜 기간 인류를 위해 정진하는 연구자에게 주어지는 것임을 보여주는 직접적인 사례다.

한국의 양궁 실력은 단연 세계 최고다. 1984년 LA올림픽에서 서향순 선수가 금메달을 받은 것을 시작으로 한국은 올림픽의 양궁 종목과 세계양궁선수권대회에서 독보적인 '금메달' 기량을 자랑한다. 한국이 양궁에서 노란 원을 그렇게 잘 맞히는 이유는 무엇일까? 경생을 통한 투명한 선발과정과 체계적이고 담대한 훈련과정 덕분이다. 어린 후보를 골라 철저하고 투명한 경쟁을 치러 국가대표를 뽑는다. 제아무리 최고 유망주나 지난 올림픽 금메달 수상자라도 성적이 나쁘면 제일 어린 후배에게라도 국가대표 자리를 양보해야 한다. 청탁이나 압력은 전혀 통하지 않는다. 국가대표로 뽑히는 순간 열 달 동안 체력·정신력·담력·집중력·근성·적응력을 지독하게 체계적으로 훈련받는다. 그야말로 '지옥훈련'이다.

세계 양궁협회가 최고로 꼽는 한국의 양궁 훈련과정이, 한국의 과학자가 노벨상을 받는 데 어떤 방향을 제시할 수 있을까? 그동안 수많은 토론회와 여론을 통해 지적된 과학기술 행정과 연구개발 정책의 문제점을 굳이 다시 들먹거릴 필요는 없다. '과녁'을 제대로 읽고 '활'과 '화살'을 살펴보았다면, 영점零點을 맞출 수 있도록 정말 충분히 긴 시간을 주어야 한다. '영점 조정'이란 사격을 통해 조준점과 탄착점이 일치하도록 조준장치나 가늠자를 조정하는 것이다. '궁수'가 머릿속에 그려진 '노란 원'에 집중할 수 있도록 배려해주는 것이다. 감독이나 코치의 눈에 보이는 '노란 원'이 아니라, '궁수'가 그리는 담대한 궤적을 따라 꽂힐 '과녁'에 몰입할 수 있는 '정적靜寂'을 만들어주는 것이다.

주

1. 대한양궁협회 홈페이지, "2015년도 WA경기규정집(영문)-BOOK2(2015.12.3.)", 35쪽. 이하 양궁 규정에 관한 설명은 이 자료에 근거했다.

2. 앞의 자료, 35쪽.

3. "과학기술육성 50주년… 정부R&D혁신 가시화", 〈KTV국민방송〉, 2016. 1. 7. KTV 국민방송, http://www.ktv.go.kr/content/view?content_id=517033 (2016. 6. 16. 검색)

4. 노벨상 수상자 및 업적에 관한 설명은 노벨상 공식 홈페이지에 실린 내용을 근거로 했음을 밝힌다. 노벨상 홈페이지, http://www.nobelprize.org

5. 울프상의 제정 목적 및 재단에 대해서는 울프재단 홈페이지(http://www.wolffund.org.il/index.php?dir=site&page=content&cs=3032)를 참고하라.

6. 래스커상 홈페이지, http://www.laskerfoundation.org/awards

7. 국제수학연맹(International Mathematical Union, IMU) 홈페이지, http://www.mathunion.org/general/prizes/fields/details/

8. 아벨상 홈페이지, http://www.abelprize.no/

9. Wikipedia, http://en.wikipedia.org/wiki/Wolf_Prize_in_Physics

10. Wikipedia, http://en.wikipedia.org/wiki/Wolf_Prize_in_Chemistry

11. Wikipedia, http://en.wikipedia.org/wiki/Wolf_Prize_in_Medicine

12. Wikipedia, http://en.wikipedia.org/wiki/Lasker_Award

13. 톰슨로이터 홈페이지, http://thomsonreuters.com/en/about-us/company-history.html

14. 이 수치는 톰슨로이터가 2002년부터 발표한 노벨상 수상 예측자 명단과 실제 노벨상 수상자를 필자가 비교 분석한 결과다. 톰슨로이터의 노벨상 수상 예측자와 노벨상 수상자에 대한 설명 및 표는 톰슨로이터 홈페이지와 톰슨로이터가 운영하는 사이언스와치에 있는 자료에 기초했다. 사이언스와치 홈페이지, http://sciencewatch.com/nobel

15. 사이언스와치, http://sciencewatch.com/nobel

16. 노벨상 홈페이지, http://www.nobelprize.org/alfred_nobel/will/

17. 홍성욱·이두갑, "패러다임 전환형(Paradigm-Shifting) 과학 연구와 노벨상", 『STEPI Insight』(과학기술정책연구원, 2013), 9-13쪽. 아래의 관련 내용도 이 자료를 참조했다.

18. Wikipedia, http://en.wikipedia.org/wiki/Zeolite

19. "70세 현역 임지순의 상상력", 〈동아일보〉, 2016. 2. 26.

20. "마이크로RNA 생성 비밀 밝혔다… 김빛내리 서울대 교수팀 유전자 조절로 난치병 치료 토대 마련", 〈매일경제〉, 2011. 7. 14.

21. "6월 16일 이휘소-노벨상이 기대됐던 한국의 세계적 물리학자", 〈이투데이〉, 2016. 6. 16.

22. "[탐사플러스] 수상자들이 말하는 '한국, 노벨상과 인연 없는 이유'", 〈JTBC TV〉, 2015. 12. 8. 한국과학기술원 화학과 유룡 교수는 JTBC와의 인터뷰에서 단기적인 성과만을 중시하는 한국의 풍토를 문제점으로 지적했다. "앞으로 3년 동안에 나타날 수 있는 가시적인 성과가 뭐냐 그래서 딱 예측되는 예상되는 성과. 거기에 맞춰서 그게 좋으면 연구비를 줬어요." (한국과학기술원 화학과 유룡 교수)

23. 미래부가 발표한 '2015 과학기술 혁신역량평가'에 따르면 한국은 종합지수에서 OECD 회원국 중 5위에 올랐다. 연구원 수와 같은 양적 투입의 결과다. 질적 성과지표인 기업 간 기술협력(22위), 과학인용색인(SCI) 피인용도(29위), R&D 투자대비 기술수출(26위)에서는 순위가 낮다.

2015년도 국가과학기술혁신역량평가 항목별 지수 순위

부문	항목	한국 순위					상대 수준(%)		최고국
		2011	2012	2013	2014	2015	우리나라	OECD 평균	
자원	인적 자원	16	12	11	7	7	79.2	59.7	미국
	조직	8	8	8	8	8	7.6	8.2	미국
	지식 자원	8	8	8	7	6	10.0	9.6	미국
활동	연구개발투자	3	3	2	2	2	98.2	46.5	미국
	창업 활동	18	15	19	13	14	24.8	27.1	멕시코
네트워크	산·학·연 협력	10	8	4	4	2	65.1	30.9	터키
	기업 간 협력	23	22	23	22	22	30.4	52.3	핀란드
	국제 협력	15	16	19	17	16	9.1	14.1	룩셈부르크
환경	지원제도	24	25	24	28	27	42.2	68.1	미국
	물적 인프라	1	1	1	1	4	93.8	72.3	영국
	문화	21	22	20	23	21	44.7	58.6	캐나다
성과	경제적 성과	7	6	7	7	7	54.6	39.4	아일랜드
	지식 창출	10	10	11	13	14	39.1	38.3	미국

24. 과학사회학자 토머스 머튼은 과학자 집단에는 독특한 규범이 발견된다고 하면서 네 가지 규범구조를 제시했다. 공유주의, 보편주의, 탈이해관계, 조직화된 회의주의다. 이 가운데 조직화된 회의주의는 충분한 근거 없이 믿지 않고, 비판적이고 회의적인 태도로 연구에 임한다는 것이다.

25. "외국 연구자들 '왜 한국은 논문에 치중하죠?'", 〈대덕넷〉, 2015. 11. 29.

26. Mark Zastrow, "Why South Korea is the world's biggest investor in research" *Nature,* Vol.534, Issue 7605(June, 2016), pp. 20-23.

27. 노벨상 홈페이지, http://www.nobelprize.org

28. 김범성, 『어떻게 일본 과학은 노벨상을 탔는가』 (살림, 2010), 3-11쪽.

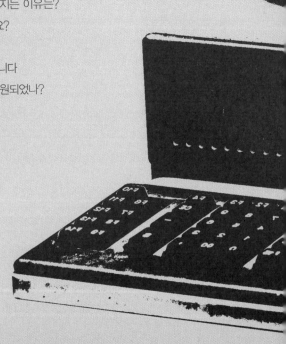

II
국가

서울대가 도쿄대에
콜드게임으로 지는 이유는?

2016년 3월 부산 구덕야구장에서 남자야구단과 여자야구단이 맞붙는 성 대결이 벌어졌다. 서울대학교 야구부와 여자야구 국가대표팀의 경기다. '야구의 도시' 부산에서 명문고 초청 야구대회인 경북고와 경남고의 경기에 앞서 오픈게임으로 열렸다. 당시 서울대가 워낙 약체라 과연 여자 국가대표팀을 이길 수 있을 것인가 하는 우려도 있었지만 결과는 13:3으로 서울대 야구부가 낙승했다. 두 팀은 2015년 9월에도 서울 고척돔 야구장 개장기념으로 여자야구 규정을 적용해 5회짜리 경기를 가졌다. 이 경기도 서울대가 8:4로 승리했다.

서울대 야구부는 1977년부터 2016년 6월까지 거의 40년 동안 300전 남짓한 경기에서 1승밖에 거두지 못했다. 1승은 2004년 전국대학 추계야구대회에 처음 참가한 신생팀인 송원대학교를 상대로 2:0 승리를 거둔 것이다. 당시 서울대 야구부는 1무 199패의 전적에서 처음으로 값진 1승을 기록했다. 체육특기자로 들어온 선수 한 명 없이 야구에 대한 열정으로 뭉친 팀이었기 때문에, 당시 첫 승을 거둔 '꼴

서울대 정문(왼쪽)과
도쿄대 아카몬(오른쪽)
ⓒwizdata/shutterstock
ⓕⓓUtudanuki

찌 만세'의 경기가 언론에 크게 보도되기도 했다. 사실, 서울대 야구부는 2003년 중국 베이징대와 친선경기에서 8:3으로 이겨 귀중한 첫승을 거뒀지만, 비공식 경기여서 기록에 포함되지 않는다.

일본 도쿄대 야구부도 마찬가지다. 1919년 야구부를 창단한 뒤 1946년 잠시 리그 2위를 하기도 했지만, 2015년 호세이대를 연장 10회의 접전 끝에 6:4로 이기면서 5년간 94연패라는 치욕을 끊었다. 도쿄대 야구부는 2015년 기준으로 245승 55무 1,560패를 기록하고 있다. 각각 199연패와 94연패의 진기록을 가진 서울대 야구부와 도쿄대 야구부가 붙으면 어떻게 될까? 야구를 좋아해 『야구예찬』이라는 책까지 발간한 정운찬 서울대 총장의 제안으로 '만년 동네북'인 두 야구부가 2005년 처음 교류전을 가진 이래 모두 7차례 경기를 가졌지만, 서울대는 도쿄대를 한 번도 이기지 못했다. 0:22(2005), 1:14(2006), 1:11(2007), 0:13(2009), 4:21(2011), 0:10(2013), 3:16(2014)······. 모두 두 팀의 실력 차가 너무 커서 더 이상 경기를 계속할 필요가 없을 때 심판이 경기를 중단하는 콜드게임Called Game으로 졌다.

'좋은 대학을 넘어 탁월한 대학으로'

최근 서울공대가 느닷없이 홈런을 치겠다고 나섰다. 2015년 발표한
『서울대학교 공과대학 백서—좋은 대학을 넘어 탁월한 대학으로』를
들여다보자. "서울공대는 야구로 비유하면 배트를 짧게 잡고 번트를
친 후, 1루 진출(단기성과, 논문 수 채우기 등)에 만족하는 타자였다. 그
러나 학문의 세계에서는 만루 홈런(탁월한 연구성과)만 기억된다. 낮
은 성공 확률에 도전할 수 있는 문화가 필요하다." 단기적인 성과를
요구하는 '감독'의 주문에 맞춰 번트를 대고라도 1루에 진출하는 데
급급했다는 씁쓸한 반성이다. 그동안 홈런을 치지 못한 것은 단기성
과에 치중하고 교수들이 연구비 따기에 바빴으며 학문 간에 타화수
분他花受粉(다른 꽃의 꽃가루를 받아 열매를 맺는 것)이 부족했기 때문이라고 한다.[1] 이
에 서울공대는 ① 연구성과 ② 교육과정 ③ 교육·연구 지원 ④ 산
업·벤처 지원 ⑤ 교수 임용·평가 5개 분야에 걸쳐 구체적인 개선 방
안을 마련하고, '우수한 대학excellent university' 중 하나가 아니라 독보적
인 연구 성과를 내는 '탁월한 대학outstanding university'으로 거듭나겠다
고 선언한 것이다.

짐 콜린스Jim Collins의 『좋은 기업을 넘어 위대한 기업으로Good to Great』
를 연상시키는 백서는 그 제목("좋은 대학을 넘어 탁월한 대학으로")부

[표 6-1] 탁월한 대학을 향한 서울공대 5대 뉴비전[2]

부문	비전
탁월한 연구성과	질적 연구평가 확대(고슴도치 전략)
교육과정	수준별 기초교육·신입생 응용학문 교육
연구지원	연구 인프라 효율 관리, 교수 지원인력 보강
산업·벤처 지원	특허·기술 라이선스형 산학협력구조 활성화
인적 구성	여성·외국인 등 교수진 구성 다양화

터 왠지 딱해 보인다. 10년도 더 지난 2001년에 유행하던 제목 아닌가? 1991년 서울공대가 세계 400위에도 들지 못하는 '관악산 최고 대학'이라며 백서를 내고 혁신을 선언한 지 25년이나 지났는데, 무엇이 달라진 걸까? 차라리 그동안 조용했던 서울대 야구부가 '지금부터 홈런을 치겠다'며 제도를 바꾸고 선수를 훈련시키겠다고 내는 백서가 더 그럴싸하지 않을까? 서울대 야구부는 199패 끝에 1승을 올려도 온 국민의 환호를 받았지만, 도쿄대와의 승부에서 7전 전패에 모두 콜드게임 패라는 전적은 온 국민에게 자괴감을 불러일으킨다.

서울대가 자랑하는 지표를 보자. 서울대는 2013년 주요 세계대학평가에서 잇달아 괄목할 만한 평가를 받았다.[3] 영국 대학평가기관인 'QSQuacquarelli Symonds 세계대학평가'에서 35위에 오른 데 이어, 'THEThe Times Higher Education'의 세계대학평가에서 44위를 기록했다. 서울대가 명실 공히 글로벌 선도대학으로서의 위상을 다져가고 있다는 것이다.

[표 6-2] 주요 세계대학평가 서울대 순위(2013)[4]

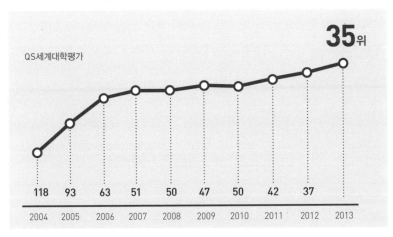

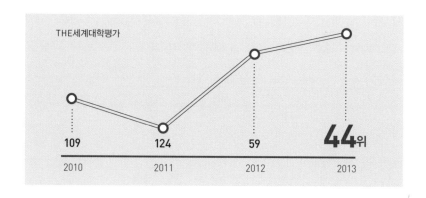

THE세계대학평가

| 109 | 124 | 59 | **44**위 |
| 2010 | 2011 | 2012 | 2013 |

그러나 2년 뒤 서울공대가 담담하게 고백한 백서를 보면 순수하게 학문적인 경쟁력을 보여주는 연구영향(논문인용) 항목에서 세계적인 수준은커녕 포스텍(포항공대)이나 카이스트(한국과학기술원)보다도 한 참 뒤진다.[5] 포스텍(84.4)과 카이스트(71.4) 뒤에 밀려 서울대(48.7)는 MIT(100)의 절반도 되지 않는 수준이다. 국제평가 항목도 포스텍과 카이스트에 뒤진다. 역사가 가장 오래되고 가장 많은 국가 예산을 투입하는 한국 제1의 국립대학으로서 교육환경·연구역량·학교평판 같은 항목에서 높은 점수를 받는 게 당연하다면, 연구영향이나 국제평가에서 이처럼 낮은 점수를 받는 것은 수긍하기 쉽지 않아 보인다. 2014년을 기준으로 공대 연구비 총액이 적은 것은 어쩔 수 없다 하더라도, 교수 1인당 연구비가 MIT나 스탠퍼드의 1/2~1/3 수준에 불과한 게 그 요인의 일부이기는 하다.

[표 6-3] 연구성과 뒤처지는 서울대

구분	서울대	카이스트	포항공대	홍콩 과기대	MIT	스탠퍼드
대학 전체(순위)	50	52	66	51	6	4
논문 인용	48.7	71.4	84.4	72.9	100	99.1
국제평가	30.3	34.9	36.0	77.8	84.3	69.0
교수 대 학생 비율	22.97	23.02	16.97	27.96	13.7	18.65

*교수 대 학생 비율은 '2015년 서울대 공대 백서', 자료=2014 Times 세계대학평가 부문별 점수

[표 6-4] 2014년 공과대학 연구비 총액과 교수당 연구비

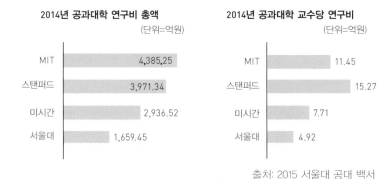

2014년 공과대학 연구비 총액
(단위=억원)

MIT	4,385.25
스탠퍼드	3,971.34
미시간	2,936.52
서울대	1,659.45

2014년 공과대학 교수당 연구비
(단위=억원)

MIT	11.45
스탠퍼드	15.27
미시간	7.71
서울대	4.92

출처: 2015 서울대 공대 백서

이렇다 보니 '지금부터 홈런을 노리겠다'는 고백은 서울공대의 문제라기보다 서울대 전체의 문제이자 한국 이공계 대학의 슬픈 자화상이라고 할 수 있다. 그나마 서울공대가 서울대에서 '홈런'에 대한 갈증이 강하고, 그 사실을 용기 있게 고백한 점은 작은 위로가 된다. 서울대 야구부처럼, 서울대를 도쿄대와 비교해보자. 2015년 기준으로 일본 전체 노벨상 수상자 24명 가운데 도쿄대 출신 수상자가 9명이다. 어쩌면 노벨상에서 서울대도 도쿄대에 9전 전패, 9:0 콜드게임으로 지고 있는 것일까?[6] 그렇기에 2015년 서울공대의 백서는, 지방 고등학교의 수석졸업생이 서울대에 입학해서 꼴찌를 하고 있다는 고백처럼 참담하게 느껴진다. 지방 수석졸업생의 부모가 느끼는 기분이랄까, 국민이 그동안 서울대에 걸었던 기대가 허망하다. 눈을 바로 옆으로 돌려 도쿄대와 비교하는 순간, 갑자기 서울대 야구부가 초라해지듯이 서울대가 처량하게 보이는 것이다.

[표 6-5] 도쿄대 출신의 노벨상 수상 현황[7]

이름	연도	분야	출신대학	소속
가와바타 야스나리 川端康成	1968	문학상	도쿄대 일어일문학	소설가
에사키 레오나 江崎玲於奈	1973	물리학상	도쿄대 물리학	쓰쿠바(筑波) 대학 총장
사토 에이사쿠 佐藤榮作	1974	평화상	도쿄대 법학	국무총리
오에 겐자부로 大江健三郎	1994	문학상	도쿄대 불문학	소설가
고시바 마사토시 小柴昌俊	2002	물리학상	도쿄대 물리학	도쿄대 특별명예교수
난부 요이치로 南部陽一郎	2008	물리학상	도쿄대 이학박사	미국 시카고대 명예교수
네기시 에이이치 根岸英一	2010	화학상	도쿄대 응용화학과	미국 퍼듀대 교수
오무라 사토시 大村智	2015	생리의학상	야마나시대 학사, 도쿄대 대학원 박사	기타사토대학 명예교수
가지타 다카아키 梶田隆章	2015	물리학상	사이타마대 학사, 도쿄대 대학원 박사	도쿄대 우주선연구소 (ICRR) 교수

노벨상이 노벨상을 낳는다

1877년 설립된 도쿄대는 2017년이면 140년의 역사를 자랑한다. 해방 직후인 1946년 개교한 서울대보다 69년이나 이르다. 서울대의 역사를 경성법학전문학교의 전신인 법관양성소를 설치한 갑오경장(1895년) 때로 늘려 잡더라도 도쿄대보다 18년 늦다. 노벨상에서 도쿄대의 강점이 단지 먼저 설립됐다는 역사 때문은 아닐 것이다. 도쿄대가 가진 강점은 선배 교수의 연구를 후배 교수가 이어 연구한다는 것이다. '연구의 대물림'이다. 2015년 가지타 다카아키(1959~) 교수가 노벨 물리학상을 받은 중성미자 관측연구는 2002년 상을 받은 고시바 마

©Nobel foundation

ⓕⓓBetsy Devine

©Nobel foundation

ⓕⓓBengt Nyman

©Reidar Hahn

연구의 대물림으로 노벨상이 노벨상을 낳은 사례. 왼쪽부터 도모나가 신이치로, 난부 요이치로, 고시바 마사토시, 도쓰카 요지, 가지타 다카아키. 이 중 도쓰카 요지는 노벨상 수상이 기대되었으나 대장암으로 사망하여 수상을 이루지 못했다.

사토시(1926~) 교수의 연구를 이어 발전시킨 것이다. 당시 고시바 교수는 지구로 날아온 1조 개 가운데 하나가 관측될 정도로 확률이 낮아 '유령입자'라 불리는 중성미자를 처음 관측하는 데 성공한 성과를 인정받았다. 1965년 노벨 물리학상을 받은 도모나가 신이치로朝永振一郎(1906~1979) 교수의 영향으로 물리학에 발을 들여놓고, 2008년 노벨 물리학상을 받은 난부 요이치로(1921~2015) 교수의 지도 아래 방향을 잡은 고시바 교수의 연구는 후배인 도쓰카 요지戸塚洋二(1942~2008) 교수와 가지타 다카아키 교수로 이어졌다. 후배 교수들은 고시바 교수가 만든 가미오칸데Kamiokande, Kamioka Nucleon Decay Experiment를 발전시킨 슈퍼가미오칸데로 연구를 이어갔다.[8] 선배가 중성미자의 존재를 밝히고, 후배가 중성미자의 질량을 입증한 것이다. 가지타 교수는 중성미자의 진동을 발견한 공로로 2015년 노벨 물리학상을 받았다. 도쓰카 교수가 2008년 대장암으로 사망하지 않았다면 도쿄대 노벨상 수상자가 한 명 더 늘어났을 것이다.[9]

탁월한 연구에 대한 정부의 지원도 큰 역할을 한다. 2002년 노벨 물리학상을 받은 고시바 교수는 1980년대 초에 기초연구의 필요성에 대해 정부를 적극적으로 설득해 당시로서도 큰 금액인 4억 엔을 들여 기후岐阜현 폐광 지하 1,000m에 5,000톤 규모의 물탱크와 탐지기를 설치하고 1983년 중성미자 관측장비인 가미오칸데를 가동하기 시작했다. 중성미자 관측에 성공한 것은 4년 뒤인 1987년. 고시바 교수는 제자인 도쓰카 교수와 함께 가미오칸데의 성능을 16배 높인 슈퍼가미오칸데를 기획했다. 5만 톤 용량의 물탱크와 1만3천 개의 광센서가 필요한 슈퍼가미오칸데는 예산이 무려 25배인 100억 엔이 필요했다. 고시바 교수와 도쓰카 교수는 세계적인 첨단장비가 될 것이라고 정부를 설득하여 예산을 지원받았다. 1991년 착공하여 5년 뒤 가동한 슈퍼가미오칸데는 2001년 사고로 시설의 70%가 파손됐다. 이에 도쓰카 교수는 재건을 선언하고 열 달 만에 관측을 일부 재개했다.[10] 당시 일본 정부는 '잃어버린 10년'이라 불릴 만큼 경제가 가장 어려웠던 1990년대에도 기초과학의 중요성을 받아들여 슈퍼가미오칸데를 계속 지원한 것이다. 도쓰카 교수가 불운하게 작고하면서 후배인 가지타 교수가 슈퍼가미오칸데를 넘어서는 하이퍼가미오칸데를 꿈꾸고 있다. 성능이 20배 더 강력한 하이퍼가미오칸데는 100만 톤의 물탱크와 10만 개 광센서를 갖춰 도쿄돔을 가득 채우는 규모로, 약 800억 엔이 투입된다. 2025년 하이퍼가미오칸데가 가동되면 슈퍼가미오칸데로 20년간 관측할 데이터를 1년 만에 확보하게 된

일본 가미오카 광산의
지하 1,000m 깊이에
설치된 슈퍼가미오칸데

ⓒ도쿄대학우주선연구소
www-sk.icrr.u-tokyo.ac.jp/sk/

다.[11] 하이퍼가미오칸데는 또 노벨상 수상자를 몇 명이나 더 배출하게 될까?

진지한 '대물림 연구'에 정부의 든든한 지원으로 도쿄대가 이뤄낸 성과다. 가미오칸데 → 슈퍼가미오칸데 → 하이퍼가미오칸데로 이어지는 정부의 투자는 도모나가 신이치로 교수의 영향과 난부 요이치로 교수의 지도 아래 고시바-도쓰카-가지타 교수로 이어지는 노벨상 릴레이로 보답을 받은 것이다.[12] 사실, 일본의 '내물림 연구'는 수직적인 연구문화로 인한 폐해도 많다. 하지만 걸출한 개인의 역량은 물론 상당한 시간과 조직을 요구하는 기초과학의 영역에서 연구 계보가 필요한 것은 사실이다. 아무리 역량이 탁월하더라도 개인이 짧은 기간에 혼자서 노벨상을 받을 만큼 기념비적인 연구 결과를 이룰 수는 없지 않은가?

그러면 서울대는 언제쯤 노벨상 수상자를 기대할 수 있을까? 지금 서울대에서는 '대물림 연구'나 정부의 든든한 후원의 흔적을 찾기 어렵다. 오히려 서울대를 떠나 더 많은 연봉이나 더 좋은 연구 환경을 찾아 다른 대학이나 연구소를 찾는 교수가 늘고 있다. 2011년부터 5년간 교수 65명이 서울대를 떠났다. 이 가운데 공대(8명)와 자연과학대(9명) 교수는 주로 카이스트 부설 고등과학원과 포스텍으로, 의대(11명)는 종합병원으로 옮겼다. 이직을 결심한 이유는 주로 낮은 연봉과 연구 환경 때문인 것으로 분석되고 있다.[13] 예를 들면 2014년 서울대의 전임교원 1명당 교내 연구비는 카이스트의 17% 수준이다. 정부나 서울대는 우직하게 연구에 집중할 수 없는 환경을 잘 알면서도 슈퍼맨 같은 한두 사람의 역량으로 노벨상 수상을 기대하는 것일까?

도쿄대의 '유령' 잡는 힘

한평생 중성미자만 연구하는 과학자들은 우주에 떠돌아다니는 '유령입자ghost particle'(중성미자)를 잡으려는 '고스트버스터Ghostbusters'일까? 가미오카 폐광 아래 지하 동굴로 파고든 과학자들은 '입자가속기의 유령The phantom of the particle accelerator'을 만나고 싶었던 것일까? 가장 힘들었던 '잃어버린 10년' 동안 유령 같은 연구에 천문학적인 돈을 쏟아부은 일본 정부는 도대체 어떤 '유령'에게 홀렸을까?

   도쿄대의 저력底力은 3종류의 힘이 결합한 형태다. 한 우물을 파는 '개인의 저력'과 그 개인을 지원하는 '조직의 저력' 그리고 대를 이어 발전시키는 '세대의 저력'이 그것이다. 섬나라 일본에서는 다른 곳으로 옮겨 살기 어렵기 때문에 조상 대대로 물려받은 땅을 목숨을 걸고 지킨다는 의식이 강하다. 한곳에서 생명을 거는 일소현명一所懸命, 곧 '한 우물 파기'다. 한국에서 과학기술자는 '돈 되는 연구'만 여기저기 쫓아다니고, 정부는 '돈 되는 연구'로 과학기술자를 이리저리 내몬다. '다이나믹 코리아Dynamic Korea'가 추구하는 과학기술의 실상이다. 과학자가 추구하는 가치가 노벨상이라 가정한다면, 노벨상을 받기 위해 한국은 명석한 두뇌를 원했고 일본은 우직한 노력을 믿었다. '조직의 저력'은 일본의 지형적인 특성에 기인한다. 싸우다 지면 도망갈 곳이 없는 섬에서 얼굴을 맞대고 살려면 서로 적당히 어울리는 수밖에 없다. 일본의 공동선共同善인 '와和'의 정신이다. 따라서 '개인의 저력'을 지원하는 '조직의 저력'은 다른 사람을 돕는 게 스스로에게도 이롭다는 '이타자리利他自利'에서 나온다. 결국 도쿄대의 '유령' 잡는 힘은 '일소현명'을 내거는 '개인의 저력'을 '이타자리'하는 '조직의 저력'으로 확장시켜 '대물림 연구'로 이어가는 '세대의 저력'에

서 나오는 것이다.[14]

도쿄대의 '유령' 잡는 힘이 한국의 대학입시에도 영향을 미친 걸까? 2010년 한국에 갑자기 도쿄대 열풍이 불었다. KBS가 방영한 16부작 드라마 〈공부의 신〉이 평균 시청률 23%로 줄곧 1위를 차지했기 때문이다. 〈공부의 신〉은 일본의 만화가 미타 노리후사三田紀房의 『최강입시전설 꼴찌, 동경대 가다』(2003~2007)를 원작으로 한 드라마 〈드래곤 사쿠라〉(2005)를 각색한 것이다. 폭주족 출신의 변호사가 경영이 악화되어 파산한 고등학교에 법정관리인으로 파견되어, 도쿄대 합격자를 많이 배출하기 위해 특별진학반을 두고 혁신적인 방법으로 공부를 시킨다는 줄거리다. 당시 제작진은 타이틀을 '최강입시전설 꼴찌, 서울대 가다'로 잡았다가 '공부의 신'으로 바꾸었는데, '공부의 신'은 나중에 '공신'으로 줄어 '공신 프로젝트', '공신 캠프', '공신 노트', '공신닷컴' 같은 접두사로 유행했다.[15] 같은 해 도쿄대 출신의 네기시 에이이치(1935~) 교수가 팔라듐 촉매로 유기화합물을 합성하는 네기시 반응을 발견한 공로로 노벨 화학상을 받은 것도 '공신' 바람에 한몫했다.

당시 일본에서 만화와 드라마의 영향으로 도쿄대를 소재로 하는 책이 날개 돋친 듯 팔리고 도쿄대 입시수험생이 12%나 급증하기도 한 만큼, 한국에서의 반응도 뜨거웠다. 한국에서도 도쿄대를 소재로 하거나 도쿄대 출신이 저술한 서적이 번역되어 우르르 쏟아져 들어왔다. 『도쿄대 합격생 노트비법: 공부의 신 필기 노하우』, 『페르미 추정 두뇌 활용법: 도쿄대학 수재들이 가르쳐주는』, 『도쿄대 꼴찌의 청춘특강』, 『뜻밖의 수학: 도쿄대 교수와 학생들의 수학힐링캠프』, 『도쿄대 물리학자가 가르쳐주는 생각하는 법』, 『이것은 생존을 위한 최소한의 생각법이다: 강한 인생을 만드는 도쿄대 최고 명강의』, 『공부의

기본: 일본 최고의 수재들이 권하는』,『도쿄대 리더육성 수업』…….

2016년 이세돌과 알파고의 바둑 대결로 인공지능 바람이 불자, 일본은 도쿄대 입시에 도전하는 인공지능을 개발하겠다고 나섰다. 일본 국립정보학연구소[NII]가 후지쓰와 공동으로 2021년께 도쿄대에 합격할 수 있는 수준의 인공지능을 개발하겠다는 것이다. 이 '도다이東大' 프로젝트의 인공지능 '도로봇'은 2014년 대입 모의시험에서 900점 만점에 386점을 받았다. 도쿄대는 어렵지만 지방 사립대는 가능한 점수다. 또 일본 문부과학성은 2032년 도입하는 새로운 대학입시 시험을 인공지능이 채점하는 기술을 개발하겠다고 선언하기도 했다.[16] 한국 정부는 혹시 대학에서 표절 논문을 찾아내고 입시 부정을 적발하는 인공지능을 만드는 데 급급한 걸까?

대학촌으로 보는 재학생의 관심거리

이왕 비교하는 김에 학교 밖도 둘러보자. 도쿄의 도심에 있는 도쿄대는 1~2학년과 교양학부 중심의 고마바駒場, 3~4학년의 혼고本鄕, 대학원 과정의 가시와柏 등 3개 캠퍼스로 이루어져 있다. 캠퍼스가 흩어져 있지만, 주변에 형성된 대학촌은 음식점·찻집·헌책방 등으로 캠퍼스의 일부처럼 대체로 조용한 편이다. 길 하나만 건너면 평범한 주택가다. 정문이자 대학의 상징인 아카몬赤門 부근은 근대 전통가옥을 보존하려는 움직임도 일고 있다.[17] 캠퍼스 동쪽은 우에노上野공원이 한산하고, 국립과학박물관·우에노동물원·국립서양미술관·도쿄미술관·도쿄문화회관이 걸어서 갈 만큼 가깝다. 캠퍼스 바깥에는 대학촌이 따로 없다고 해야 할까?

잠시 눈을 돌려 미국의 대학촌도 둘러보자. 산학 협력의 메카로 꼽히는 실리콘밸리는 샌프란시스코San Francisco에서 산호세San Jose에 이르는 지역에 걸쳐 분포한 전기전자, 컴퓨터, 바이오 같은 첨단기술기업이 모여 있는 곳이다. 1인당 특허 수, 엔지니어 비율, 모험자본 투자 등에서 미국 최고 수준으로, 성공적인 기술혁신에 힘입어 매우 부유한 지역이다. 실리콘밸리의 역사는 스탠퍼드 대학에서 출발한다. 대공황(1929~1933)이 지나간 뒤, '실리콘밸리의 아버지'라 불리는 스탠퍼드 대학의 프레더릭 터먼Frederick Terman(1900~1982) 교수는 1938년 졸업생들이 일자리를 찾아 동부로 떠나는 것을 보고, 학생 두 명에게 창업을 권했다. 이듬해 빌 휴렛과 데이비드 패커드는 팰로앨토Palo Alto에 있는 휴렛의 차고에서 음향발진기를 생산하기 시작했다. 실리콘밸리 1호 기업 휴렛패커드Hewlett-Packard가 탄생한 것이다. 이때부터 주변에 '차고 창업'이 늘어나면서 차고가 벤처 창업의 상징적인 공간이 됐다. 제2차 대전이 끝나고 국방기술 개발에 참여했던 과학기술자들이

휴렛의 집과 두 사람이
창업을 한 차고

ⓕⓞharshalgawande

스탠퍼드 대학과 주변 기업으로 돌아오고, 정부가 국방과 우주항공 분야에 한꺼번에 투자하면서 실리콘밸리가 첨단기술이 집약된 지역으로 자리 잡았다. 스탠퍼드 대학에서 출발하여 UC버클리University of California, Berkely, UC데이비스University of California, Davis, 산타클라라Santa Clara University, 새너제이 주립대학San Jose State University으로 확장되면서 실리콘밸리는 대학이 기술을 혁신하고 도시를 창조하는 세계적인 '성지聖地'로 떠올랐다.[18]

서울대는 어떤가? 1975년 서울대가 관악산 자락 아래로 이전한 뒤 국가고시를 준비하는 사람들이 몰려들면서 고시원이 들어서기 시작하여 고시촌이 형성됐다. 1990년대 들어 고시전문학원과 고시전문서점이 들어서고 공무원이나 공인회계사 시험을 준비하는 수험생도 몰려들었다. 2009년 로스쿨 제도가 도입되고 2017년 사법고시 폐지가 발표되자 고시촌은 빽빽한 1인가구(원룸) 주택으로 변신하고 있다.[19] 서울공대 출신의 '공돌이'들은 도대체 어디에 숨어서 '기술대박'의 꿈을 꾸고 있는 걸까? 연세대와 고려대는 각각 송도캠퍼스와 세종캠퍼스를 두면서 낭만의 상징이었던 대학촌이 '먹자골목'으로 변신하고 있고, 이화여대 앞의 대학촌은 아직도 '웨딩타운'의 느낌이 남아 있다. 홍익대 대학촌은 '예술해방구'로 달아오르고, 서울의대와 성균관대 앞의 대학로는 문화예술의 거리로 자리 잡았다. 대학촌을 둘러보면 그 대학의 학생들이 대체로 무엇에 관심을 갖고 있는지 과연 알수 있을까?

서울대 주변에 드디어 '공돌이의 공간'이 생기는 걸까? 2016년 서울대 성낙인 총장과 서울시 박원순 시장이 만나 서울대 인근에 벤처기업·산학협력 클러스터를 조성하겠다고 선언했다. 이른바 서울대를 중심으로 서울과학전시관과 연구공원을 포함한 '낙성대밸리'를 조성

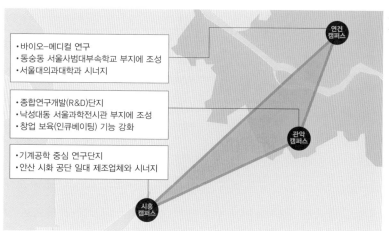

• 바이오-메디컬 연구
• 동숭동 서울사범대부속학교 부지에 조성
• 서울대의과대학과 시너지

• 종합연구개발(R&D)단지
• 낙성대동 서울과학전시관 부지에 조성
• 창업 보육(인큐베이팅) 기능 강화

• 기계공학 중심 연구단지
• 안산 시화 공단 일대 제조업체와 시너지

한다는 것이다. 그러면 관악캠퍼스, 연건캠퍼스, 2018년 완공하는 시
흥(배곧)캠퍼스가 삼각형으로 연결된 형태로, 각 캠퍼스는 종합연구
개발, 바이오-메디컬, 기계공학으로 분야를 나눠 연구개발과 기술혁
신에 전력하게 된다.**20** '홈런'을 노리겠다는 서울대의 비장한 각오가
느껴지는 청사진이다.

서울대의 홈런작전

야구에서 서울대가 도쿄대에 한 번도 이기지 못하는 이유가 무엇일
까? 이기기는커녕 콜드게임으로 지지 않는 걸 목표로 잡아야 할 정
도다. 같은 '동네북'인데 왜 이렇게 큰 차이가 나는 걸까? 가장 두드
러진 원인은 체력이다. 기록을 살펴보면 1~2회에서는 잘 버티다가
3~4회에 슬슬 힘이 빠져 5~6회에 대량 실점하는 경우가 대부분이
다. 어릴 때부터 책상머리에 앉아 12년 동안 공부만 한 학생들이라

체력이 떨어지는 것이다. 한국에서는 책상물림 학생들이 공부와 야구를 용케 병행하고 있다는 사실을 대견하게 여기고 격려하지만, 비슷한 상황일 것으로 보이는 도쿄대 학생들이 매번 서울대 야구부를 대파하는 비밀은 무엇일까? '자율 야구'를 추구하는 전 이광환 LG감독(서울대 야구부 감독 겸임)은 교육제도에 원인이 있다고 지적했다. 일본에서는 운동을 잘한다고 초중고에서 수업을 빠지는 경우가 없다는 것이다. 그러다 보니 도쿄대에 들어갈 만큼 성적이 좋은 학생 가운데에서도 출중한 선수가 나오게 된다.[22] 지금까지 도쿄대 출신으로 일본 프로야구에 진출한 선수가 5명이나 된다.

사실, 서울대 야구부에도 전성시대가 있었다. 해방 이후인 1947년과 1949년 서울대 야구부는 전국 대학야구에서 두 번이나 정상을 차지했다.[23] 당시 서울대 야구부는 학업과 운동에서 최고 실력을 병행할 수 있다는 것을 증명하는, 일종의 '특수부대'였다. 그 대표적인 사례가 경남고 투수로 15연승을 거두면서 '태양을 던지는 남자'로 불렸던 장태영 선수다.[24] 15연승에서 멈춘 장태영은 '최고의 투수가 최고의 타자가 될 수 있다'는 것처럼, '운동선수도 얼마든지 공부를 잘할 수 있다'는 걸 보여주기 위해 학업에 전력하여 서울대 상대로 진학하는 데 성공했다. 이후 장태영은 1954년 제1회 아시아야구선수권대회에 참가하여 한국의 첫 국제대회 안타를 기록하고, 1957년 제5회 군-실업야구쟁패전에서 11타수 9안타, 타율 0.818로 타격왕을 수상하기도 했다. 역설적이게도 서울대 야구부가 쇠락하기 시작한 것은 1962년 제정된 국민체육진흥법과 10년 뒤 대통령령으로 시행된 체육특기자제도 탓으로 꼽힌다. 학업에 신경 쓸 필요 없이 운동만 잘해도 좋은 대학에 갈 수 있게 되면서 입시를 준비하는 학생들은 학업과 운동 가운데 하나에 집중할 수밖에 없게 됐다. 올림픽 같은 국제대회에서 우수한 성적을 거두기 위해 마련한 법률과 제도가 오히려 학업과 운동에서 최고의 실력을 갖춘 선수를 도태시키는 결과를 가져온 것이다.

서울공대는 1991년에 이어 24년 뒤인 2015년에 백서를 발간했다. 이대로는 '관악산 최고 대학'을 벗어날 수 없다는 막다른 위기의 발로다. 혹시 서울대가 더 발전하지 못하는 근본적 원인도 서울대 야구부가 쇠약해진 배경과 비슷하지는 않을까? 혹시 고등교육법이 국민체육진흥법처럼 작동하는 것은 아닐까? 일찌감치 문과와 이과의 칸막이에 갇혀, 왜곡된 방법으로 특기자 전형을 노리며, 탐구학습보다 선행학습에 익숙한 학생들을 뽑기 때문은 아닐까?

서울공대가 배트를 길게 잡고 홈런을 노리겠다는 선언은 늦었지만 그래도 반갑다. 서울시가 이제야 '낙성대밸리'로 서울대의 기술혁신을 지원하겠다는 발표도 환영할 일이다. 그래도 아직 서울공대의 홈런 다짐이 미덥지 않고 서울시의 홈런 응원도 흡족하게 느껴지지 않는 이유는 '선수'들의 '기초체력'이 여전히 약하기 때문일 것이다. 서

고교 엘리트 야구선수로 서울대에 진학한 장태영 선수(오른쪽)와 당시 최고의 타자였던 박현식 선수. 제1회 아시아야구선수권대회를 마치고 찍은 사진.

울대 야구부가 도쿄대 야구부와 제대로 겨루려면 기초체력을 키워야 하듯, 서울대가 세계 수준의 대학으로 발돋움하려면 학문적 기본과 열정을 포함하는 '기초체력'을 갖춘 '선수'가 있어야 한다. 기초역량조차 갖추지 못한 학생들 때문에 대학에서 불평하지 않도록 해야 하는 것이다. 서울대가 애써 졸업시킨 학생에 대해 기업이 퇴짜 놓기를 바라지 않듯이, 교육부가 중고등 과정 이수를 확인한 최고의 학생에 대해 서울대가 한숨 쉬지 않도록 해야 한다.

주

1. "24년만에 백서 발간 서울대 공대의 통렬한 반성", 〈매일경제〉 2015. 7. 12; "단기간 성과에 집착… 24년만 백서 발간, 서울대 공대 자기반성", 〈뉴시스〉 2015. 7. 13.

2. "우수보다는 탁월함… 서울공대 5대 뉴비전", 〈매일경제〉 2015. 7. 12.

3. "2013 QS 세계대학평가 35위, THE 세계대학평가 44위", 서울대학교 홈페이지-서울대뉴스, 2013. 10. 14. http://www.snu.ac.kr/news?bm=v&bbsidx=119195&page=16

4. 앞의 기사, 서울대 홈페이지.

5. "용역 따내려 백화점식 연구만… '선진국 추종자'에 불과했다", 〈매일경제〉, 2015. 7. 12.

6. 일본이 노벨상을 수상할 수 있었던 데에는 한국과 다른 연구 환경을 찾을 수 있다. 김범성, 『어떻게 일본 과학은 노벨상을 탔는가』(살림, 2010); "어떻게 일본 과학은 노벨상을 탔는가", 네이버 지식백과, http://terms.naver.com/list.nhn?cid=42384&categoryId=42384&so=st4.asc.

7. "List of Nobel laureates by university affiliation", Wikipedia, http://en.wikipedia.org/wiki/List_of_Nobel_laureates_by_university_affiliation (2016. 6. 16 접속).

8. 슈퍼가미오칸데 연구 및 결과, 국내와 공동연구 현황에 대한 정보는 일본 슈퍼가미오칸데 홈페이지에서 확인할 수 있다. http://www-sk.icrr.u-tokyo.ac.jp/sk/ (2016. 6. 15 접속).

9. "日 노벨상 수상 연타, 선후배 '대물림 연구' 있어 가능", 〈헬로디디〉, 2015. 10. 7.

10. 김재률, "슈퍼가미오칸데 실험의 중성미자 진동변환 발견", 『물리학과 첨단기술』 (2015), 8-17쪽.

11. "스승, 제자 30년 넘게 대물림 연구, 日정부는 전폭 지원", 〈동아사이언스〉, 2015. 10. 8.

12. "스승·제자 3명, 40년간 집요하게 대물림 연구… 그게 日과학의 저력", 〈조선일보〉, 2015. 10. 8.

13. "서울대 교수 연구비 668만원… KAIST의 17%", 〈조선일보〉, 2016. 2. 29; "서울대 교수 이직 막아라… 연봉 인상 등 추진", 〈한국경제〉, 2016. 3. 16.

14. 국중호, "왜 일본은 노벨상을 잘 타고 한국은 못 타는가?", 국가미래연구원 홈페이지, http://ifs.or.kr/bbs/board.php?bo_table=NewsInsight&wr_id=726 (2016. 5. 6 접속).

15. 〈공부의 신〉, 인기 넘어 신드롬 '광풍'", 〈NSP 통신〉, 2016. 1. 18.

16. "日에 밀리고 中에 치이고 한국 인공지능 현주소", 〈연합뉴스〉, 2016. 3. 13.

17. 이정일, 『그래서 그들은 디지털 리더가 되었다』 (길벗, 2008); 정지운, 『거의 모든 IT의 역사』 (메디치미디어, 2010); 이동휘, 『실리콘밸리 견문록』 (제이펍, 2015); 이케다 준이치, 『왜 모두 미국에서 탄생했을까』 (메디치미디어, 2013); 손재권, 『파괴자들』 (한스미디어, 2013); 빅터 W. 황·그렉 호로윗, 『정글의 법칙』 (북콘서트, 2013); 월터 아이작슨, 『이노베이터』 (오픈하우스, 2015).

18. "부산경제 100년 씨앗을 뿌리자—어떻게 키울 것인가? 대학, 클러스터 핵심으로", 〈부산일보〉, 2015. 3. 3.

19. "신림동 고시촌을 반값 원룸으로", 〈뉴시스〉, 2016. 4. 26.

20. "서울대 '낙성대 밸리' 구축… 한국판 실리콘 밸리로 키운다", 〈한국경제〉, 2016. 4. 25.

21. 앞의 기사.

22. "이광환 서울대 감독, '현장에만 정답이 있는 게 아니더라'", 〈네이버스포츠〉, 2013. 8. 30.

23. 이재익, 『서울대 야구부의 영광』(황소북스, 2011).

24. 장태영, 『백구와 함께한 세월―장태영 야구인생 70년』(홍, 1998); "장태영", 한국 역대 인물 종합 정보 시스템 홈페이지, http://people.aks.ac.kr/front/tabCon/ppl/pplView.aks?pplId=PPL _8KOR_A1929_1_0032972 (2016. 6. 16 접속).

키울 수도 없는데
자꾸 낳으라고요?

우리나라 엄마들은 모두 능력이 넘친다. 최고의 교육을 받았고 직장에 다녔으나 아이를 낳게 되면서 전업주부의 길을 택하는 경우가 많다. 사회가 뒷받침해주지 못해 생기는 우리나라의 불행한 현실이다. 지적 능력이 뛰어난 데다 시간까지 많아진 엄마들은 자녀에게 유난스런 관심을 쏟다 보니 조기교육, 영재교육, 선행학습, 예능교육, 꿈나무교실 그리고 태교에 이르기까지 갖가지 종류의 교육 프로그램을 개발한다. 엄마들의 부추김으로 생기는 프로그램이니 엄마들이 개발한 것이나 진배없다. 그리고 사회 전체가 이런 과열된 교육 현상을 수용한다. 국가에서 아이들의 육아와 교육을 전적으로 책임지지 못하는 시스템으로 인해 이런 기이한 현상이 발생한다는 사실을 숨기기 위해서다.[1]

국가에서 육아와 교육을 책임지지 못하는 시스템으로 인해 발생하는 과열된 현상을 경험한 '외교관 출신 엄마'(저자)의 눈에는 한국의 육아교육 프로그램이 얼마나 기이하게 보였을까? '아이의 즐거움과 엄마의 괴로움의 합은 같다'는 '육아 불변의 법칙' 아래, 아이의 즐거움을 위해 온갖 교육프로그램을 진두지휘하는 시간 많고 능력 있는 엄마들은 크게 3가지 유형으로 나뉜다. '알파맘Alpha Mom'은 아이의 재능을 발굴해서 탄탄한 정보력으로 체계적으로 학습시키고, '타이거맘Tiger Mom'은 정해진 목표 아래 엄격하게 훈육하고 혹독하게 교육하며, '헬리콥터맘Helicopter Mom'은 평생 자녀 주위를 맴돌며 자녀의 일이라면 발 벗고 나서며 과잉보호한다.[2] 과연 아이의 즐거움을 위해서인지, 엄마의 즐거움을 위해서인지 가끔 갸우뚱해진다. 아이의 희생을 볼모로 한 엄마의 '대리만족 배가의 법칙'이 아닐까?

육아 불변의 법칙 : 창업 불변의 법칙

어쩌면 한국의 창업지원정책은 육아지원정책을 닮았을까? 아이를 낳지 않으려는 것은 종족번식의 욕망이 없어서가 아니듯이, 창업을 꺼리는 것은 기업가정신이 없어서가 아니다. 출산장려금이나 양육지원금을 준다고 출산이 늘지 않듯이, 창업지원금이나 창업지원공간을 제공한다고 해서 창업이 늘지 않는다. 아무리 무상교육과 무상급식을 공약해도 어린이의 즐거운 목소리가 들리지 않듯이, 아무리 창조경제와 '창업대박'을 외쳐도 벤처들의 환호성이 울리지 않는다. 아이를 낳기 싫어서가 아니라 기르기 힘들어서 미루거나 포기하는 것처럼, 창업하기 싫어서가 아니라 유지하고 성장시키기 어려워서 창업을 연기하거나 체념하는 것이다.

육아정책과 창업정책이 대체 어떻기에 육아를 포기하려고 하고, 창업을 체념하는 것일까? 먼저 임신부터 출산과 보육에 이르는 과정에서 정부가 지원해주는 프로그램을 살펴보자. 직장을 다니는 여성들은 임신을 하게 되면 혹시 직장을 잃게 될지, 출산휴가와 급여는 제대로 받을 수 있는지 걱정을 많이 한다. 이에 대해 정부는 모성보호육아지원정책으로 출산휴가 급여와 육아휴직 급여를 제공한다. 또 육아휴직 여성이 있는 경우 사업주에게 출산육아기 고용지원금과 대체인력지원금을 지원한다. 직장을 다니거나 급한 일이 생겼을 때 아이를 대신 돌봐주는 아이돌봄 서비스가 있지만 2016년부터 지원 대상을 저소득층으로 좁혔다. 분유나 기저귀 지원도 저소득층만 받을 수 있다. 다자녀 혜택도 줄었다. 지금까지 다자녀에게 주던 지원금을 없애고, 다른 혜택을 받을 때 우선순위를 높여주기로 했다.[3]

다음으로 창업부터 성장에 이르는 과정에서 정부가 지원해주는 프로그램도 살펴보자. 창업을 하는 사람들은 대부분 자금을 빌리는데, 갚지 못할 경우 뒤따를 파산과 그 영향으로 가족의 생계가 위협받는 것을 가장 두려워한다. 이에 대해 정부는 조건에 맞는 기업에 대해 일반창업자금을 융자 형식으로 꾸어준다. 창업을 준비하거나 창업 1년 이내인 기업은 챌린지플랫폼에서 사업 아이디어를 발전시키거나 기술을 검증해볼 수 있다. 사업에 실패했다가 다시 도전하는 사람을 대상으로 하는 재창업자금도 빌려준다. 또 창업 교육도 시켜주고, 회계·세무·법무에 대해 컨설팅해주며, 창업 공간을 제공한다. 또 스마트벤처창업학교, 사회적기업가 육성사업, TIPS^{Tech Incubator Program for Startup} 프로그램을 통해 특화된 서비스를 제공하기도 한다.[4]

세대별 육아정책과 창업정책

그러고 보니 지난 1960년대부터 실시된 육아지원정책과 창업지원정책의 맥락이 상당히 비슷해 보인다. 세대별로 분석해보자. 1960년대 초반, 당시 끼니도 해결하기 어려운 상황에서 인구가 급격히 늘어나는 것을 막기 위해 산아제한을 권유했다. 그 결과 1960년대 합계 출산율[6]이 6명에서 1992년 1.78명으로 떨어지고 지금도 저출산에서 헤어나지 못하고 있다.[7] 창업지원정책도 마찬가지다. 강력한 수출 드라이브 정책으로 정부의 지원은 대기업에 집중됐다. 창업이나 중소기업에 대해 신경 쓰거나 배려할 여유가 없었던 것이다. 지금도 창업이 활발하지 못하고 중소기업이 허약 체질에서 벗어나지 못하고 있다.

[표 7-1] 육아와 창업 지원 정책[5]

	육아정책	창업정책
금융 지원	1. 의료급여(요양비) 2. 의료급여(임신, 출산 진료비 지원) 3. 모성보호육아지원 　(출산휴가 급여, 육아휴직 급여) 4. 가정양육수당 지원 5. 만 0~5세 보육료지원사업	1. 창업기업지원자금 2. 일반창업자금 3. 창업기업보증 4. 창업성장기술개발-1인 창조기업과제 5. 투자연계형 기업성장 R&D 지원사업
교육 · 상담 지원	1. 다문화가족 방문교육 서비스 2. 건강가정지원센터운영 3. 아동통합서비스지원 　(드림스타트사업) 4. 다문화가족 자녀 언어발달지원서비스 5. 청소년성문화센터설치운영	1. 글로벌창업활성화 2. 창업도약패키지 3. K-Global IoT 챌린지 4. K-Global 엑셀러레이터 육성 5. K-Global Start 스마트 디바이스
공간 · 서비스 지원	1. 저소득층 기저귀·조제분유 지원 2. 공동육아나눔터 운영 3. 아이돌봄 서비스 4. 어린이 국가예방접종 지원사업 5. 지역아동센터 지원	1. 1인 창조기업 마케팅 지원 2. 6개월 챌린지 플랫폼 사업 3. 크리에이티브팩토리 지원사업 4. 시제품 제작터 운영 5. 1인 창조기업 비지니스센터
다자녀 · 재창업 지원		1. K-Global Re-Startup 2. 재창업자금
포괄 지원		1. 스마트 벤처창업학교 2. TIPS 프로그램

1997년 말 급작스런 외환위기를 겪자 실직자 자녀의 보육료를 50% 감면해주는 실직자가정 보육지원정책이 나왔으며, 이 정책은 나중에 저소득층 지원정책으로 흡수됐다.[8] 비슷한 맥락에서 정보기술 분야의 벤처기업 육성정책이 쏟아져 나왔다. 외환위기 이후 새로운 성장동력이 필요했기 때문이다. 2005년에는 평균소득 80%에 못 미치는 가구에 대해 5세 어린이를 정부지원 보육시설에 보내면 무상으로 이용할 수 있는 정책이 나왔으며 2008년 0~4세 차등지원, 2012년 0~2세 전액지원, 2013년 0~5세 전액지원으로 점점 확대됐다.[9] 2000년대 초반 닷컴열풍이 갑자기 꺼지면서 2006년에는 무분별한 창업을 가려내기 위한 정책이 펼쳐졌다. 막대한 금융지원을 통한 직접지원보다 창업을 위한 교육과 같은 간접지원으로 방향이 전환됐다.[10]

2009년에는 아이돌봄 서비스가 도입됐다. 보육기관에 아이를 보내는 것이 아니라 육아도우미가 가정을 방문하여 아이를 돌봐주는 서비스다. 이 정책도 점점 확대되어 2009년에 3~12개월인 아이에게 영아종일제가 도입되고, 2013년에는 3~24개월인 아이로 확대됐다. 시간제로는 2016년 현재 만 12세 이하까지 가능하다.[11] 같은 시기에 1인 창조기업을 지원하는 정책이 나왔다. 모바일 수요가 급증하면서 창의적인 아이디어나 전문적인 기술을 가진 1인에게 창업의 기회를 제공하는 것이다. 1인 창조기업이 성장할 수 있도록 작업 공간과 경영도 지원해준다.[12] 2016년 현재까지 자금 지원, 교육 및 멘토링, 1인 창조기업 지원정책이 유지되고 있다. 이처럼 육아와 창업에 대한 수많은 정책이 있고 점차 발전해나가는 것도 알 수 있다. 그럼에도 아직 육아를 하기에 혹은 창업을 하기에는 두려울 뿐이다. 이러한 상황을 개선하기 위해서는 기존의 정책 외에 추가로 새로운 정책이나 기존의 정책을 대신할 무언가가 필요하지 않을까? 기술혁신이 필요한 시점인 것이다.

[표 7-2] 세대별 육아지원정책과 창업지원정책의 비교[13]

구분	육아지원정책		창업지원정책	
제1기	산아 제한	1962~1995	대기업 중심	1961~현재
제2기	실직자가정 보육료 감면	1999~확대	IT 벤처기업 육성	1998~현재
제3기	5세 어린이 보육료 지원	2005년~확대	창업기업 성장기반 조성	2006~현재
제4기	아이돌봄 서비스 도입	2009~확대	1인 창조기업 지원	2009~현재

기술혁신이 필요한 시점

2000년대 들어 한국의 경제성장률이 크게 떨어졌다. 1980년대와 1990년대에는 연평균 9%대의 높은 성장률을 기록하다가 외환위기를 거친 뒤 5%대 아래로 떨어지더니 2011년에는 세계 평균에도 못 미치는 수준으로 떨어졌다.[14]

이제는 3%대라도 지켜야 하는 절박한 상황에 몰린 것이다.[16] 저성장으로 인한 장기침체로 이어질 우려가 크다. 경제성장률이 선진국

한국 vs. 세계
경제성장률 추이[15]

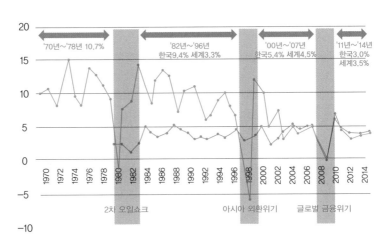

을 닮아가는 게 아니라 경제성장
의 동력을 잃어가고 있는 것이다.
또 1인당 국민소득GDP도 2006년
처음 2만 달러에 진입한 뒤 2015
년에도 27,345달러에 머물러 선
진국과의 격차가 좁혀지지 않고
있다. 결국 저성장의 늪에 빠지면
서 1인당 국민소득도 2023년에야
4만 달러를 넘길 것이라는 전망
이 나왔다. 경제협력개발기구OECD
의 전망대로 잠재성장률이 2.9%

OECD
'한국 잠재성장률'
전망[18]

3.59%

2.90

1.91

2015년　　2022년　　2034년

1인당 국민소득 2만달러에서
4만달러 달성까지 기간

OECD평균
13.6

18년　17　　14　　13

8

핀란드　한국*　영국　이탈리아　일본
(*한국은 잠재성장률 2.9%로 하락할 경우 전망치)

자료/한국경제연구원

로 하락하면 1인당 국민소득이 2만 달러에서 4만 달러로 늘어나는
데 17년이 걸린다는 것이다.[17]

　혁신이 필요한 시점이다. 미국의 유명한 경제학자 조지프 슘페터
Joseph Schumpeter(1883~1950)는 경제발전의 필수요소로 기술혁신Neuerung:
Innovation을 강조했다. 기술의 발전을 비롯하여 새로운 시장 개척, 상품
공급방식 변경, 새로운 자원 발굴, 새로운 경영조직 도입 등으로 일
어나는 경제사회구조의 변혁이다. 곧 역동적으로 이윤을 발생시키는
모든 계기를 뜻하는 용어다. 기술혁신은 설비투자에 따라 호황을 일
으키고 노동생산성을 높이며 새롭고 품질 좋고 값싼 제품을 만들어
새로운 산업을 형성한다. 이에 따라 기존 산업에 큰 변화가 일어나 시
장구조가 재편되기 때문에 기술혁신은 곧 자본주의 경제발전의 원
동력이라 할 수 있다.[19]

　한국은 경제성장을 위해 지금까지 주로 대기업을 통한 기술혁신
에 기대어왔다. [표 7-2]에서 보듯, 벤처기업을 육성하는 정책을 펴는

ⒾⒹⓋVolkswirtschaftliches
Institut

조지프 슘페터는 경
제발전의 필수요소로
기술혁신을 강조했다.

키울 수도 없는데 자꾸 낳으라고요?

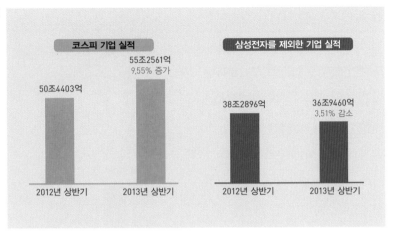

1998년까지 주로 대기업의 기술혁신을 지원하고 또 의존했다. 그 결과 예를 들어 코스피 기업 501개 사의 영업이익을 분석해보니 2013년 상반기는 전년 동기 대비 9.55% 증가했다. 그런데 삼성전자를 빼고 계산하면 오히려 3.51% 감소한다.[20]

　기업의 실적이 대부분 지지부진한 가운데 삼성전자 혼자서 전체 실적을 '예쁘게' 끌어올린 셈이다. 삼성전자로 인한 착시 현상이다. 삼성전자의 실적이 독보적이다 보니 삼성그룹에서마저 삼성전자를 가리키는 '삼성전자三星前者'와 나머지 회사를 가리키는 '삼성후자三星後者'로 나뉜다는 자조가 나오기도 했다.[22] 경제성장률 3%도 지키기 어려운 상황에서, 또 조선산업과 해운산업이 구조조정의 위기에 몰릴 만큼 불황인 지금, 더 이상 대기업에 의존하기 어렵게 됐다. 기술 창업과 벤처기업의 기술혁신을 기대할 수밖에 없는 것이다.

자수성가와 패가망신

우리나라는 창업을 대체로 좋지 않은 인식으로 바라본다. 대한상공회의소가 2015년 발표한 '청년창업에 대한 인식과 개선과제 조사'에 따르면 10명 중 6명은 창업에 대해 전반적으로 부정적 인식을 갖고 있다. 사농공상士農工商의 뿌리 깊은 편견 아래 판·검사, 의사, 교사, 공무원처럼 월급이 꼬박꼬박 나오는 직업을 제일로 꼽는다. 선비처럼 글을 읽으면 양반, 장사를 하면 '상놈'으로 간주했다. 창업을 했다가 온 집안이 '망가진' 사람들을 많이 보았기 때문이다. 자수성가自手成家를 꿈꾸다가 패가망신敗家亡身 한다는 것이다. 창업의 가장 큰 걸림돌은 실패에 대한 두려움(35.7%)이다.[23] 이제 변호사와 의사는 너무 많아서 자격을 따더라도 제대로 대접받지 못하고, 교사와 공무원은 경쟁률이 너무 높아 감히 지원할 엄두조차 나지 않는다. 대기업엔 면접마다 떨어지고, 중소기업엔 입사하기 싫다. 취준생(취업준비생)은 점점 취포자(취업포기자)로 넘어가고, 퇴직해도 일자리를 찾는 '젊은 노인'들이 널렸다.

[표 7-3] 창업에 대한 설문조사[24]

창업에 대한 사회 분위기 (%)	매우 긍정적	대체로 긍정적	대체로 부정적	매우 부정적	계	
	0.3	40.7	50.3	8.7	100.0	
창업의 걸림돌 (%)	실패 두려움	인프라 부족	사업운영 애로	교육 시스템	기타	계
	35.7	24.3	21.3	17.7	1.0	100.0

창업하고 폐업하는 현황을 살펴보면 지난 10년간 매년 평균 100만 개 가까운 자영업이 창업하고, 80만 개가량이 문을 닫았다. 2004년

부터 2013년까지 10년간 자영업 949만 건이 창업하고, 793만 건이 폐업했다. 창업과 폐업이 가장 많은 업종은 음식업이다. 음식업은 10년간 창업 187만 건(19.7%), 폐업은 174만 건(22%)이나 된다. 창업은 음식업에 이어 '미용실이나 네일숍 같은 서비스업'(19.6%)과 '편의점이나 옷가게 같은 소매업'(19.2%)이 많았다. 폐업도 음식업에 이어 소매업(20.5%)과 서비스업(19.8%)이 많았다.[25] 수많은 사람들이 치킨·피자·커피·제빵 같은 손쉬운 창업으로 이미 포화된 시장에서 좀처럼 풀기 어려운 '성공방정식'의 해법을 찾으려고 아직도 기웃거리고 있는 것이다.

(단위: %)

자영업 업종별
창업·폐업 비중 현황[26]

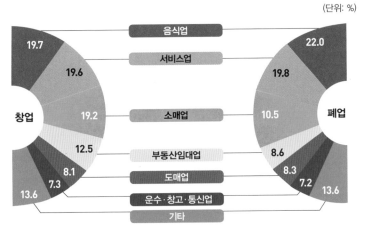

창업		폐업
19.7	음식업	22.0
19.6	서비스업	19.8
19.2	소매업	10.5
12.5	부동산임대업	8.6
8.1	도매업	8.3
7.3	운수·창고·통신업	7.2
13.6	기타	13.6

*2004~2013년 합계 기준. 새누리당 심재철 의원이 제출한 국세청 국정감사 자료를 참조.

기술창업이 열쇠다

기술혁신을 하려면 기술창업이 최고다. 기술창업이란 과학기술을 기반으로 한 창업, 곧 예비창업자가 체득한 기술이나 경험이나 전문적인 노하우 같은 지식을 기반으로 한 창업이다. 기술뿐 아니라 이론이나 연구 같은 과학적인 아이디어로도 가능하다. 넓은 의미로는 위험은 크지만 성공 확률이 높은 기술집약형 벤처 창업까지 포함한다. 기술창업은 도소매나 서비스를 위주로 하는 자영업에 비해 성공 확률이 높고, 경쟁률이 상대적으로 낮다.[27] 또 혁신적인 기술이나 아이디어로 창업하는 사업은 성공할 경우 우리나라는 물론 세계시장에 새로운 이정표를 세울 수 있기도 하다.

2010년대 들어 특히 박근혜 정부가 '창조경제'를 내걸면서 기술창업이 점점 늘어나고 있다. 2010년을 기준으로 보면 9만 개가 넘는 창업기업 가운데 기술창업은 10% 정도다. 창업 10건 가운데 하나가 기술창업인 것이다. 기술창업은 아직 그 비중은 작지만 고용효과가 훨씬 크다. 2007년부터 2012년까지 생존한 2만2천 개의 창업기업을 대상으로 조사한 결과, 기술창업이 큰 고용증가를 보였다. 또 전체 종사자 수는 물론 고용이 안정된 상용종사자의 총 고용증가율도 높게 나타났다.[28]

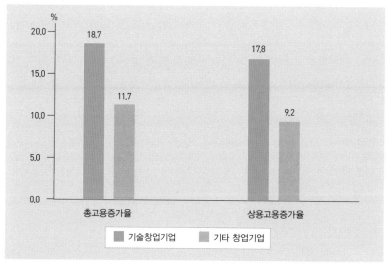

기술창업기업과
기타 창업기업의
최근 5년간 고용증가율 비교[29]

하지만 국가별로 보았을 때 창업활동은 다른 과학기술 혁신역량에 비해서 낮은 편이다. KISTEP 2014 국가과학기술 혁신역량평가에서 한국은 OECD 회원국 30개국 가운데 전체 7위다. 창업활동은 12위로 전체에 비해서 낮다. 2011년(18위), 2012년(15위), 2013년(22위)에 비해 순위가 많이 오른 편이지만 아직 부족하다.[30] 이 가운데 기술창업은 전체 창업의 10% 정도이기 때문에 기술창업이 더 부진한 것을 알 수 있다. 한국은 왜 기술창업이 부진한 걸까? 아이를 낳기 싫어서가 아니라 기르기 힘들어서 미루거나 포기하듯이, 사업하기 싫어서가 아니라 유지하고 성장시키기 어려워서 창업을 연기하거나 체념하기 때문이다.

창업생태계를 위한 노력

한국의 창업지원정책을 살펴보면 꽤 다양하고 구체적이다. 중소기업청 창업 포털사이트인 'K-Startup'을 보면 창업교육, 시설·공간, 멘토링·컨설팅, 사업화, 정책자금, R&D, 판로·수출, 행사·네트워크 분야에서 연구개발·특허·융자·투자·교육·채용·법무·회계·세무·마케팅·수출 같은 정말 다양한 활동을 지원하고 있다. [표 7-4]에서 보듯, 자금, 교육·상담·멘토링, 장소 및 제품화, 재창업, 전 과정 5개 분야에서 창업초기 및 예비창업자를 대상으로 다양한 지원활동을 펼치고 있다.[31] 여러 부처가 따로 진행하던 창업지원 프로그램을 'K-Startup'으로 통합한 것이다.

K-스타트업 사이트
(www.k-startup.go.kr)[32]

[표 7-4] 분야별 창업 정책[33]

정책		목적과 내용	대상
자금 지원	창업기업지원자금	생산설비, 사업장 건축·매입자금 및 활동자금 지원	사업 개시일로부터 7년 미만
	일반창업자금	자금력이 부족한 중소·벤처기업의 창업을 활성화하고 고용창출 도모	사업 개시일로부터 7년 미만
	창업기업보증	금융회사에 부담하는 채무보증 지원	창업 5년 이내 중소기업 (유망기업은 7년 이내)
	창업성장기술개발 -1인창조기업과제	신기술·신제품 개발이 가능한 아이디어 및 기술 보유 1인 창조기업	창업 후 7년 이하인 1인 창조기업
	투자연계형 기업성장 R&D 지원사업	신사업 발굴, 기술력 부족, 자금 조달을 지원하는 창업생태계 구축	창업기업(팀)
교육 · 상담 · 멘토링 지원	글로벌창업 활성화	글로벌 시장을 목표로 창업과 글로벌화를 동시에 진행하는 기업	- 예비 창업자 - 3년 이내 창업기업 대표자
	창업도약 패키지	전문가 멘토링, 사업모델 혁신, 아이템 보강 지원	3년 이상 7년 이내 창업기업
	K-Global loT 챌린지	IoT 혁신센터에서 추진하는 'IoT 글로벌 파트너십 프로그램'	IoT 기반 제품 및 서비스를 갖춘 스타트업 및 중소기업
	K-Global 엑셀러레이터 육성	국내 액셀러레이터 육성을 통해 스타트업 발굴 및 사업화 지원	액셀러레이터
	K-Global Start 스마트 디바이스	기술·디자인·비즈니스 등 시제품 개발 지원, 교육 프로그램 운영	스마트 디바이스 분야 중소, 벤처, 창업기업 및 예비 창업자, 학생 등

키울 수도 없는데 자꾸 낳으라고요?

정책		목적과 내용	대상
장소 및 제품화 지원	1인 창조기업 마케팅 지원	디자인 개발, 홈페이지·홍보영상 제작 등 마케팅 지원	1인 창조기업 및 예비창업자
	6개월 챌린지 플랫폼 사업	창조경제타운에서 발굴된 아이디어 사업화 검토 및 지원	아이디어의 사업화를 준비하는 예비창업자 또는 창업 1년 이내 기업
	크리에이티브 팩토리 지원사업	아이디어 기획부터 시장 진출까지 사업화 단계별 맞춤형 지원	예비창업자 및 7년 이내 창업기업
	시제품 제작터 운영	창업아이템을 디자인→설계→모형 제작까지 일괄 지원	예비창업자, 중소기업
	1인 창조기업 비즈니스센터	사무공간 제공, 세무·법률 등에 대한 전문가 자문, 교육 등 경영지원	1인 창조기업 또는 예비창업자
재창업	K-Global Re-Startup 투자	재도전 기업의 사업화 및 성장확대 지원	재도전 기업인
	재창업자금	민간금융 이용이 제한적인 재창업기업을 위한 전용자금 제공	재창업 준비 중인 자 또는 재창업 7년 이내 기업
전(全) 과정 지원	스마트 벤처창업학교	전국 4개 스마트벤처창업학교에서 창업 全단계를 집중 지원	39세 이하의 예비창업자(팀) 및 3년 이내 창업기업
	TIPS 프로그램	운영사의 투자를 통해 발굴된 창업팀에게 기술개발자금 매칭 지원	사업을 개시한 날로부터 7년이 지나지 않은 중소기업

특정 지역을 '밸리Valley'라 부르면서 벤처기업을 모아 벤처생태계를 조성하는 사업도 있다. 산·학·연의 긴밀한 연계를 통해 효율적이고 경쟁력 있는 첨단 벤처생태계로 평가받는 미국 실리콘밸리에서 따온 명칭이다.[34] 한국 최초의 밸리는 테헤란밸리다. 1990년대 중반에 성공가도에 오른 정보기술 벤처들이 서울 강남사거리에서 동쪽으로 4km에 이르는 테헤란로에 몰려들면서 자연스럽게 생긴 명칭이다. 정보통신의 거품이 꺼져 벤처들이 흩어지고 대신 성형외과가 들어서 '뷰티밸리'로 바뀌면서, 구로·판교·안양·안산 같은 수도권 곳곳에 '밸리'라 불리는 기업단지가 여럿 생겨났다.[35]

[표 7–5] 한국의 벤처밸리 현황**36**

명칭	지역	소개	비전과 미션	입주정보
G 밸리	구로구, 금천구	1만2천 개의 기업과 15만 명의 종사자가 일하는 국내 최대의 중소벤처기업 집적지	· 비전: 새로운 비상, 창조도시 G밸리 · 미션: － 기업이 만드는 시민도시 － 역사와 문화의 행복도시 － 일하고 싶은 희망도시 － 기업하기 좋은 산업도시	구로에 구로1단지, 금천에 가산단지(2, 3단지) － 1단지: 37개 지식산업센터, 2,561개 업체 입주 － 2단지: 64개 지식산업센터, 4,600개 기업 입주
판교 테크노 밸리	판교	자족기능 강화를 위한 융합기술 중심의 첨단 혁신 클러스터	· 비전: 세계 글로벌 수준의 IT, BT, CT 중심 융복합 첨단 R&D 메카 · 미션: Research, People, Information, Trade가 집적된 글로벌 IT, BT, CT 융복합 테크노밸리	1,002개 기업(2014 기준) － 초청연구용지 － 일반연구용지 － 연구지원용지 － 주차장용지
안양 벤처 밸리	안양	SW, 멀티미디어콘텐츠, 전자/정보기기산업 중심의 첨단 지식산업도시	· 비전: 지식정보화시대의 패러다임을 선도하기 위해 첨단지식산업 도시 · 미션: 첨단산업 집적화, 지역산업특성화, 기업지원 네트워크	벤처직접시설 7개 기업, 안양벤처밸리 23개 기업, 지원기관 13개 기관
안산 사이 언스 밸리	안산	경기테크노파크를 중심으로 출연연구기관, 대학, 기업 연구소, 벤처기업이 모인 기술인력교육문화 공급기지	· 비전: 첨단과학기술, 교육, 고급레포츠, 문화, 환경 복합도시 · 미션: 지식과 정보의 교류와 창조, 혁신이 순환되는 글로벌 혁신 클러스터 구축, 글로벌 기술 혁신 네트워크 및 융복합 지원 인프라 구축	경기테크노파크, 한양대학교, 한국생산기술연구원, 한국전기연구원, 한국산업기술시험원, 한국해양과학기술원, 농어촌연구원, LG이노텍 안산 R&D캠퍼스

창업생태계의 '보이지 않는 손'

생태계Ecosystem는 크게 생물체계를 의미하는 바이옴Biome과 그 생활 환경을 이루는 서식처Habitat 두 요소로 구성된다. 바이옴은 사회적인 의미를 갖는 생물의 총체이고, 서식처는 공기·수분·토양 같은 자연 환경이다. 정부의 창업생태계 정책은 대개 서식처를 제공하는 데 그친다. ○○밸리 조성, △△벨트 구축, □□타운 운영 같은 정책은 사실 건물 하나에 기업 몇 개 입주시키거나, 건물 몇 채 지어놓고 선으로 연결해놓은 실리콘밸리의 시뮬라크르Simulacre에 지나지 않는다. 이에 정부는 생태계에 서식할 바이옴을 만들어내는 창업지원정책을 쏟아냈다. 아파트단지를 지어놓고 입주민을 들이면 저절로 마을이 조성될 것이라고 생각한 것이다. 정부가 조성한 신도시 가운데 자족기능을 갖지 못하고 베드타운Bed Town으로 전락한 경우가 많듯이, 정부가 꾸며놓은 ○○밸리는 대개 번드레한 오피스타운Office Town에 그친다.

생태계를 기능으로 나누면 환경·생산자·소비자·분해자 네 가지 요소로 이루어진다. 환경이 서식처라면 소비자는 벤처다. 생산자와 분해자가 빠졌다. 게다가 벤처는 생태계 피라미드의 아래쪽에 분포하는 1차 또는 2차소비자일 뿐이다. 한국의 기술창업생태계는 정부가 만들어놓은 단조로운 환경 속에 생산자가 매우 부족하고, 1차·2차소비자가 다음 소비자 또는 최종소비자와 연계되지 않으며, 결국 분해할 것이 적어 분해자가 할 역할이 별로 없다는 것이 문제다. 이에 정부는 각종 금융지원정책을 동원하여 벤처 먹이주기에 나섰다. 먹이가 되는 생산자(일거리)를 제공해서 벤처들이 먹고살 수 있도록 만들기 위해서다. 또 대학과 연구기관이 만드는 성과물(기술, 아이디어)을 생산자로 투입하기 위해 산학협력단(기술지주)이나 기술사업화 조직을 독려하기도 한다. 이와 함께 투자와 인수합병M&A을 통해 새로운 생산자를 창출하는 분해자(벤처캐피털)를 투입하여 전체 창업생태계를 완성하려고 애를 쓰고 있다.

오랜 기간 동안 해온 정부의 엄청난 노력에도 불구하고 유감스럽게도 창업생태계는 제대로 작동하지 않는다. 생태계의 모든 구성원이 먹이를 주는 정부의 '보이는 손'만 바라보고 있기 때문이다. 먹이를 주지 않으면 금방 무너질 듯 아슬아슬한 생태계다. 정부가 조성하려는 창업생태계가 거대한 '인큐베이터 단지'로 변질되고 있는 것이다.

번드레한 성과에 조급하고 먹이로 다스리기를 즐기는 인공 생태계다. 곳곳에 괴상한 철조망(규제)을 쳐놓고, 무능하거나 '완장' 찬 기생생물들이 득실거리는 관제官製 생태계다. 문제는 정부의 움직이는 '손'이 너무 잘 보인다는 것이다. 짧은 시간 동안 가식적인 실적을 요구하는 '보이는 손', 대통령 선거나 국회의원 선거를 앞두고 바쁜 '보이는 손'이다.

대학과 연구기관에서 쏟아내는 생산자(기술, 아이디어)가 소비자들이 경쟁적으로 달려들 만큼 먹을 것도 별로 없고 영양분도 높지 않다는 것이 큰 문제다. 사실, 오랜 세월 동안 논문의 수와 특허의 양을 채우는 데 급급했던 대학과 연구기관에서 어느 날 갑자기 질적으로 탐스러운 생산자를 풍성하게 만들어낼 수도 없는 일이다. 정부의 독려와 압박 속에 대학과 연구기관은 부랴부랴 '쭉정이' 생산자라도 늘어놓고 고객을 부르지만, 소비자들은 멀뚱거릴 뿐 '쭉정이'에 입을 대려고도 하지 않는다. '쭉정이'라도 먹으면 주겠다는 '당근'이 탐나 '전략적으로' 삼킬 '쭉정이'만 뒤지는 소비자만 간혹 눈에 띌 뿐이다. 결국 영양가 없이 메마른 생태계에 분해자(금융·법률 등 기술창업 관련 기업)도 개체 수가 줄고 배를 곯을 수밖에 없다. '영양가' 높은 기술혁신이 부족하기 때문에 기술창업생태계가 빈곤의 굴레를 벗어나기 어려운 것이다.

'경제학의 아버지' 애덤 스미스Adam Smith(1723~1790)는 자원배분의 효율성을 이루는 시장의 기능을 '보이지 않는 손Invisible Hands'에 비유했다. 수정자본주의 이론을 제공한 존 케인스John Keynes(1883~1946)는 정부의 '보이는 손'을 통해 시장을 안정시키고 경기를 부양하면 위기를 타개할 수 있다고 주장했다. 경제성장과 일자리 창출을 위한 창업생태계를 조성하려는 정부의 '손'(정책)이 보이지 않을 수는 없다. 정책은

애덤 스미스(위)와 존 케인
스. 창업생태계에도 '보이는
손'과 '보이지 않는 손'의 적
절한 조화가 필요하다.

쏟아내기보다 운영에 초점을 둬야 한다. 운영을 하는 데 있어서 너무 많은 정책은 오히려 규제로 작동한다. 지켜야 할 규칙이 많다면 소신 껏 운영하기 어렵다. 생태계는 어떤 식으로든 규제할 수 없다. 생태계 에 울타리를 치거나 규칙을 만들거나 먹이를 주기 시작하면 거대한 사육장으로 바뀌어버리기 때문이다.

육아지원정책과 창업지원정책이 엄청난 예산을 쏟아붓고도 성과 를 제대로 거두지 못하는 것은 자생적인 생태계를 조성하지 못했기 때문이다. 지역별로 직장별로 육아지원생태계가 작동하지 않고, 지역 별로 산업별로 창업생태계가 돌아가지 않는다면, 정부가 투입하는 예 산은 매번 기생생물의 배만 불릴 뿐이다. 육아지원이든 창업지원이든 전방과 후방에 연쇄효과를 일으키지 못하는 정책은 이제 필요 없다. 정책의 효과와 효율을 중시해야 한다. 정부가 공공의 영역을 확대 해 석하여 '먹이'로 대학과 기업을 길들이려고 해서도 안 된다. 편안하고 안정된 환경에서 아기를 낳고 창업을 하고 싶도록 뒤로 물러서야 한 다. 생태계를 조성하거나 지원하려면 인내를 갖고 보이지 않게 은밀하 게 진행해야 한다. 소리 없이 세상을 움직이는 법을 터득해야 한다.

주

1. 유복렬, 『외교관 엄마의 떠돌이 육-아』(눌와, 2015), 99쪽.

2. 이대호, "타이거맘과 스칸디대디가 대세… 소셜 빅데이터 33만건 분석", 〈디지털데일리〉, 2014. 8. 2.

3. "출산지원서비스 정책", 임신육아종합포털, http://www.childcare.go.kr/cpin/contents/020300000000.jsp (2016. 6. 17 접속)

4. K-스타트업, http://www.k-startup.go.kr (2016. 6. 17 접속)

5. "출산지원서비스 정책", http://www.childcare.go.kr/cpin/contents/020300000000.jsp, 임신육이종합포털 웹사이트(2016. 6. 17 접속)와 K-스타트업 웹사이트(2016. 6. 17 접속)를 토대로 필자가 정리.

6. 여성 1명이 평생 낳을 수 있을 것으로 예상되는 평균 출생아 수. 출산력 수준을 나타내는 국제 지표로 사용된다. 더 자세한 논의는 "통계청 국가지표체계"를 참조할 것. http://www.index.go.kr/potal/main/EachDtlPageDetail.do?idx_cd=1428 (2016. 6. 18 접속)

7. 오정림 외 3명, "육아불변의 법칙", 매거진캐스트, http://navercast.naver.com/magazine_contents.nhn?rid=1491&contents_id=86396 (2016. 6. 18 접속)

8. 오정림 외 3명, 앞의 웹사이트.

9. 유해미 외 2명, 「국내 육아지원정책 동향 및 향후 과제」, (육아정책연구소, 2015).

10. 김용집, 「창업지원 정책과 고용률 간의 관련성에 관한 연구」, (중앙대학교 산업창업경영대학원, 2014).

11. 유해미 외 2명, 앞의 자료.

12. 김용집, 앞의 자료.

13. 김용집, 앞의 자료; 오정림 외 3명, 앞의 웹사이트 (2016. 6. 18 접속); 유해미 외 2명, 앞의 자료; 정기화, 「중소기업 정책의 성과에 관한 연구」(한국학술진흥재단, 1997)를 토대로 필자가 정리.

14. 오영경·전종대, "2~3% 저성장 트랩의 한국경제 공급 측면 혁신을 통한 경제체질 강화 필요", 전국경제인연합회, 2015. 4. 23, http://www.fki.or.kr/fkiact/promotion/report/View.aspx?content_id=6f0f3c90-23ce-4324-8745-5c01d1f4387a (2016. 2. 12 접속)

15. 오영경·전종대, 앞의 글.

16. 김창배, 「OECD 국가들과 비교한 한국의 저성장 현황과 경제적 영향」, (한국경제연구원, 2015), 1쪽.

17. 정선미, "韓 10년째 1인당 소득 2만弗대… '저성장' 늪에 빠졌나", 〈연합뉴스〉, 2015. 7. 27.

18. 정선미, 앞의 글.

19. "기술혁신", 한국민족문화대백과, http://terms.naver.com/entry.nhn?docId=551368&cid=46630&categoryId=46630 (2016. 6. 18. 접속).

20. 윤창희, "실적 좋아졌다는데… '삼성전자 착시' 심해진 탓", 〈중앙일보〉, 2013. 9. 2.

21. 윤창희, 앞의 글.

22. 김병수, "삼성後者 이야기", 〈이데일리〉, 2005. 6. 8.

23. 「청년창업에 대한 인식과 개선과제 조사」, (대한상공회의소, 2015), 4쪽.

24. 앞의 글.

25. 이정호, "매년 100만개 태어나고 80만개 죽는 자영업", 〈한국경제〉, 2015. 9. 1.

26. 이정호, 앞의 글.

27. 성형철, 『기술 창업으로 성공하기』 (박영사, 2014), 8-16쪽.

28. 김도훈, 「기술창업기업의 입지·고용 특성 및 정책시사점」, (산업연구원, 2015), 4-5쪽.

29. 김도훈, 앞의 글.

30. 안가진·도계훈·최수여, 「2014년 국가 과학기술혁신역량 평가」, (미래창조과학부, 2015), 68쪽.

31. 정혜연, "창업지원사업 'K-스타트업' 선진국형 창업 생태계 조성", 정책브리핑, 2016. 2. 29.

32. K-스타트업, http://www.k-startup.go.kr/main.do (2016. 4. 24. 접속)

33. K-스타트업, 앞의 웹사이트를 토대로 필자가 정리. (2016. 4. 24. 접속)

34. 권오혁, "실리콘밸리의 성장요인과 산업경쟁력", 『한국지방행정연구』 (1999) 제13권 제2호, 195쪽.

35. 임재범, "테헤란로, IT밸리가 뷰티밸리로…", 〈데일리한국〉, 2006. 5. 16.

36. 이하의 웹사이트에 있는 내용을 토대로 필자가 정리. G밸리, http://www.g-valley.kr (2016. 6. 18 접속); 판교테크노밸리, http://www.pangyotechnovalley.org (2016. 6. 18 접속); 안양벤처밸리, http://www.ayventure.net/web/venture/venture_01.do, 안양 벤처넷 (2016. 6. 18 접속); 안산사이언스밸리(ASV), http://sciencevalley.org/2013 (2016. 6. 18 접속)

공대생은 배터리를 가지고 다닌다

'사람들은 밤낮 없이 자전거를 타고 다니고, 일요일에는 더욱 설쳐댄다. 도대체 어떤 책도 읽을 시간이 없을 것이다.'

1845년 창간하여 가장 오래된 대중 과학잡지인 미국의 〈사이언티픽아메리칸Scientific American〉은 19세기 말 새로운 교통수단으로 부상한 자전거가 큰 인기를 끌자 당시 출판사와 책방의 불만을 그대로 전했다. 당시 사치품이었던 자전거는 1884년에 2만 대 정도 팔렸는데, 1895년에는 무려 2천만 대나 팔리면서 자전거 때문에 책을 읽지 않고 모자나 구두를 사지 않고 시계나 보석을 사지 않는다는 불만이 쏟아졌다. 자전거 때문에 책을 읽지 않아 미국은 20세기가 되기도 전에 완전히 탕진한 문맹국가가 될 것이라는 말세론적인 걱정도 등장했다. 실제로 많은 사람들이 자전거를 타고 다니느라 책은 물론 거추장스러운 모자나 구두, 시계나 보석 따위를 사지 않았기 때문이다. 왕진을 가는 의사, 등교하는 학생, 고객을 방문하는 영업사원. 그들은 모두 자전거 페달을 열심히 밟았다.[1] 기성세대의 눈에는 자전거를 타는 사람들은 모두 '이유 없는 반항Rebel Without a Cause'을 품고 있는 것으로 보였다.

문제는 여기서 그치지 않았다. 많은 여성들이 자전거를 타고 집을 벗어나기 시작한 것이다. 당시 거의 모든 남자들, 아버지나 남편이나 목사들을 당혹하게 만든 사태가 아닐 수 없다. 그들의 딸과 아내와 신자들이 주일에 가족과 함께 마차를 타고 교회에 나오지 않고, 자전거를 타고 어디론가 외출했기 때문이다. 당시 여성들은 남자들이 모는 말이나 마차를 타지 않고는 외출할 다른 방법이 없었기에, 자전거는 여성이 원하는 곳으로 남의 도움을 빌리지 않고 스스로 움직일 수 있는 이동의 자유를 선사한 신제품이었다. 그러나 자전거의 인기는 시간이 흐를수록 시들해져 1910년쯤에는 어린이를 위한 크리스마스 선물로 전락했다. 여유가 있는 젊은 남녀는 서서히 자동차에 넋을 빼앗기기 시작했다.

말이나 마차를 타고 서부를 개척하여 가정을 꾸리고 마을을 일군 19세기 미국의 가장에게 19세기 말에서 20세기 초에 등장한 자전거, 오토바이, 자동차는 상당히 당혹스러운 존재였다. 그들이 평생 달려온 광활한 평원을 가볍고 재빠르게 주파하는 새로운 교통수단은 신기하기도 했지만 익숙한 풍경을 바꾸는 그 속도가 두려웠기 때문이다. 교통수단의 달리는 속도 그 자체보다 빠르게 퍼져나가 세상을 바꾸는 속도가 두려웠던 것이다. 어릴 때부터 말을 익숙하게 다루고 말이 생활의 중심이었던 그들은 자전거와 자동차가 말을 밀어내면서 순식간에 권위를 잃기 시작했다. 말을 중심으로 하던 가부장적인 사회는 자전거나 자동차로 '이유 없는 반항'을 꿈꾸는 세대를 우려할 수밖에 없는 것이다.

컴퓨터 세대의 '이유 없는 반항'

20세기 후반 들어 '이유 없는 반항'의 수단은 컴퓨터와 전화로 옮아 갔다. 역사는 순환하는가? 20세기 전반에 할아버지나 아버지의 말을 밀어내고, 중형 자동차를 타던 세대는 이제 컴퓨터나 인터넷으로 장난을 치는 악동 세대에게 밀려나고 있다. 자전거나 자동차로 '이유 없는 반항'을 시도하던 세대와 달리 컴퓨터로 장난을 치는 악동들은 세상을 깜짝 놀라게 만들었다. 1971년, 16살의 스티브 잡스는 스티브 워즈니악과 함께 공짜로 전화를 거는 장치를 만들었다.[2] 잡스는 로마 교황청에 전화를 걸어 미국 국무장관이라 속이고 요한 바오로 6세와 통화를 시도했다. 교황이 자고 있다는 말에 일부러 화가 난 척하며 끊었지만, 세상을 깜짝 놀라게 만들 수 있다는 것을 굉장한 자랑으로 여겼다. 1972년 17살이 된 빌 게이츠는 그의 뛰어난 컴퓨터 실력을 간파한 고등학교 교장으로부터 학교 수업시간표를 만들어달라는 부탁을 받았다. 게이츠는 예쁜 여학생이 많은 반에 남학생은 자기 혼자 들어가게 반을 편성하는가 하면 자기가 포함된 반은 화요일 오후 수업이 없도록 만들었다. 게이츠는 친구들이 만들어준 'Tuesday Club' 티셔츠를 입고 다니며 화요일 오후를 맘껏 즐겼다.[3]

21세기에 들어서자 악동들의 '장난'이 세상에 영향을 미치는 속도와 범위가 크게 달라졌다. 장난이 장난이 아니게 된 것이다. 2003년 하버드 대학에 다니던 마크 저커버그는 여학생이나 남학생 사진을 두 장씩 올려 누가 잘생겼는지 투표하는 '페이스매시Facemash'라는 프로그램으로 인기를 끌었다. 사진은 기숙사의 학생명부에서 몰래 가져온 것이었다. 여기서 세계 최대의 SNS 서비스인 페이스북FaceBook이 탄생했다. 스티브 잡스나 빌 게이츠나 마크 저커버그는 모두 '좀 고집

스러운 데다 뭔가 일을 벌이는 것을 좋아했다. 추진하기 전에 허락을 구하지도 않았다. 규정을 어기려고 했다기보다는 "규정이나 허락 따위에 그냥 무관심했다"[4]고 할 수 있다. 이세돌 9단과 바둑 대결로 유명해진 '알파고의 아버지' 데미스 허사비스는 그의 표현대로 인공지능AI이라는 '달에 도착'한 인물이다. 그는 4살 때 체스로 어른을 이기기 시작했고 8살에 체스대회에서 받은 상금 200파운드로 컴퓨터를 샀으며 13살에 체스마스터가 됐다. "집에서 나는 검은 양과 같은 외계인이었다"고 할 만큼 가족과도 어울리지 못했던 그는 아예 대학에 진학하지 않고 게임회사에 바로 취직했다가 17살에 시뮬레이션 게임 '테마파크'를 공동개발하기도 했다.[5]

테슬라의 창업자 엘론 머스크의 '장난'은 보통 사람이 보기에 장난인지 사업인지 판단하기 어려울 정도로 차원이 다르다. 그가 휘젓고 다니는 무대가 너무 넓어 도무지 종잡을 수가 없을 정도다. 그는 12살에 '블래스타Blastar'라는 비디오게임을 개발해 500달러에 팔고, 24살에 지역정보를 제공하는 회사 '집투ZIP2'를 세워 4년 뒤 2,200만 달러에 컴팩Compaq에 넘겼다. 이 돈을 밑천으로 1999년 온라인금융서비스를 제공하는 '엑스닷컴X.COM'을 설립하고 이메일 결제서비스인 페이팔Paypal을 인수한 뒤 불과 창업 3년 만에 이베이eBay에 15억 달러에 팔았다. 불과 41살에 이끌어낸, 차원이 다른 '대박'이다. 그는 곧바로 3번째 회사 스페이스엑스SpaceX를 설립하고 우주여행 사업과 화성식민지 사업을 꿈꾸기 시작했다. 2030년 무렵에 화성에 8만 명이 살 수 있는 식민지를 건설하겠다는 것이다. 또 2003년 전기자동차 회사인 테슬라모터스Tesla Motors에 이어 2006년 태양광 발전회사인 솔라시티Solar City를 설립하여 아무도 선뜻 시도하지 않는 영역에서 신화를 만들고 있다.[6] 오죽 했으면 영화 〈아이언맨Iron Man〉의 주인공, 억만장자에 천재공학자인 토니 스타크Tony Stark가 엘론 머스크를 모델로 만들어졌다는 이야기까지 나올 정도다.

"공대생은 컴퓨터를 가지고 논다"

장난이 짓궂어도 다른 사람에게 큰 피해를 끼치지 않으면 별문제가 없을 것이다. 잡스, 게이츠, 저커버그의 장난은 그나마 순진하고 악의 없는 시도다. 단순하게 생각했던 장난이 사회적인 피해로 이어지거나 국가적인 범죄로 번질 경우 굉장히 당혹스럽다. 특히 새로운 과학기술을 빠르게 흡수하는 10~20대의 얼리어답터Early Adopter들은 자신의 능력을 과시하려는 욕구가 큰 데다 장난이 일으킬 파장을 스스로 판단하기 어려워 대형사고로 번질 가능성도 있다. 하지만 이들의 장난이 그런 가능성을 가지고 있다고 하더라도 혁신적인 과학기술자들을 길러내기 위해선 이를 품을 수 있는 관용이 필요하다. 설사 이들의 장난이 큰 사고로 이어진다고 하더라도 그에 대한 책임은 지도록 하되 사회적으로 낙인을 찍거나 매장되지 않도록 도와줄 필요가 있다.

미국 MIT매사추세츠 공대에는 대대로 전해오는 재미있는 전통이 있다. 자신이 가진 기술을 동원해 장난스러운 깜짝쇼를 벌이는 것이다. 그 장난을 '핵Hack', 그 행위를 '해킹Hacking'이라고 한다. 1948년, 하버드대와 예일대의 친선 미식축구 경기를 앞두고 MIT 학생들이 장난을 꾸몄다. 동시 폭발에 쓰는 금속선(도폭선)을 경기장 바닥에 묻어 전원을 작동시키면 'MIT'라는 글자 모양대로 불이 타오르도록 한 것이다. 경기 당일 도폭선을 작동시킬 배터리를 숨겨 들어오려던 학생들

Photo/Matthew Griffiths

전설적인 해커 케빈 미트닉

은 맑은 날에 긴 옷을 입은 걸 수상하게 여긴 경비원에게 들켜 경찰에 체포되고 말았다. 이에 MIT 학장이 나서 학생들을 적극적으로 변호하면서 MIT 출신들 사이에서 전설처럼 내려오는 명언을 남겼다. "공대생은 만약을 대비하여 배터리를 가지고 다닌다.(All tech men carry batteries for emergencies.)"7 이에 호응하여 MIT 학생들은 일부러 긴 옷에 배터리를 넣어 다니기 시작했다.

컴퓨터가 등장하면서 배터리 해커보다 컴퓨터 해커들이 늘어났다. 12살에 해킹을 시작한 미국의 케빈 미트닉Kevin Mitnick(1963~)은 그야말로 전설적인 해커다. 16살에 USC남가주대의 컴퓨터에 침입했다가 잡혀서 소년원을 다녀온 뒤 고등학교를 중퇴하고 미국공군, AT&T에 이어 DEC를 해킹했다가 덜미를 잡혔다. 26살에 출소하자마자 산타크루즈 법원 전산시스템에 들어가 자신을 담당했던 판사의 기록을 변경하고 자신의 범죄기록을 삭제해버렸다. 또 모토롤라, 썬, 노벨, 퀄컴, 노키아, 후지쯔의 시스템에 들어가 휴대폰 제어프로그램을 훔치거나 백만장자의 신용카드 정보를 빼내기도 했다. 결혼한 뒤에도 아내를 피해 모텔에 숨어서 해킹에 빠져들었고, FBI에 쫓기면서도 FBI 전산망에 들어가 자신을 추적하는 요원들이 주고받는 정보를 고스란히 입수하는 신출귀몰한 활동을 벌였다. 32살에 FBI에 체포되어 수감되자, 세계의 해커들이 '케빈프리Kevin Free'라는 구명위원회를 만들어 케빈을 석방하라는 '프리케빈Free Kevin'을 요구했다. 그들은 〈뉴욕타임스〉 사이트를 해킹하여 석방을 주장하는 기사를 몰래 싣기도 하고, 'Free Kevin'을 새긴 노란 스티커를 널리 퍼뜨리기도 했다. 타고난 '해킹 본능'을 우려한 법정은 그가 5년간 복역을 마치고 출소한 뒤에도 3년간 인터넷이 연결된 모든 종류의 전자기기를 사용할 수 없도록 보호관찰 명령을 내렸다. 그는 지금 보안컨설팅기업인 미트닉시

큐리티컨설팅의 CEO로 활동하고 있다. 이 신출귀몰한 해커의 삶은 영화 〈해커스Ⅱ^{Take Down}〉(2000)로 소개되기도 했다.**8** 이제 '공대생이라면 누구나 컴퓨터를 가지고 논다.(All tech men play with computers for fun.)'고 해야 할 판이다.

장난, 범죄 그리고 창업

한국 해커의 장난도 장난이 아니다. 1996년 4월 포항공대 전기전자공학과가 발칵 뒤집혔다. 시스템에 저장해놓은 자료와 과제물이 모두 삭제돼 학사행정과 연구작업이 마비됐기 때문이다. 누군가 전산시스템에 침투해 관리자 권한을 확보한 뒤 자료를 삭제하고 비밀번호를 바꿔버린 것이다. 전례가 없는 이 악의적인 범죄에 검찰이 나섰고, KAIST의 해킹방지 동아리 '쿠스^{KUS(Kaist Unix Students)}'와 '스팍스^{SPARCS(System Programmer's Association Research Computer System)}'의 회원들이 범인으로 밝혀졌다. 당시 포항공대와 KAIST의 해킹방지 동아리는 '포카전'으로 서로 실력을 겨루고 있었는데, KAIST의 시스템이 뚫리는 사건이 일어나자 포항공대의 소행으로 여긴 쿠스와 스팍스가 보복하려고 해킹을 시도한 것이다. 검찰은 단순한 장난으로 여기기에는 죄질이 나쁘다고 판단하고 학생들을 구속하거나 입건했다. 이 사건은 한국에서 해킹이 무엇인지 실감하게 된 결정적인 계기가 됐다.

쿠스 회장으로 해킹을 주도한 노정석은 '전산망보급확장과 이용촉진에 관한 법률' 위반으로 구속됐지만 실형은 면했다. KAIST는 탁월한 재능을 발휘할 기회를 주기 위해 이 사건으로 자퇴한 학생들에게

재입학 기회를 부여했다. 노정석은 1998년 SK텔레콤이 내건 '홈페이지 시스템을 뚫는 회사와 보안위탁 계약하겠다'는 조건을 보고 하루 만에 해킹에 성공하여 선배와 함께 보안회사 인젠을 창업했다가 아예 SK텔레콤으로 자리를 옮겼다. 2005년 테터앤컴퍼니를 창업하여 블로그 제작도구 테터툴즈Tattertools를 개발한 데 이어 다음Daum에 블로그서비스 티스토리Tistory를 제공하고 나서 2008년 회사를 구글에 넘겼다. 한국 기업이 구글에 인수된 것은 테터앤컴퍼니가 처음이다. '벤처 본능'은 숨길 수 없는 것일까? 노정석은 2010년 아블라컴퍼니를 창업하고 인증샷으로 소통하는 '픽쏘', 친구에게 소식을 전하는 '불레틴', 전화 걸지 않고 식당을 예약하는 '포잉'으로 모바일 분야에 집중하고 있다.

'장난에서 범죄로, 범죄에서 창업으로'. 젊은 세대의 '이유 없는 반항'은 가끔 범죄의 위험한 문턱을 아슬아슬하게 넘나들지만, 기술혁신을 촉발하는 훌륭한 계기를 제공하기도 한다. 1980년대의 '순진한' 1세대 해커들은 다중사용자 운영체계인 유닉스UNIX를 처음 다루면서 호기심 차원에서 교수의 연구자료를 뒤적거리거나 여학생의 신상기록이나 성적을 기웃거리는 '좀도둑'에 그쳤다. 그들은 KAIST에서 해킹동아리 '유니콘'을 결성하고 졸업한 뒤 '해커스랩'을 창업한 김창범을 빼고는 대개 보안과 거리가 조금 먼 분야의 직업을 택했다. 1990년대의 2세대 해커들은 '쿠스', '스팍스', '시큐리티', '플러스', '가디언' 같은 동아리를 통해 서로 실력을 겨루다가 결국 '포카전'에서 사달이 났다. 포항공대의 '플러스'와 KAIST의 '쿠스' 간의 경쟁으로 벌어진 '사건'으로 노정석·송우길·김휘강·이희조·최재철·김상현 가운데 일부는 위험한 문턱을 넘기도 했지만, A3시큐리티컨설팅·인젠·안철수연구소·사이젠텍·펜타시큐리티 같은 보안 관련 벤처를 창업하거나 가담하여 기술혁신에 일조했다.

해커에게도 윤리는 있다

1950년대 후반, 컴퓨터를 가지고 놀던 MIT 학생들은 새로운 문화를 창조해냈다. MIT에서 1955년 3,600개의 트랜지스터 회로와 64K의 자기기억장치로 구성된 컴퓨터 TX-0^{Transistorized Experimental computer zero}가 개발되고 이듬해 온라인으로 연결되면서 학생들은 저절로 해커공동체를 형성하게 됐다. 기숙사에서 컴퓨터 1대를 같이 사용하다 보니 저절로 '해커의 윤리^{The Hacker Ethics}'가 생긴 것이다. 그들은 개인이 알게 된 프로그래밍 지식을 공유하고 발전시키면서 '해커의 윤리'에 묵시적으로 동의하고 그것을 신앙처럼 지키고 살았다. '해커의 윤리'는 6개 조항으로 구성되어 있다. ① 컴퓨터를 다룰 수 있는 완벽한 자유를 보장받아야 한다. ② 모든 정보는 개방하고 공유해야 한다. ③ 컴퓨터 사용을 규제하는 관료주의를 해체해야 한다. ④ 해커를 평가하는 기준은 실력과 열정이다. ⑤ 컴퓨터로도 예술과 아름다움을 창조할 수 있다. ⑥ 컴퓨터는 생활을 개선할 수 있다.[9]

　1959년 MIT 학생들은 어마어마한 장난감을 갖게 됐다. 학교가 성능이 향상된 PDP-1^{Programmed Data Processor-1}을 설치해준 것이다. 1961년 MIT의 TMRC^{Tech Model Railroad Club}에 모인 학생들은 PDP-1을 갖고 놀면서 새로운 프로그래밍 도구와 환경을 만들어냈다. DEC^{Digital Equipment Corporation}의 운영체제를 거부하고, 새로운 운영체제 ITS^{Incompatible Timesharing System}를 탄생시킨 것이다. 당시 가장 강력한 시간분할

1978년 홈브루 컴퓨터
클럽 모임 (왼쪽)
ⓒComputer History Museum

홈브루 시절의 자신과
워즈니악의 사진을 배경으로
무대에 선 스티브 잡스
ⓒ연합뉴스

ⓘⓒSebaso

ⓘⓒcellanr

홈부르 컴퓨터클럽의
회원들은 PC의 개발에
큰 기여를 했다.
존 드레이퍼(위)와 리
펠젠스타인.

시스템인 ITS는 인공지능 프로그램 언어인 리스프LISP와 함께 초창기 MIT 해커들이 이룬 기술혁신으로 기록되고 있다. TMRC의 해커들이 1980년 초기까지 세계 인공지능 연구를 이끈 MIT 인공지능연구소의 핵심 인력이다.

1970년대 미국 서부의 해커들은 주로 스탠퍼드 대학 인공지능연구소에서 모임을 가졌다.[10] 그들은 '홈브루 컴퓨터 클럽Homebrew Computer Club'을 만들어 작고 값싼 컴퓨터를 만드는 데 몰두했다. 스티브 워즈니악은 1975년 모임에 참가하여 마이크로프로세서를 활용한 컴퓨터 애플Ⅱ를 설계하여 개인용 컴퓨터PC의 등장에 결정적인 역할을 했다. 존 드레이퍼John Draper(1943~)는 미국의 베트남전 참전을 거부하기 위해 장난감 호루라기로 거는 무료통화를 널리 퍼뜨린 해커다. 그가 만든 블루박스Blue Box는 불법 무료통화인 프리킹Phreaking으로 선풍적인 인기를 끌었다. 드레이퍼는 해적 라디오 방송국을 운영하고, 애플Ⅱ용 워드프로세서인 이지라이터Easy Writter를 개발하기도 했다. 세계 최초의 휴대용 컴퓨터 오스본Orsborne을 만든 리 펠젠스타인Lee Felsenstein(1945~), 애플 왕국을 건설한 스티브 잡스도 모두 홈브루의 회원이다. 최초의 개인용 컴퓨터를 만드는 데 기여한 홈브루의 활약은 1999

186

년 개봉한 영화 〈실리콘밸리의 해적들Pirates of Silicon Valley〉에서 엿볼 수 있다.

소란스러운 시장의 기술혁신

정보의 개방과 공유를 주장하는 해커들은 특허와 권리를 주장하는 거대 기업과 보수 세력에 맞섰다. 해커들의 '반항'은 '반란'으로 커졌다. 개방과 공유가 거스를 수 없는 대세로 확산됐기 때문이다. 1960년대 말까지 컴퓨터 소프트웨어는 하드웨어와 함께 제공됐기 때문에 소프트웨어의 소스를 공개하고 같이 개선하는 것이 당연하게 여겨졌다. AT&T에서 개발한 다중운영체계 유닉스UNIX도 다양한 하드웨어에서 호환될 수 있도록 설계되고 소스코드도 개방됐다. UNIX 개발에 참여한 데니스 리치Dennis Ritchie(1941~2011)가 만든 프로그래밍 언어인 C는 아직도 거의 모든 컴퓨터를 위한 공통의 프로그래밍 언어로 사용되고 있다.

1980년대 들어 소프트웨어 저작권을 보호하자는 목소리가 갈수록 커지는 데 맞서 리처드 스톨만Richard Stallman(1953~)은 자유소프트웨어재단Free Software Foundation[11]을 설립하고 C언어로 제작된 UNIX의 복제본 GNUGNU's Not Unix 개발을 시도했다. 이에 1991년 리누스 토발즈Linus Tovalds(1969~)를 중심으로 세계의 해커들이 자발적으로 참여하여 무료로 얼마든지 사용할 수 있는 '리눅스LINUX'를 완성했다. LINUX는 휴대전화에서 태블릿컴퓨터, 비디오게임콘솔, 슈퍼컴퓨터에 이르기까지 거의 모든 컴퓨터 하드웨어에 설치할 수 있어 세계적으로 수

정보의 공유와 개방을 주장하는 컴퓨터 소프트웨어 개발자들에 의해 만들어진 '소란스러운 시장'에서도 기술혁신이 이루어진다. (왼쪽부터) 데니스 리치, 리처드 스톨만, 리누스 토발즈, 에릭 레이몬드.

ⓘⓢⓓDenise Panyik-Dale　ⓘⓢThesupermat　ⓘⓢⓓLINUXMAG.com　ⓘⓢjerone2

백만 명의 사용자와 수천 명의 개발자를 확보하고 있다. 에릭 레이몬드Eric Raymond(1957~)는 1998년 저서 『성당과 시장The Cathedral and the Bazaar』[12]을 통해 '리눅스 공동체는 서로 다른 의견과 방법이 난무하는 매우 소란스러운 시장'이라고 비유했다. 소수의 전문가들에 의해 '거대한 성당'을 짓는 과정에서도 기술의 진보가 일어나지만, 수많은 비전문가들, 도전적이고 창의적인 사용자들이 모인 '소란스러운 시장'에서도 기술혁신이 이루어지는 것이다.

개방과 공유의 기술혁신은 전문가들이 주도하는 컴퓨터 프로그램을 넘어 대중이 참여하는 일반 지식으로 범위를 넓혔다. 이른바 '집단지성Collective Intelligence'이다. 1994년 워드 커닝엄Ward Cunningham(1949~)이 만든 위키Wiki는 웹을 통해 '소란스런 시장'을 빠르게 확산시켰다. '빠르다'는 뜻의 하와이 말인 Wiki는 간단한 마크업markup 언어와 웹브라우저로 많은 사람들이 함께 문서를 작성하는 협업을 가능하게 만들었다. 대표적인 것이 인터넷 무료 백과사전 서비스인 위키피디아WikiPedia다. 2001년 미국에서 시작된 위키피디아는 2016년 기준으로 300개에 가까운 언어로 제공되고 있는데, 작성된 항목만 해도 2,000만 건이 넘는다. '소란스러운 시장'에서 3,100만 명이 넘는 익명의 기여자가 축적한 지식이다. 한국의 위키도 매우 소란스럽다. 리그베다위키, 나무위키, 리브레위키, 디시위키, 구스위키, 제타위키, 오사위키

워드 커닝엄. 그가 만든 '위키'는 '소란스러운 시장'을 빠르게 확산시켰다. '위키'는 '빠르다'는 뜻의 하와이 말로, 수많은 사람들이 함께 문서를 작성하는 협업을 가능하게 했다.

ⓘⓢCarrigg Photography

같은 작은 위키들이 등장했다. 세계적으로 민감한 비밀정보를 공개하는 위키리크스^{WikiLeaks}는 '위키'라는 이름만 쓸 뿐, 다른 위키와 아무런 관련이 없다.

디지털 좀비의 이유 없는 반항

SBS의 오디션프로그램 〈K팝스타 2〉에서 2013년 우승한 악동뮤지션의 '지하철에서'를 들어보자.

> 스마트폰을 한 손에 쥐고
> 덜컹덜컹해요, 비틀비틀해요,
> 게임하는 남자들, 홈피하는 여자들,
> 이어폰을 꽂고 덩실덩실하는 청년들,
> 지하철은 세상의 축소판.

휴대폰에 열중하는 사람들은 이제 지하철뿐만 아니라 식당에서 밥을 먹으면서, 도서관에서 공부하면서, 카페에서 친구를 만나서도 제각기 휴대폰을 들여다보고 있고, 심지어 길을 가면서도 휴대폰을 들여다보기에 안전사고까지 걱정해야 할 판이다. 그야말로 '디지털 좀비^{Digital Zombie}' 천국이 된 것이다. 휴대폰의 지배 아래 휴대폰이 이끄는 삶을 사는 족속이다. 이제 곧 스마트 시계, 스마트 안경, 스마트 이어폰, 스마트 모자가 등장하면 거리의 풍경은 '스마트 좀비'로 가득할 것이다. '스마트 신인류'일까? 그들은 휴대폰을 통해 인터넷에 항상 연결되어 있다. 정보를 빠르게 얻고 빠르게 답하기를 바라며, 바로 복제해서 바로 전파하고, 다른 사람에게 자랑하기를 즐겨한다.[13] 늘 재미를 추구하고 함께 공감하고 나누기를 좋아하며 금방금방 바꾸고 빠르게 변신한다. 그들은 인터넷과 SNS를 통해 복제된 공통의 사고패턴과 생활패턴을 통해 새로운 지배세력으로 부상하고 있다.

보수적인 한국의 기성세대는 과연 '스마트 신인류'를 받아들일 수 있을까? 청소년기(17~25세)에 경험했던 주요 역사·문화적 경험과 이에 반응하는 공통된 세계관과 가치의 공유를 기준으로 한국 사회의 구성원을 구분해보면, 산업화세대·민주화세대·정보화세대·후기정보화세대로 구분할 수 있다. 민주화세대의 자녀로 '스마트 신인류'에 해당하는 후기정보화세대는 물질적인 풍요, 정치적인 민주화, 개방적 사회 분위기, 자유로운 교육 환경, 다양한 예술·문화 활동에 있어 이전 세대들과는 상당히 다른 배경에서 성장했다. 그들은 자신의 의사는 물론 감정까지도 글보다 말, 영상, 아이콘, 그림으로 표현하고 있다. 그들의 욕구는 '창조적 미디어Creative Media'인 휴대폰을 통해 표출되고 있다.[14]

[표 8-1] 사회적 세대 분류에 의한 세대별 특성[15]

구분 (출생연도)	경제적 특성	정치적 특성	사회적 특성	기술적 특성
산업화세대 (1935~1953)	경제개발, 고도성장	군사정권과 개발독재	규범과 모방 시대, 집단 동원 시대	라디오
민주화세대 (1954~1971)	자립, 성장과 안정	민주화의 과도기와 진행기	시민 의식의 시대	TV, 워크맨
정보화세대 (1972~1989)	세계화, 자유주의, 경제위기	민주화 정착기, 탈냉전	집단 규범의 파괴, 다양화 시대	PC, 인터넷
후기정보화세대 (1990~)	고용불안, 청년실업, 양극화 심화	정치 참여 기회 확대	개성과 감각 중시, 전교조 교육	모바일 폰, 스마트 기기

빠른 기술수용과 느린 기술혁신

가만히 살펴보면 한국의 각 세대는 선진 기술을 수용하는 데 매우 적극적이다. 산업화세대는 경제성장에 필수적인 중화학공업 기술을 세계가 깜짝 놀랄 만큼 빠른 속도로 흡수하여 '한강의 기적'을 실현했다. 민주화세대는 전자산업 기술을 재빨리 소화하여 여러 전자제품에서 최강의 전자왕국인 일본을 따라잡았다. 정보화세대는 정보기술을 접목하여 세계에서 가장 빠른 초고속 정보화사회를 건설했다. 한국은 첨단기술을 받아들이는 데 있어 세계 어느 나라도 넘볼 수 없는 빠른 속도를 과시하고 있는 것이다. 세계 최강의 '패스트팔로어Fast Follower'인 셈이다.

미국의 리처드 플로리다Richard Florida(1957~) 교수는 『창조계급의 부상 The Rise of the Creative Class』에서 창조성이 경제성장에 미치는 3가지 요소로 기술Technology, 인재Talent, 관용Tolerance의 3T 모델을 제시했다. 곧, 창조계급의 구성원은 이 3가지 요소를 갖춘 곳에 뿌리를 내린다는 것이다.[16] 이 가운데 특히 관용은 다양성, 개방성과 함께 기술과 인재를 동원하고 유인하는 핵심 요소로 꼽혔다. 창조적인 사람들은, 풍부한 양질의 경험을 할 수 있고 모든 종류의 다양성에 대한 개방성을 가지고 있으며 무엇보다도 창조적인 개인의 정체성을 인정받는 기회를 가진 지역에 살고 있기 때문이다.

패스트팔로어를 넘어 퍼스트무버First Mover, 트렌드세터Trend Setter가 되려면 기술혁신이 필요하다. 한국은 기술수용은 가장 빠르지만 기술혁신은 상당히 느린 편이다. '이유 없는 반항'을 '이유 없는 억압'으로 누르기 때문이다. 스위스 국제경영개발원IMD이 2014년 조사한 세계 55개국의 외국문화 개방도에서 한국은 꼴찌였고, 이듬해에는 57

리처드 플로리다는 기술과 인재를 동원하고 유인하는 핵심 요소로 다양성, 개방성과 함께 '관용'을 꼽았다.

ⓘJere Keys

개국 중 56위였다. 2014년 미국의 SPI(Social Progress Imperative)가 세계 132개 국가를 대상으로 조사한 사회발전지수에서 한국은 28위였지만, 관용과 포용력에서는 점수가 가장 낮다. 서울대 사회발전연구소가 2014년 33개국을 대상으로 공익성·공개성·시민성 등 공공성에 대해 조사한 결과에서도 한국은 33위였다. 더욱 충격적인 것은 2014년 세계가치관조사(World Value Survey)에서 '자식에게 관용을 가르치겠다'고 대답한 부모의 비율이 62개국 가운데 62위로 가장 낮다는 것이다. 결국 관용에 가치를 두지 않는 한국 사회가 기술혁신을 이끌어낼 새로운 시도 혹은 낯선 시도를 억누르는 상황이 기술혁신 선진국으로 가는 데 가장 큰 걸림돌이 되고 있다.

공공성 순위 비교[17]

"자녀에게 관용을
가르치겠다"
조사 결과[18]

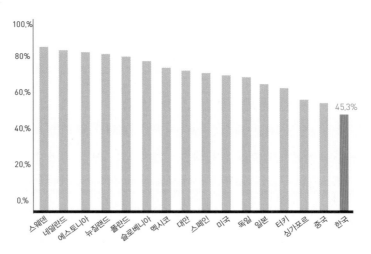

반면 '이유 없는 반항'으로 기술혁신을 이룬 미국은 공익성이나 공정성에선 한국과 비슷한 순위를 기록했지만, 공개성이나 시민성에서는 한국과 달리 상위권을 지키고 있다. 2014년 세계가치관조사에서도 한국은 '경쟁'이 압도적인 우위를 차지하고 뒤이어 '성공', '연대' 그리고 마지막으로 '관용'이 뒤따랐지만 앞서 언급한 대로 최하위를 기록했다. 미국 역시 '경쟁'이 가장 중요한 가치관으로 나타났으나, 그 뒤를 이어 '평등', '연대'의 가치가 거의 동등하게 뒷받침하고 있으며, 뒤이어 관용이 한국보다 훨씬 높은 비중을 차지했다.

세계의 컴퓨터 전문가들이 모여 교류하고 해커들이 자웅을 겨루는 '블랙햇Black Hat'이나 '데프콘DEFCON' 같은 해킹대회나 해킹컨퍼런스가 열리는 호텔은 행사기간 동안 그야말로 난장판이 된다. 투숙한 해커들이 제멋대로 방을 바꾸거나 동료의 방을 잠가버리고 레스토랑이나 헬스센터를 마음대로 들락거린다. 호텔 측의 배려로 호텔이 해커들의 해방구가 되는 것이다. 미국의 전기자동차 업체인 테슬라는 2014년 미국 라스베이거스에서 열린 데프콘 보안컨퍼런스에서 개발 중인 자율주행 전기자동차 '모델 S'를 해커들에게 최고급 '먹잇감'으로 제공했다. 해커들은 서로 다투어 '모델 S'에 침투해서 경적을 울리

블랙햇 2016
아시아 대회 광고[19]

공대생은 배터리를 가지고 다닌다

고 조명을 켜고 선루프를 열고 닫았다. 이에 테슬라는 기량이 뛰어난 해커들에 대해 공장 견학, 상금 10만 달러, 30명 특채 같은 조건을 제시하기도 했다.

바야흐로 '개방형 기술혁신Open Innovation'의 시대다. 내부의 자원을 외부와 공유하면서 필요로 하는 기술이나 아이디어를 바깥에서 조달하여 새로운 제품이나 서비스를 만들어내는 것이다. 내부의 연구개발에 전력하는 것이 '폐쇄형 혁신'이고 특정 대상에게 맡기는 아웃소싱이 '일방향 혁신'이라면, '개방형 혁신'은 조직의 경계를 넘나들며 조직의 혁신을 이끌어내는 것이다. 이러한 '개방형 혁신'을 완성하기 위해선 젊은 인재들의 '이유 없는 반항'이 펼쳐질 공간으로 '소란스러운 시장'을 만들어줄 필요가 있다. 이제 한국의 기술혁신에 필요한 것은 첨단기술도 아니고 전문인력도 아니다. '배터리(기술)를 가지고 다니는 공대생(인재)'에 대한 관용이다. 한국은 첨단기술을 자랑하거나 전문인력을 뽐내지 말고, 좁은 관용을 부끄러워해야 한다.

주

1. 찰스 패너티, 『문화와 유행상품의 역사 1』 (자작나무, 1997), 40쪽.

2. 왕쿼즈 지음, 최인애 옮김, 『스티브 잡스, 생각확장의 힘』 (왕의서재, 2013), 18-19쪽.

3. 멀티라이터(2011), "빌 게이츠에 대한 흥미로운 10가지 사실들", http://www.multiwriter.co.kr/842 (2016. 6. 5. 접속).

4. 데이비드 커크패트릭 지음, 임정민·임성민 옮김, 『이스북 이펙트』 (에이콘, 2010), 43쪽.

5. 김영상·이혜미, "'알파고 아버지' 이단아 하사비스… 한국선 나올 수 없는 이유", 〈헤럴드경제 인터넷 뉴스〉, 2016. 3. 11. http://biz.heraldcorp.com/view.php?ud=20160311000385 (2016. 6. 5 접속).

6. "엘론 머스크, 도전과 행운의 창업가", http://www.bloter.net/archives/212431 (2016. 6. 5 접속).

7. 이상우, "장난에서 시작해 범죄로—해킹", 〈IT 동아〉, 2015. 5. 11. http://it.donga.com/21136/ (2016. 6. 5. 접속)

8. 김명주, "해커 vs. 크래커", 〈보안뉴스〉, 2010. 4. 1. http://www.boannews.com/media/view.asp?idx=20031 (2016. 6. 5 접속)

9. Steven Levy, *Hackers: Heroes of the Computer Revolution*, (Anchor Press/Doubleday, Garden City, NY, 1984), p. 458.

10. 에릭 레이먼드 지음, 정직한 외 4명 옮김, 『성당과 시장, 우연한 혁명으로 일어난 리눅스와 오픈소스에 대한 생각』 (한빛미디어, 2013), 7쪽.

11. 여기서 '자유 소프트웨어'란 어떤 목적이든 원하는 대로 프로그램을 실행시킬 수 있는 자유, 무료 또는 유료로 프로그램 복제물을 재배포할 수 있는 자유, 필요에 따라 프로그램을 개작할 수 있는 자유(이 자유를 위해선 소스코드를 이용할 수 있는 자유가 있어야 한다) 그리고 공동체 전체가 개선된 이익을 나눌 수 있게, 개작한 프로그램을 배포할 수 있는 자유를 말한다. 강조점은 무료 즉 금전적인 측면에 있는 것이 아니라 소프트웨어 발전을 위한 개방과 공유라는 사용자를 위한 자유에 있다고 할 수 있다.

12. 에릭 레이먼드 지음, 정직한 외 4명 옮김, 앞의 책.

13. 최재붕 성균관대 교수는 "스마트신인류는 항상 인터넷에 연결되어 있어야 하고 모든 정보를 빠르게 얻길 바라며 즉각 카피해서 전파하길 원하고 다른 이들에게 자랑하기를 즐겨한다. 그리고 늘 재미를 추구하며 함께 공감하고 나누기를 좋아하고 엄청난 속도로 변화한다"고 정의했다. "지금은 초연결 사회, '스마트신인류'의 '클릭'을 만들어내는 기업이 성공", 〈BIKOREA〉, 2015. 6. 6. http://www.bikorea.net/news/articleView.html?idxno=11800 (2016. 6. 18 접속).

14. 서용석, 「세대 간 갈등이 유발할 미래위험 관리」 (한국행정연구원, 2013), 52-60쪽.

15. 서용석, 앞의 자료.

16. 박세훈·김은란·박경현,정소양,『도시재생을 위한 문화클라스터 활용방안 연구』(국토연구원, 2011), 24쪽.

17. 12차 SBS 미래한국보고서, 2014.

18. 2014년 세계가치관조사.

19. 블랙햇 홈페이지, http://www.blackhat.com

양초는 다른 사물을 위해 빛을 냅니다

영국은 16~17세기의 과학혁명을 빠르게 따라잡아 18~19세기의 산업혁명을 선도한 나라다. 영국의 과학자와 기술자가 산업혁명을 이끈 것이다. 그만큼 영국에는 과학기술사는 물론 과학교과서에 이름을 올릴 만큼 유명한 과학기술자가 수두룩하다. '아는 것이 힘이다'고 주장한 프랜시스 베이컨Francis Bacon(1561~1626)과 '근대과학의 아버지'라 불리는 아이작 뉴턴Isaac Newton(1643~1727)을 비롯해서 로버트 훅Robert Hooke(1635~1703), 존 플램스티드John Flamsteed(1646~1719), 에드먼드 핼리Edmond Halley(1656~1742), 헨리 캐번디시Henry Cavendish(1731~1810), 조지프 프리스틀리Joseph Priestley(1733~1804), 제임스 와트James Watt(1736~1819), 윌리엄 허셜William Herschel(1738~1822), 존 돌턴John Dalton(1766~1844), 토머스 영Thomas Young(1773~1829), 조지 스티븐슨George Stephenson(1781~1848), 험프리 데이비Humphry Davy(1778~1829), 조지프 스완Joseph Swan(1828~1914), 마이클 패러데이Michael Faraday(1791~1867), 찰스 다윈Charles Darwin(1809~1882), 윌리엄 그로브William Grove(1811~1896), 토머스 헉슬리Thomas Huxley(1825~1895), 제임스 맥

스웰James Maxwell(1831~1879), 윌리엄 퍼킨William Perkin(1838~1907), 존 플레밍 John Fleming(1849~1945), 어니스트 러더퍼드Ernest Rutherford(1871~1937), 에드워드 애플턴Edward Appleton(1892~1965), 폴 디랙Paul Dirac(1902~1984), 앨런 튜링Alan Turing(1912~1954) 등등에 이어 지금도 활동하는 리처드 도킨스Richard Dawkins(1941~)와 스티븐 호킹Stephen Hawking(1942~)에 이르기까지.[1]

일일이 열거하기에 숨이 가쁠 정도로 많은 위인 가운데 영국에서 가장 존경받는 과학자는 누구일까? '전자기학과 전기화학의 아버지'로 꼽히는 마이클 패러데이다.[2] 패러데이가 존경받는 이유는 벤젠을 발견했다거나 '패러데이 법칙'을 만들었다는 과학적 성과 때문만은 아니다. 업적으로 보면 훨씬 뛰어난 과학자가 여럿 있기도 하지만, 존경의 기준이 업적만은 아니기 때문이다. 패러데이가 영국에서 오랫동안 존경받는 이유 중의 하나는 어릴 때 가난해서 제대로 교육을 받지 못했는데도 스스로 공부하여 뛰어난 과학적 성과를 남겼다는 것이다. 대장장이의 아들로 태어나 기본적인 읽기와 쓰기와 셈하기 정도밖에 할 수 없었던 그는 자기가 좋아하는 과학을 이해할 때까지 붙들고 공부한 결과 40세의 늦은 나이에 과학자로 인정받았다.[3]

패러데이가 존경받는 또 하나의 이유는 겸손하다는 것이다. 그는 돈이나 명예에 전혀 관심을 두지 않았다. 왕립협회Royal Society 회장이나 기사 작위를 거절했으며 심지어 빅토리아 여왕의 후원도 사절했다. 그가 관심을 쏟은 것은 가난한 아이들에게 과학을 가르치는 것이었다. 패러데이는 1825년 어린이를 위한 '크리스마스 강연Christmas Lectures'을 시작하여 직접 강연을 하는 것은 물론 당시의 유명한 과학자들을 동참시켰다. 이 '크리스마스 강연'은 지금까지도 영국왕립협회의 전통으로 이어지고 있다. 영국에서 가장 존경받는 과학자, 영국인이 가장 사랑하는 과학자인 패러데이는 20파운드짜리 지폐의 모델

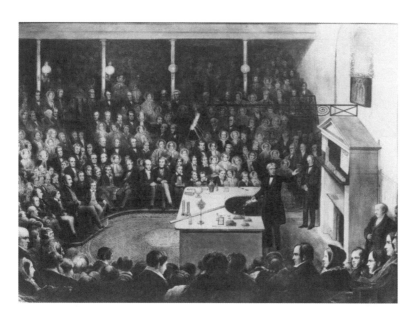

영국에서 가장 존경받는 과학자, 영국인이 가장 사랑하는 과학자 패러데이. 그는 1825년부터 '크리스마스 강연'을 진행했다.

이 되기도 했다.[4] 패러데이 외에 영국의 지폐에 등장한 과학자는 아이작 뉴턴과 찰스 다윈뿐이다.[5]

한국을 대표하는 과학기술자는 누구

한국에서 가장 존경받는 과학기술자는 누구일까? 민망하게도 이름조차 떠오르지 않는데, 어떻게 존경할 수 있을까? 영국보다 훨씬 긴 반만년의 역사를 샅샅이 뒤져서 과학기술자를 낱낱이 찾아내보자. 정부가 선정한 '과학기술인 명예의 전당'에 들어가보면 그나마 낯익은 과학기술자 몇 명을 간신히 발견할 수 있다. 화약무기를 개발한 최무선, 조선전기의 과학기술을 세계 최고 수준으로 발전시킨 세종대왕, 인쇄술을 발달시킨 이천, 자격루를 발명한 장영실, 역법曆法을

완성한 이순지, 한의학의 전통을 세운 허준, 조합수학을 창시한 최석
정, 새로운 우주관을 제시한 홍대용, 천문역산을 발전시킨 서호수, 해
양생물학의 길을 연 정약전, 대동여지도를 만든 김정호, 헌신적인 의
료 활동을 펼친 최초의 여의사 김점동, 천문기상학을 개척한 이원철,
병리학을 탄생시킨 윤일선, 종의 합성을 입증한 우장춘, 농학의 기틀
을 닦은 선구자 조백현, 이론화학을 정립한 이태규, 산업기술의 기초
를 다진 안동혁, 인조견(레이온)을 국산화한 김동일, 나비를 사랑한
석주명, 산림부국의 꿈을 실천한 현신규, 간〼 연구를 선도한 장기려,

대중소통

과학기술 행정의 기틀을 세운 최형섭, 그룹이론Group Theory을 완성한 김순경, 조선공학을 개척한 김재근, 전기공학을 선도한 한만춘, 리군 이론으로 이름을 남긴 이임학, 이론물리학의 기틀을 잡은 조순탁, 통일벼를 육종한 허문회, 유행성출혈열 바이러스를 발견한 이호왕, 입자물리학의 발전에 공헌한 이휘소 등등이다.[6]

[표 9-1] 과학기술인 명예의 전당에 오른 31인[7]

이름	생몰년도	활동 분야	업적
최무선(崔茂宣)	1325~1395	화학, 무기 개발	우리나라 최초의 화약과 화약무기 개발
이천(李蕆)	1376~1451	천문, 인쇄	세종시대 천문, 인쇄, 군사 분야에서 활약
장영실(蔣英實)	1390~1450	기계	자동물시계 자격루와 옥루 개발
세종대왕 (世宗大王)	1397~1450	과학 정책	우리 과학기술을 세계 최고 수준으로 발전시킨 과학자이자 혁신 리더. 훈민정음 창제
이순지(李純之)	1406~1465	천문	자주적인 역법체계 완성. 1442년 『칠성산내편』, 『칠성산외편』 완성
허준(許浚)	1539~1615	의학	한의학의 전통을 세움. 1610년 조선과 중국의 의학을 종합한 25권의 『동의보감』 편찬
최석정(崔錫鼎)	1646~1715	수학	조합수학의 창시자. 오일러를 앞지른 조선시대 천재 수학자
홍대용(洪大容)	1731~1783	과학사상	새로운 우주관을 제시한 조선후기 과학사상가. 지동설과 무한우주론 주장
서호수(徐浩修)	1736~1799	천문	조선후기 최고의 천문역산가
정약전(丁若銓)	1758~1816	수산 및 해양생물	한국 수산학 및 해양생물학을 태동시킨 최초의 학자. 역사상 최초의 수산학, 해양생물학 백과사전 『자산어보』 저술
김정호(金正浩)	1804~1866	지도 및 지리	19세기 전통 지도학을 집대성. 『대동여지도』를 비롯한 3대 지도의 제작과 『대동지지』를 비롯한 3대 지리서 편찬
김점동(金點童)	1876~1910	의학	우리나라 최초의 여성 의사이자 여성과학자
이원철(李源喆)	1896~1963	천문 및 기상	천문기상학을 개척한 우리나라 최초의 이학박사. 독수리자리 에타별(원천별)에 대한 연구
윤일선(尹日善)	1896~1987	의학	우리나라 병리학 탄생과 발전을 주도한 의학자

이름	생몰년도	활동 분야	업적
우장춘(禹長春)	1898~1959	농학	종의 합성을 입증하고 채소 종자 자급을 실현한 유전육종학자
조백현(趙伯顯)	1900~1994	농학	우리나라 농학의 기틀을 닦은 선구자. 한국 농업의 과학화와 현대화에 기여
이태규(李泰圭)	1902~1992	화학	우리나라 현대 화학의 기초를 닦은 이론 화학자. 1955년 비뉴턴 유동현상을 다루는 일반공식인 '리-아이링' 이론 창시
안동혁(安東赫)	1906~2004	화학 및 과학정책	우리나라 산업기술과 공업의 기초를 다진 화학공학자
김동일(金東一)	1908~1998	화학	산학협동의 선구자. 한국 최초로 레이온 (인조견) 국산화
석주명(石宙明)	1908~1950	생물(곤충)	우리나라 나비연구의 기틀을 마련한 생물학자
현신규(玄信圭)	1911~1986	농학(임목육종)	한국 임목육종의 과학적 연구기반 구축. 1952년 리기테다 소나무 개발 및 보급. 1953년 현사시 나무 개발 및 보급
장기려(張起呂)	1911~1995	의학	우리나라 간 연구의 선구자. 우리나라 최초로 간암 절제술 성공
최형섭(崔亨燮)	1920~2004	금속공학 및 과학 정책	우리나라 과학기술 행정의 기틀을 세운 금속공학자. 한국과학기술연구소(KIST) 설립과 조기 정착에 기여
김순경(金舜敬)	1920~2003	화학	한국 화학계의 큰 스승. 세계가 인정한 학술 업적 『군론』 완성한 대가
김재근(金在瑾)	1920~1999	조선 및 선박	우리나라 조선공학 및 선박역사학의 개척자
한만춘(韓萬春)	1921~1984	전기공학	우리나라 전기공학의 선구자이자 개척자. 우리나라 최초로 아날로그컴퓨터를 설계 제작
이임학(李林學)	1922~2005	수학	우리나라 수학을 정립한 세계적 수학자 그의 이름을 딴 리군(Ree groups) 이론으로 세계 수학사에 업적을 남김.
조순탁(趙淳卓)	1925~1996	물리학	우리나라 최초의 이론물리학자. 국제적으로 인정받은 학술 업적 '조-울렌백 이론' 발표
허문회(許文會)	1927~2010	농학	우리나라 주곡인 쌀의 자급을 가능하게 한 식물육종학자. 세계 최초로 벼 원연종간 삼원교배 성공
이호왕(李鎬汪)	1928~	미생물학	유행성출혈열 바이러스를 발견하고 예방 백신을 개발한 미생물학자. 한탄바이러스와 서울바이러스 발견
이휘소(李輝昭)	1935~1977	물리학	세계 정상급의 소립자 이론물리학자

세종대왕도 과학기술자!

알고 보니 우리에게도 자랑스러운 과학기술자가 꽤 많다. 그런데 그들은 왜 존경받지 못하는가? 아니, 우리는 왜 그들을 존경하지 않는가? 그들이 존경받을 무엇인가를 하지 않은 걸까, 아니면 우리가 그들의 업적을 모르거나 경시하는 걸까? '높을 존尊'과 '공경할 경敬'으로 이루어진 '존경'의 뜻은 '남의 인격, 사상, 행위 따위를 공손히 받들어 모시는 것'이다. 비슷한 단어로 공경恭敬, 공대恭待, 존중尊重, 존대尊待, 흠모欽慕, 추앙推仰, 숭경崇敬, 숭배崇拜, 숭앙崇仰, 경배敬拜를 들 수 있다. 영어로는 respect, esteem, admiration, adoration, homage, reverence, veneration 같은 단어가 있다.[8]

그런데 남의 인격, 사상, 행위 따위를 왜 공손히 받들어 모시는 걸까? 왜 존경할까? 곧, 존경의 조건은 무엇일까 하는 질문이다. 읽기에 매우 딱딱하지만 임마누엘 칸트Immanuel Kant(1724~1804)의 『순수이성비판』과 『실천이성 비판』에 이어지는 『판단력비판』을 잠시 들여다보자. 그는 '존경Reverentia'을 '법칙인 어떤 이념에 도달하는 데 우리의 능력이 부적합하다고 여기는 감정'이라고 정의했다. 유한한 '이성적 존재자'가 '도덕법칙'에 대해 품을 수밖에 없는 '도덕적 감정'으로, '유한한 존재자'가 '무한한 존재자'의 '초월론적 자유'를 추구하는 능력을 갖고 있기 때문에 '존경'이라는 '도덕적 감정'을 느끼게 된다는 것이다.

패러데이를 예로 들어보자. 영국인의 패러데이에 대한 존경은 가난-성취-겸손-봉사로 이어지는 키워드로 풀어볼 수 있다. '유한한 존재자'로서 패러데이는 '가난'했지만 과학자로서 기념비적인 '성취'를 이루었다. 탁월한 '성취'에도 불구하고 그는 항상 자신을 낮추어 '겸손'했고, 이기적인 '겸손'에 매몰되지 않고 열정적인 '봉사'로 그의 인생을 아낌없이 베풀었다. 패러데이의 이런 숭고한 인격, 사상, 행위에 대해 영국인은 '존경'이라는 '도덕적 감정'을 품게 되는 것이다.

다시, 한국에서 가장 존경받는 과학기술자는 누구일까? 한국과학기술한림원이 선정한 '과학기술인 명예의 전당'에 오른 분들을 대상으로 곰곰이 찾아보자. 어라? 세종대왕이 명단에 들어 있다. "세종대왕이 과학기술자인가?" 세종대왕은 당시 선진국이었던 중국의 과학기술을 그대로 수입하는 데 그치지 않고 조선에 맞는 과학기술을 추구한 과학기술자이자 과학기술 행정가였다.[9] 예를 들어 당시 조선은 중국 원나라 역법曆法인 수시력授時曆과 명나라 역법인 대통력大統曆을 쓰고 있었는데, 위도와 경도가 달라 천문현상이 정확하게 일치하지 않는 데다 그 수학적 방법론을 이해하지 못했기 때문에 달력을 운용할 능력이 없었다. 이에 세종은 정인지鄭麟趾(1396~1478)를 시켜 한양(서울)에 맞는 북극고도를 찾게 하고, 이순지와 김담金淡(1416~1464)을 등용하여 조선의 고유한 역법인 칠정산七政算을 개발토록 했다. 또 농사를 짓는 데 있어 당시 따르던 원나라의『농상집요農桑輯要』를 버리고 우리나라 풍토에 맞는 농법서를 만들도록 했다. 정초鄭招(?~1434)와 변효문卞孝文(1396~?)은 세종의 명에 따라 전국 방방곡곡을 찾아다니며 숙련된 농부의 경험과 기술을 수집한『농사직설農事直說』을 편찬했다. 백성의 건강을 챙기는 데도 남달랐다. 세종은 조선에서 나지 않는 중국의 약재인 당약唐藥을 구해 조선의 향약鄕藥과 비교 연구하게 하여 유효통俞孝通(?~?)과 노중례盧重禮(?~1452)가『향약집성방鄕藥集成方』을 저술토록 했다. 세종은 또 우리 몸에 맞는 자주적인 의학을 발전시키기 위해 김예몽金禮蒙(1406~1469)과 유성원柳誠源(?~1456)에게 명하여 동양 최대의 의학사전인『의방유취醫方類聚』를 완성하게 했다.[10]

세종의 시대는 과학기술의 번성기이자 과학기술자의 전성시대였다. 세종은 신분과 친분을 배제하고 조건에 맞는 인물을 찾았으며, 항상 회의를 통해 의견을 수렴하고 결정을 내렸으며, 과학기술자의 의견을 진공청소기처럼 빨아들였다. 신하들과 함께 『논어』를 토론할 때도 국가의 정책을 기반으로 했고, 과거시험에서도 현안을 답으로 풀어내도록 했다. 역법, 농법, 의약학에서 유능한 과학기술자를 두루두루 등용한 세종은 장영실, 이천과 같은 뛰어난 과학기술자를 동원하여 측우기, 혼천의, 해시계, 물시계 등 조선시대, 아니 반만년의 역사를 통틀어 가장 화려한 과학기술의 시대를 구가하게 만들었다. 특히 장영실은 세종이 손수 발탁한 대표적인 수혜자다. "원나라 기술자 아버지와 기생 어머니 사이에 태어난 것으로 알려진 장영실은 관노로 일하면서 태종 때부터 재주와 총명함을 인정받았고 세종에게 상의원별좌에 파격적으로 등용되면서 궁정의 과학기술자로 활동을 시작"했다.[11]

세종대왕이 한글을 창제한 것도 『훈민정음 해례본』에서 직접 밝혔듯이 '나랏말쓰미 듕귁에 달아 문쫑와로 서르 ᄉᆞᄆᆞᆺ디 아니'(나라 말이 중국과 달라 서로 통하지 아니) 했기 때문이다.[12] 세종은 가장 과학적인 문자로 평가받는 한글을 만들기 위해 우리말의 발성구조에 대해 연구하고 집현전의 학자들과 토론했다. 또 절제하고 겸손하고 배려하는 성품으로 신하와 백성의 존경을 받았으며, 나라의 힘을 키워 영토를 넓히고 조세제도를 개선하며 문물을 정비하여 조선 초기를 가장 화려한 시대로 가꿔놓았다.[13] 세종의 탁월한 업적과 성품을 기리기 위해 가장 자주 사용하는 1만 원권 지폐에 그 얼굴을 넣고 전국 곳곳에 동상을 세우며 최고의 '존경'을 바치고 있는 것이다. 그러고 보니 2007년부터 조성하기 시작한 행정중심복합도시의 명칭도 '세종'이다.

소통하고 봉사하는 한국의 과학기술자

세종대왕을 빼면 존경받는 과학기술자로 누구를 들 수 있을까? 대개 연구 업적이 뛰어난 사람을 떠올리게 마련이다. 하지만 탁월한 업적을 이룬 위인이 꼭 존경받는다고 할 수는 없다. 업적은 세속적인 개념이고 존경은 도덕적인 개념이기 때문이다. 그렇다면 과학기술의 영역에서, 칸트의 설명대로 우리가 부적합하다고 느끼는 능력을 보여주고 실천하여 '존경'이라는 '도덕적 감정'을 이끌어내는 사람들은 누구일까? 패러데이처럼 대중과 소통하고 봉사하는 과학인의 모습이 가장 먼저 떠오른다.

[표 9-2] 한국 근현대 과학기술자 100인(1880년대~1970년대)**14**

구분		명단
선구자	이공학	윤치호, 안형중, 상호, 이원철, 최황, 우금봉, 김삼순
	의약학	지석영, 서재필, 김점동, 김익남, 송복신, 윤치형, 함석태
	농수산	변수
계몽가	이공학	안창남, 김용관, 김봉집
	의약학	김창세, 조헌영, 이영창, 유석창, 장기려, 정구충
	후원자	김종익, 이종만
	과학학	홍이섭, 김두종
교육자	이공학	이춘호, 정두현, 강영환, 최윤식, 김동일, 박동길, 조응천, 신건희, 장기원, 박정기, 최호영, 이종일, 최경렬, 권영대
	의약학	오긍선, 홍석후, 윤일선, 이갑수, 윤치왕, 최동, 백인제, 길정희, 김명선, 박명진, 한구동
	농수산	조백현, 정문기, 윤상원
연구자	이공학	이태규, 이승기, 안동혁, 김양하, 석주명, 최삼열, 여경구, 전풍진, 원홍구, 조복성, 이휘소, 장극
	의약학	유일준, 최명학, 도봉섭, 기용숙, 이호왕
	농수산	우장춘, 계응상
산업가	이공학	최규익, 유전, 이강현, 김형남, 김학수, 이병두, 윤일중, 윤주복, 박길룡, 손창식, 정인욱
	의약학	유일한, 공병우

구분		명단
정책가	이공학	최규남, 박철재, 이채호, 김윤기, 최형섭, 윤동석, 민관식
	의약학	구영숙, 이용설, 이영준
	농수산	윤영선, 김호직
외국인	이공학	A. L. Becker, W. C. Rufus, E. M. Mowry, E. H. Miller, 森爲三
	의약학	H. N. Allen, O. R. Avison, J. W. Hirst, I. Ludlow, R. S. Hall, E. L. Shields, 前田淸則
	농수산	植木秀幹

강연이나 저술을 통해 소통과 봉사에 앞장선 과학기술사들을 찾아 보자. 한국 최초의 과학잡지인 〈과학조선〉을 창간하고 '과학데이'(과학 의 날)를 제정한 김용관, 대중과학 잡지 〈과학시대〉 간행을 주도한 안 동혁, 약학박사 1호로 국민건강증진에 기여한 홍문화,『청소년을 위한 위대한 발명 발견』같은 대중과학서를 저술한 박익수, 1세대 물리학자 로 언론을 통해 과학대중화에 기여한 김정흠, 천문학의 대중화에 기 여한 '아폴로 박사' 조경철, 한국 1세대 과학저술가이자 과학전문기자 인 현원복, 많은 교양과학도서를 저술한 박택규, 새와 함께 살며 대중 화에 기여한 '새 박사' 윤무부, 예리한 과학칼럼으로 과학지식 대중화 에 기여한 과학칼럼니스트 이인식, 날카로운 과학비평으로 잘못된 정 책과 오개념을 지적한 서강대 교수 이덕환, 조선의 로켓화살인 신기전 神機箭을 복원하고 액체추진 과학로켓 KSR-3을 개발한 로켓박사 채연 석, 과학과 인문학의 융합을 위한 통섭의 저자로 알려진 국립생태원 원장 최재천, 이동과학차로 청소년에게 과학을 전달하고 크리스마스 과학강연을 진행하는 한양대학교 교수 최정훈 등등. 그리고 보니 우리 에게도 존경할 만한 과학기술자가 정말 많고 많다.

[표 9-3] 과학대중화에 기여한 한국의 과학기술자

	이름	생몰년도	소속	직위	활동/업적
강연	김용관 (金容瓘)	1897~1967	발명학회	전무이사	과학대중운동가. 한국 최초 과학잡지 〈과학조선〉 창간. 발명학회 조직. '과학데이' 만듦
	홍문화 (洪文和)	1916~2007	서울대학교	교수/약학자	국내 제1호 약학박사. 80대 중반까지 국민건강증진을 위한 대중 강연 펼침
	김정흠 (金貞欽)	1927~2005	고려대학교 교수	물리학자	과학문화의 원조. 한국 1세대 물리학자. 과학의 대중화에 앞장선 과학자. 과학 서적 및 과학 칼럼 집필. 과학 관련 어린이 프로그램 출연
	조경철 (趙慶哲)	1929~2010	한국우주 환경 과학 연구소	천문학자	아폴로 박사. 다수의 과학 대중서 저술. 방송, 칼럼, 강연, 저술 등을 통해 천문학의 대중화에 기여
	윤무부 (尹茂夫)	1941~	경희대학교	교수/ 생물학자	새박사. 한평생을 새와 함께 살아오며 이에 대한 지식의 대중화에 기여
	채연석 (蔡連錫)	1951~	과학기술연합 대학원	교수/항공 우주공학자	1994년 신기전 복원. 2003년 국내 최초의 액체추진제 과학로켓 KSR-3 개발. 한국 우주개발 진흥과 우수한 청소년의 이공계 진출을 위해 노력
	최재천 (崔在天)	1954~	국립생태원 원장, 이화여자대학교 명예교수	교수/ 생물학자	도서, 공연, 방송, 칼럼 등을 통해 과학과 인문학의 융합을 위한 대중화 활동
	최정훈	1956~	한양대학교 교수	교수/화학자	과학전도사. 이동과학차. 크리스마스 과학강연 등을 통한 과학대중화 활동
저술	안동혁 (安東赫)	1906~2004	고려대학교 한양대학교	교수/화학자	잡지 및 저술 통해 과학 대중화 활동 이어나감. 대중과학 잡지인 〈과학시대〉 간행
	박익수 (朴益洙)	1924~2006	한국과학저술인 협회	연구인	과학저술가
	현원복 (玄源福)	1929~2010	한국과학기술 한림원	언론인	한국 1세대 과학저술가. 과학전문기자
	박택규 (朴澤奎)	1938~	건국대학교 화학과 교수, 현재 명예교수.	화학자/ 교육자	1992년 과학지식 대중화 기여로 과학기술진흥상 수여. 『과학과 생활』, 『과학사의 뒷얘기』 등 19종의 교양 과학도서 등 저술
	이인식 (李仁植)	1945~	지식융합연구 소장	과학평론가	60여 권의 과학대중 도서 저술. 이인식의 '과학칼럼' 연재를 통한 과학 대중화에 기여
	이덕환 (李惠煥)	1954~	서강대학교 교수	교수/ 칼럼니스트	'이덕환의 과학세상' 칼럼 기고

성과로만 평가받는 한국의 과학기술인

'존경할 만하다'는 것과 '존경받는다'는 것은 다른 말이다. 존경할 만한데 존경받지 못하는 과학기술자가 많기 때문이다. 존경할 만한 과학기술자를 찾아 널리 알리고 그 과학기술자가 대중의 마음속에 자리를 잡아야 존경받게 된다. 오랜 세월 동안 발굴-홍보-인식의 단계를 거쳐야 대중에게 '존경'이라는 '도덕적 감정'을 느끼게 만들 수 있는 것이다. 존경할 만한 과학기술자는 많은데, 왜 존경받는 과학기술자는 전혀 눈에 띄지 않는 걸까? 세종대왕을 빼면 한국인에게 존경받는 한국의 과학기술자는 없는가?

존경할 만한 과학기술자를 발굴하는 단계부터 따져보자. 정부에서 시상하는 상으로 최고 권위를 자랑하는 대한민국 최고과학기술인상을 비롯해서 한국과학상, 한국공학상, 대한민국과학문화상, 대한민국엔지니어상, 한국과학기술도서상, 과학기술창의상, 젊은과학자상, 이달의과학기술자상, 우수과학도상, 올해의과학교사상, IR52장영실상, 여성과학기술자상 등이 있다. 상은 아니지만 과학기술인을 격려하기 위한 제도로 과학기술인명예의전당 헌정, 과학기술 훈·포장, 과학기술진흥 유공자 포상, 닮고싶고되고싶은과학기술인 선정 같은 사업도 있다. 또 민간에서 주는 상으로 호암湖巖 이병철 회장을 기리는 호암상, 인촌仁村 김성수 회장을 기리는 인촌상, 청암靑巖 박태준 회장을 기리는 청암상, 송곡松谷 최형섭 장관이 기탁한 송곡상, 신양공학학술상, 경암학술상 등이 있으며, 민간기관이나 기업에서 주는 상으로 한국공학한림원의 젊은공학인상, 일진상(일진그룹), 해동상(대덕전자), 올해의 과학자상(한국기자협회), 유네스코여성생명과학진흥상(한국로레알), 덕명한림공학상, 목운생명과학상, 아산의학상 등등이 있다.

[표 9–4] 국내 주요 과학기술 관련 시상제도

시행 년도	시상제도	시상기준	주관기관	비고
정 부				
1968	대한민국최고과학 기술인상		한국과학기술단체총연합회	2003년 대한민국 과학기술상 개편
1968	과학기술진흥 유공자 포상	연구업적	미래창조과학부	
1983	한국과학기술도서상	우수도서	미래창조과학부 ㈜한국과학기술출판협회	
1985	올해의과학자상	연구업적	미래창조과학부 한구과학기자협회	
1987	한국과학상	연구업적	한국연구재단	
1991	IR장영실상	연구업적	미래창조과학부 한국산업기술진흥협회	
1992	특허기술상	연구업적	특허청 중앙일보사	
1994	한국공학상	연구업적	한국연구재단	
1997	젊은과학자상	연구업적	교육과학기술부 한국과학기술한림원	40세 미만
1997	이달의과학기술자상	연구업적	미래창조과학부 한국연구재단	
2000	대한민국과학문화상	과학문화 발전	미래창조과학부 한국과학창의재단	
2000	소재부품기술상	연구업적	산업자원통상부 한국과학기술진흥협회	
2001	과학기술훈장	연구업적	미래창조과학부	
2001	올해의여성과학기술 자상	연구업적	한국연구재단	여성
2002	닮고싶고되고싶은과 학기술인선정	연구업적	미래창조과학부 한국과학창의재단	
2003	과학기술인명예의전 당헌정	연구업적	미래창조과학부 한국과학창의재단	
2003	올해의과학교사상	업적/공적	미래창조과학부 한국과학창의재단	
2005	대한민국엔지니어상	연구업적	미래창조과학부 한국산업기술진흥협회	2015년 이달의 엔지니어상 명칭 변경
2008	과학기술창의상	연구업적	미래창조과학부 한국연구재단	
1982	철강상	기술/기능	한국철강협회	
1987	인촌상	연구업적	(재) 인촌 기념회	인촌 김성수
1989	유한의학상	연구업적	㈜ 유한양행	

시행년도	시상제도	시상기준	주관기관	비고
		민 간		
1990	호암상	연구업적	삼성그룹	호암 이건희
1992	다산기술상	연구업적	한국경제신문사	다산 정약용
1997	젊은공학인상	연구업적	한국공학한림원	
1999	송곡과학기술상	연구업적	한국과학기술연구원	송곡 최형섭 박사가 기탁한 연구기금으로 운영
1999	덕명한림공학상	연구업적	일진그룹 한림공학한림원	덕명 허진규 일진 히장
2002	한국로레알유네스코 여성생명과학진흥상	연구업적	여성생명과학기술포럼 유네스코한국위원회	여성
2004	서재필의학상	연구업적	재단법인 서재필 기념회	서재필
2004	일진상	연구업적	일진과학기술문화재단 한국공학한림원	허진규 일진 회장
2005	해동상	연구업적	해동과학문화재단 한국공학한림원	김정식 대덕전자 회장
2005	신양공학학술상	연구업적	신양문화재단	신양 정석규
2005	경암학술상	연구업적	경암교육문화재단	경암 송금조
2006	포스코 청암상	연구업적	포스코청암재단	청암 박태준
2008	아산의학상	연구업적	아산사회복지재단	

정부가 발굴하여 상을 주려는 과학기술자는 왜 하나같이 뛰어난 업적을 거둔 자에 국한되어 있을까? 상을 주기 위해 심사하는 공적조서에는 과학기술에 관한 '찬란한' 성과만 빼곡히 나열되어 있을 뿐이다. 권위가 가장 높은 '대한민국 최고과학기술인상'의 자격요건을 보자. '세계적인 연구개발 업적 및 기술혁신으로 국가 발전과 국민복지 향상에 크게 기여하고 과학기술계와 국민들로부터 존경받는 자'다.[15] '세계적인 연구개발 업적 및 기술혁신'은 평가할 수 있고, '국가 발전과 국민복지 향상에 크게 기여'하는 것도 어느 정도 가늠할 수 있지만, '과학기술계와 국민들로부터 존경'받는 것은 어떻게 심사할 수 있을까? 투표에 부치지 않는 한 존경의 정도는 객관적으로 심사하기 어렵다. 그러니 결국 '세계적인 연구개발 업적 및 기술혁신'을 이루면,

양초는 다른 사물을 위해 빛을 냅니다

저절로 '국가 발전과 국민복지 향상에 크게 기여'하고, 당연히 '과학기술계와 국민들로부터 존경'받게 된다는 논리다.

황우석 서울대 교수가 화려한 각광을 받으며 언론을 통해 불가사의한 '줄기세포 마술'을 공연할 무렵, 정부는 당시 만연한 이공계 기피 현상을 타개하기 위해 황우석 교수 같은 '스타 과학자'를 활용할 계획을 세웠다. '대한민국 최고과학기술인상'이다. 1967년 과학기술처 탄생을 기념하여 이듬해부터 4월 21일 '과학의 날'에 시상하던 '대한민국과학기술상'을 2003년부터 '대한민국 최고과학기술인상'으로 격상시킨 것이다. 한국을 대표할 수 있는 뛰어난 업적을 낸 과학기술인에게 주는 상이다. '정말 진짜 순 레알real 참기름'처럼, 이미 '최고' 수준의 상에 '최고'라는 수식어를 또 달았다. '스타 과학자'를 위해 만든 상인 만큼, 바로 이듬해 황우석 교수가 이 상을 받은 것은 물론이다. 유감스럽게도 바로 1년 뒤 황우석 교수는 논문 조작과 생명윤리 위반으로 서울대에서 파면되고 대법원에서 일부 유죄를 선고받았다.[16] 2009년 수상자 가운데 한 사람은 2014년 제자 성추행 혐의로 구속되기도 했다.[17] '최고과학기술인'을 업적 위주로 평가하다 보니 그 명예가 금방 땅에 떨어져버린 것이다. 존경받는 '최고과학기술인'은 어디에 있을까?

발굴하는 '돋보기'의 초점을 업적에 맞추다 보니 홍보의 초점도 업적이다. 첨단과학이나 첨단기술을 다루는 최고과학기술인의 첨단 업적이 대중에게 쉽게 인식될 리 없다. 그들의 업적은 어려운 수식과 전문용어가 가득 들어 있는 '블랙박스'일 뿐이다. 업적에 초점을 두고 '대한민국 최고과학기술인상'을 받을 과학기술자를 발굴하고 홍보하겠다는 것은 대중에게 물리·화학·생물·지구과학·수학을 다시 가르치겠다는 것이나 마찬가지다. 황우석 교수의 줄기세포stem cell는 하도

떠들어 그나마 나은 편이다. 노벨상 후보로 꼽는 유룡 한국과학기술원 교수의 다공성 제올라이트Zeolite, 임지순 포스텍 교수의 탄소나노튜브Carbon nano tube, 김빛내리 서울대 교수의 마이크로RNAmiRNA를 대중에게 어떻게 홍보하려는 걸까? 대중은 이미 초중고 수업에서 과학지식을 암기하다 지쳤는데, 성인이 되어서도 과학을 주입받아야 하는 걸까? 과학대중화를 하려다 과학혐오증을 키울 판이다. 과학대중화는 대중에게 과학을 가르치는 게 아니라 과학의 중요성을 알려주는 것이다.

2000년을 전후하여 우수한 성적을 낸 학생이 자연대나 공대가 아니라 의대나 한의대를 지망하고, 심지어 서울공대 재학생도 의대나 한의대로 전공을 바꾸는 현상이 계속되면서 '이공계 기피'라는 용어가 과학기술계에 깊은 근심으로 뿌리내렸다. 연예계나 스포츠계처럼 과학계를 빛내줄 스타 과학자가 필요했다. 그래서 '과학기술인 명예의 전당'(2002)을 세우고, '닮고 싶고 되고 싶은 과학자'(2002)를 선정했으며, '대한민국 최고과학기술인상'(2003)까지 만들었다. 때마침 등장한 황우석 교수는 정부의 갈증에 꼭 들어맞는 스타 과학자였다. 연예계에서 억지로 스타를 만들려고 하다 비리가 생기는 것처럼, 과학기술계에서 스타 과학자를 탄생시키려다 결국 비리가 터지고 말았다. 황우석 교수가 그 장본인이다. "과학기술자는 대중의 인기보다 동료의 냉정한 평가Peer Review나 결과물의 기술적이거나 상업적인 성과에 따라 인정받기" 때문에 본질적으로 스타가 될 수 없다.[18] 스타 기질을 가진 과학기술자도 필요하긴 하지만, 스타 과학자보다는 존경받는 과학자가 많아져야 한다.[19]

양초는 다른 사물을 위해 빛을 냅니다

한국의 패러데이, 김용관

칸트가 설명한 대로 '존경'은 '도덕적 감정' 가운데 하나다.[20] 감히 엄두도 낼 수 없는 뛰어난 업적을 낸 위인에 대해 대중은 '위대하다 Great'는 감정을 느낀다. 인간이 아닌, 거의 신神의 영역에 이르는 업적이라고 여기는 것이다. 아이작 뉴턴이나 알베르트 아인슈타인 같은 과학자에 대한 감정이다. 그래서 뉴턴이나 아인슈타인에 대한 감정은 '존경'보다 '추앙'에 가깝다. '위대하다'는 감정은 업적에 관한 것이지만, '존경한다'는 감정은 인격, 사상, 행위에 대한 것이다. 대체로 대중은 뉴턴과 아인슈타인의 업적에 대해서 '추앙'하지, 그 인격, 사상, 행위에 대해 '존경'한다고 할 수는 없다. '존경'을 받으려면 업적이 아니라 인격, 사상, 행위에서 대중에게 탄복할 만한 '도덕적 감정'을 일으켜야 하기 때문이다.

자, 그러면 한국의 과학기술자는 얼마나 존경받을 인격을 갖고, 얼마나 존경받을 사상을 펼쳤으며, 얼마나 존경받을 행위를 했는지 알아볼 필요가 있다. 유감스럽게도 한국의 과학기술자 가운데 대중에게 그 업적이 아니라 인격, 사상, 행위로 기억되는 분은 거의 없다. 존경받을 만한 분이 없어서가 아니라 그들의 인격, 사상, 행위에 대한 정보가 없거나 알려지지 않았기 때문이다. 정부나 과학기술계가 가진 자료는 거의 대부분 업적에 관한 것이다. 정부의 정책으로 볼 때 한국의 과학대중화는 '과학기술의 복음'(과학기술 지식)을 전파하는 데 관심을 쏟을 뿐, '과학기술 성인聖人'의 생애를 살피는 데는 별 관심이 없는 듯하다. 정작 대중은 어려운 '복음'을 공부하는 것보다 성인의 삶을 성찰하면서 더 많은 것을 깨우치는데…… 세종대왕이나 이순신 장군이 왜 존경받는지를 생각해보면 된다.

한국의 '패러데이'를 찾아보자. 패러데이가 '크리스마스 강연'으로 각인되듯, 한국에서 처음 과학행사를 만든 과학기술자를 찾으면 된다. 과학데이(과학의 날)를 처음 제안한 김용관이다.[21] 그는 1897년 서울 창신동에서 놋그릇을 판매하는 상인 김병수의 아들로 태어나 어릴 때부터 요업기술자를 꿈꾸었다. 1918년 경성공업전문학교(서울대 공대의 전신) 요업과를 1회로 졸업하고 조선총독부 장학생으로 뽑혀 집안의 부푼 기대를 업고 일본 유학길에 올랐다가 일본의 앞선 문화와 과학기술에 충격을 받았다. 유학을 다녀온 뒤 조선경질도기주식회사와 중앙공업시험소에 근무하고 조선공예학원을 운영하며 생계를 꾸리기도 했지만, 가정을 위한 소박한 요업기술자의 꿈은 이미 나라를 위한 과학기술 전도사로 바뀌어 있었다.[22]

김용관은 과학대중화를 추진할 조직을 만들기 위해 학교 동기와 물산장려운동 참여 인물을 설득하여 1924년 발명학회를 설립하고 〈동아일보〉에 민족공업화 진흥 방안에 대해 연재하는 한편 벽돌공장을 경영하면서 학회 경비와 과학대중화 자금을 지원했다. 그는 당시 진화론으로 유명했던 찰스 다윈을 세계 최고의 과학자라고 여겨 다윈이 사망한 4월 19일을 과학데이로 정했다.[23] 다윈의 적자생존론에 따라, 힘이 약해서 식민지가 된 조선이 힘을 기르려면 과학이 필요하다는 뜻에서였다. 김용관이 주도하는 계획에 따라 1934년 4월 19일 첫날, 김억金億(김안서, 1896~?)이 글을 쓰고 홍난파洪蘭坡(1898~1941)가 곡을 붙인 '과학의 노래'를 부르며 '과학데이'라고 쓴 커다란 깃발을 들고 수천 명이 행진을 벌였다. 저녁 8시에 종로 YMCA회관에 800명이 넘는 인파가 몰려 '과학의 개념', '산업과 발명', '화학공업의 현재와 장래'에 대해 들었으며, 이튿날 115명이 과학관·중앙전화국·중앙시험소·경성방직을 견학하고 과학영화를 관람했다. 당시 경성방직, 서울고무

공사, 화신 같은 기업이 행사를 후원하고 〈동아일보〉, 〈조선일보〉, 〈조선중앙일보〉 같은 언론이 연일 대서특필했다. 이 과학행사가 영향을 미친 대중은 최소 43만, 최대 120만 명으로 추산된다.[24] 우리 역사에서 가장 거창한 과학행사였던 것이다.[25] 이듬해 2회 행사는 '한 개의 시험관은 전 세계를 뒤집는다', '과학의 승리자는 모든 것의 승리자다'는 깃발을 앞세우고 서울에서 자동차 54대가 종로부터 안국동을 돌아 을지로까지 행진을 벌이기도 했다. 과학데이 행사가 전국적으로 점점 확산되자 일제는 4회(1937년)부터 집회와 행렬을 금지하고 5회에는 아예 옥외행사를 하지 못하게 했으며, 행사가 끝나자마자 김용관을 체포하여 종로경찰서에 구속했다. 과학운동이 아니라 민족운동이라고 보고 탄압하기 시작한 것이다.[26]

"벼락은 왜 높은 곳에서 많이 칩니까?", "사진기는 어떠한 것이 좋습니까?", "전매특허를 얻으려면 어떻게 하여야 하는지요?" 1933년 창간된 최초의 과학대중잡지인 〈과학조선科學朝鮮〉의 인기코너는 '질문과 응답'이었다. 과학 원리에 관한 초보적인 질문부터 실용적인 의견이나 개인적인 질문에 이르기까지 매달 전국에서 수백 통의 편지가 쏟아져 들어왔다. 요즘 과학잡지라면 막내 기자가 처리해야 할 잡무雜務다. 김용관은 달랐다. 〈과학조선〉의 창간을 주도하고 발행인 겸 편집인을 맡은 그가 이 코너를 전담했다. 틈이 나는 대로 며칠 밤을 새워서라도 책을 뒤지고 전문가에게 물어 독자의 궁금증을 하나하나 풀어준 것이다.[28]

가장이 돈을 버는 족족 과학대중화 자금으로 쓰는 바람에 김용관의 가족은 평생 가난했다. 아내 안부물은 평생을 남의 빨래나 부엌일에 매달려 살았고, 작은아들 김유중은 "공부시켜 놨더니 콩밥이나 먹고 쓸데없는 짓거리나 벌이고 다닌다고 어른들의 꾸지람이 심해 어

1절	2절	3절
새 못 되야 저 하늘 날지 못노라 그 옛날에 우리는 탄식했으나 프로페라 요란히 도는 오늘날 우리들은 맘대로 하늘을 나네	적은 몸에 공간은 넘우도 널고 이 목숨에 시간은 끗없다 하나 동서남북 상하를 전파가 돌며 새 기별을 낫낫이 알녀 주거니	두 다리라 부시라 헛된 미신을 이날 와서 그뉘가 미들것이랴 아름답은 과학의 새론 탐구에 볼 지어다 세계는 맑아지거니
(후렴) 과학 과학 네 힘의 높고 큼이여 간 데마다 진리를 캐고야 마네		

양초는 다른 사물을 위해 빛을 냅니다

217

머니는 늘 우시며 사셨다"고 회고한다. 1942년 가석방된 김용관은 일본 경찰의 눈을 피해 만주에서 떠돌이로 생활하다, 해방되자 돌아와 도자기회사 공장장과 경주공고 요업교사를 지내며 쓸쓸하게 살았다. 1967년 조용히 숨을 거둔 그는 경기도 광명시 철산동의 천주교묘지에 묻혔다가 아파트단지가 들어서는 바람에 묘지마저 헐려 불과 물과 흙과 바람 속으로 사라졌다. 그는 과학으로 권력을 추구하지도 않았고 명예를 원하지도 않았으며 재산을 모으려고 하지도 않았다. 나라가 가난에서 벗어나려면 과학이 필요하다고 주장했던 그는 정작 자신의 가장 소중한 가정이 가난에서 벗어나도록 돌보지 못했던 것이다.[29]

양초가 빛을 내는 이유

"당신이 알고 있는 것을 할머니가 이해할 수 있도록 설명하지 못한다면 당신은 그것을 진정으로 이해하고 있는 것이 아니다." 아인슈타인이 과학의 소통을 강조하며 꼬집은 말이다.[30] 이 위대한 과학자가 가장 존경한 과학자가 패러데이다. 아인슈타인은 패러데이를 존경하여 그 초상화를 연구실 벽에 걸어놓을 정도였다.[31] 패러데이가 베푼 겸손과 봉사에 최고의 찬사를 바친 것이다. 패러데이가 과학에 관심을 가진 것은 인쇄소에서 일하다가 우연한 기회로 당시 최고의 과학자인 험프리 데이비의 염소Chlorine에 대한 강의를 듣고 나서였다. 패러데이는 강연의 내용을 그림과 함께 엮은 책을 데이비에게 보내면서 그의 조수로 발탁되어 과학을 본격적으로 연구할 수 있게 되었다. 패러데이는 자신의 경험을 토대로 가난한 어린이를 위해 매년 크리스마스 강연을 통해 과학을 베풀었던 것이다. 패러데이의 가장 유명한 강연은 '양초의 과학'이다. '크리스마스 강연'에서 여섯 번으로 나눠 진행했던 강의를 모아 책으로 엮은 것이 『양초 한 자루의 화학사The Chemical History of a Candle』다. 패러데이는 이 책에서 화학의 토대를 이루는 물질의 특성과 작용을 양초 한 자루로 풀어 설명한다. 처음에 불을 붙일 때 생기는 불꽃의 밝기와 재료와 구조를 보여주고, 수소와 산소의 성질, 공기와 연소의 관계, 이산화탄소의 특성에 이어 탄소의 정체와 생물의 호흡과 연소에 대해 차근차근 풀어낸다. 달랑 촛불 하나 켜진 어두운 강연장에서 반짝이는 그의 목소리를 들어보자.

어떤 다이아몬드가 이 불꽃만큼 빛을 낼 수 있겠습니까? 다이아몬드가 밤에 찬란하게 빛나는 것도 이 불꽃 덕분입니다. 불꽃이 빛을 비춰주기 때문에 다이아몬드가 빛나는 것이지요. 불꽃은 어둠 속에서 빛을 발하지만 다이아몬드는 불꽃이 없으면 빛날 수 없습니다. 양초는 자신을 위해서 빛을 낼 뿐만 아니라 사람이나 다른 사물을 위해서도 빛을 냅니다.

강연이 끝날 무렵 패러데이는 주변을 둘러보며 나지막한 목소리로 양초를 들어 올린다.

저는 이 강연의 마지막 말로서 여러분의 생명이 양초처럼 오래 계속되어 이웃을 위한 밝은 빛으로 빛나고, 여러분의 모든 행동이 양초의 불꽃과 같은 아름다움을 나타내며, 여러분이 인류의 복지를 위한 의무를 수행하는 데 전 생명을 바쳐주시길 간절히 바랍니다.

양초는 다른 사물을 위해 빛을 냅니다

주

1. "Michael Faraday", http://en.wikipedia.org/wiki/Michael_Faraday (2016. 3. 18 접속). 이 글의 마이클 패러데이와 관련된 내용은 Wikipedia "Michael Faraday" 항목을 참고해 정리했다.

2. EBS 지식채널 E, "못배운 과학자", 『지식e 6: 가슴으로 읽은 우리 시대의 지식』 (북하우스, 2011).

3. 임동욱, "포기를 모르던 과학자 '마이클 패러데이'", 〈아톰스토리(atom story)〉 2014. 12. 24.

4. "위대한 결단, 마이클 패러데이", 〈중소기업뉴스〉, 2011. 12. 21.

5. 배우철, "화폐 속 과학자", 〈동아사이언스〉, 2004. 3. 2; 세계 화폐 정보 홈페이지, http://www.numerousmoney.com

6. '과학기술인 명예의 전당' 홈페이지, "명예로운 과학기술인".

7. '과학기술인 명예의 전당' 자료를 근거로 작성.

8. 네이버 어학사전, "존경".

9. 박성래, "탄신 600주년—세종대왕은 왜 과학임금인가", 〈과학동아〉(1997년 1월), 102-109쪽.

10. 이문규·정원 외, 『과학사 산책』 (소리내, 2015), 299-321쪽.

11. 박현모 교수, 공학한림원 CEO 조찬집담회 강연, "세종의 독특한 인재등용/토론방식이 치적 일궈", 〈사이언스타임스〉, 2016. 3. 24.

12. "훈민정음", http://ko.wikipedia.org/wiki/%ED%9B%88%EB%AF%BC%EC%A0%95%EC%9D%8Cy (2016. 6. 5. 접속). 이 글의 훈민정음과 관련된 내용은 위키백과에 있는 "훈민정음"을 참고로 정리했다.

13. 박구재, "지예인물열전(33) 세종대왕, 문자의 신기원 열다", 〈경향신문〉, 2015. 9. 14.

14. 김근배, "한국의 과학기술자와 과학아카이브", 『과학기술정책』 11권 5호(2001), 26-35쪽.

15. 대한민국최고과학기술인상 홈페이지, "최고과학기술인상 소개".

16. "강석진(수학자)", http://ko.wikipedia.org/wiki/%EA%B0%95%EC%84%9D%EC%A7%84_(%EC%88%98%ED%95%99%EC%9E%90) (2016. 5. 23. 접속). 이 글의 성추행 교수와 관련된 내용은 위키백과 "강석진(수학자)" 항목을 참고해 정리했다.

17. 황경남, "대한민국 최고과학기술인상", 〈한국경제〉, 2009. 7. 6; 서영지, "천재수학자는 어떻게 성추행범이 되었나", 〈한겨레신문〉, 2014. 12. 7.

18. 이덕환, "과학칼럼: 스타 과학자가 탄생하려면", 〈과학신문〉, 2002. 12. 9.

19. 이미옥, "스타 과학자보다 존경받는 과학자 많아져야", 〈사이언스타임스〉, 2016. 3. 7.

20. 안수현, "칸트 윤리학에서 감정의 문제", 『동서사상』 제11집 (2011), 155-178쪽.

21. 사실, 김용관을 '한국의 패러데이'로 꼽기에는 과학적인 업적이 크게 못 미친다. 하지만 한국에서도 패러데이처럼 대중화를 위해 노력하는 훌륭한 과학자를 찾아 널리 알릴 필요가 있다는

뜻에서 김용관을 '한국의 패러데이'로 간주했다.

22. 한국민족문화대백과사전 홈페이지, "김용관".

23. 임종태, "김용관의 발명학회와 1930년대 과학운동", 『한국과학사학회지』 17권 2호(1995), 89-133쪽.

24. "과학데이의 성과". 〈과학조선〉(1934년 6월), 23-26쪽.

25. 박성래, "과학기술의 대중보급에 이바지: 식민지 조선의 과학선구자 김용관 선생", 『과학과 기술』(1993. 12),

26. 현원복, "1930년대 과학대중화 운동", 『과학과 기술』(1978. 4).

27. 〈과학조선〉(1935년 6월), 1면.

28. 이재혁, "30년대 과학대중화 운동의 기수", 〈한겨레신문〉, 1990. 8. 31.

29. 이재혁, 앞의 기사.

30. 유용하, "과학과 대중, 언제까지 서로를 소 닭보듯 할 것인가", 〈동아사이언스〉, 2013. 4. 25.

31. 제리미 번스틴 지음, 장호익 옮김, 『아인슈타인 Ⅰ』(전파과학사, 1991).

양초는 다른 사물을 위해 빛을 냅니다

드레스덴의 성모교회는
어떻게 복원되었나?

"적의 민간인도 적이다. 군인이든 민간인이든 적을 위해 흘릴 눈물은
없다."[1]

제2차 세계대전이 한창이던 1945년 2월 13일부터 15일까지, 영국
과 미국의 연합군은 군수물자 공급기지인 독일 작센 주의 주도 드레
스덴에 대규모 폭격을 감행했다. 영국과 미국은 각각 722대, 527대
의 폭격기를 동원하여 4번에 걸쳐 4천 톤가량의 엄청난 폭탄을 쏟아
부었다.[2] 한쪽에서 시작해서 융단을 깔듯이 차례로 빈틈없이 폭탄
을 퍼부은 것이다. 이때 영국군이 사용한 4.5톤짜리 폭탄이 바로 블
록버스터Blockbuster다. 도시의 한 구역Block을 송두리째 날려버릴Bust 만
한 위력을 지닌 폭탄이라는 뜻이다. '막대한 흥행 수입을 올린 영화'
를 뜻하는 '블록버스터'가 여기서 나왔다. 사흘간의 폭격에 나중에 3
차례 더 이어진 폭격으로 드레스덴은 건물의 90%가 파괴되고 무려
22,700~25,000명이 죽었다. 대부분 군인이 아니라 민간인이다. '적의
민간인도 적'이었던 것이다. 그래서 폭격을 지휘한 영국 공군의 아서

폭격 전의 드레스덴(1910년, 왼쪽)과 폭격 후의 드레스덴. 폭격을 지휘한 아서 해리스는 '폭격자 해리스', '도살자 해리스'라는 별명이 붙었다.

해리스Arthur Harries(1892~1984) 대장은 '히틀러보다 더 무서운 사람'으로, '폭격자 해리스Bomber Harris' 또는 '도살자 해리스Butcher Harris'라는 별명이 따라 다닌다.[3]

슬라브어로 '숲 속의 사람'이라는 뜻인 드레스덴Dresden은 유난히 전쟁이 잦았다. 13세기 초에 게르만족이 슬라브족을 쫓아내고 도시를 형성했지만, 통치자의 흥망에 따라 보헤미아, 브란덴부르크, 작센으로 소속이 자주 바뀌었다. 18세기에 프로이센과 오스트리아 간의 몇 차례 전쟁에서 양쪽을 번갈아 편을 들다가 양국의 포격을 번갈아 받아 도시가 크게 파괴되기도 했다. 또 나폴레옹 전쟁 때에도, 나폴레옹이 드레스덴을 기지로 삼고 전투를 벌였기 때문에 적지 않은 손상을 입었다. 그러다가 2차 대전에서 연합군의 대공습으로 드레스덴은 '숲 속의 사람'이 아니라 '불 속의 사람'이 될 만큼 도시 전체가 완전히 불에 타서 검게 그을린 초토焦土가 되어버렸다.[4]

성모교회를 복원하는 법

19세기에 작센의 왕이었던 아우구스트 1세Friedrich August I (재위 1806~1827)와 2세(재위 1836~1854)가 문화와 예술에 강력한 의지를 보여 츠빙거 궁전Zwinger Palace을 비롯한 젬퍼 오페라하우스Semper Opera House, 레지덴츠 궁전, 브륄의 테라스를 호화롭게 꾸미며 드레스덴은 예술적이고 사치스러운 도시로 오랜 역사를 지니고 있다. 츠빙거 궁전은 라파엘로Raffaello Sanzio da Urbino(1483~1520)의 〈시스티나의 성모〉를 비롯한 명화로 장식되어 있고, 젬퍼 오페라하우스는 바그너Richard Wagner(1813~1883)의 〈탄호이저〉, 리하르트 슈트라우스Richard Strauss(1864~1949)의 〈살로메〉 같은 명작을 초연한 곳이다. 또 바로 북서쪽에는 중국의 청화백자靑華白瓷를 모방하여 유럽에서 처음 자기를 구워낸 마이센Meißen 공방이 있다. 도시 전체가 바로크의 걸작이라고 불릴 만큼 아름다우며, 낭만적이고 사색적인 풍경을 좋아했던 괴테Johann Wolfgang von Goethe(1749~1832)는 드레스덴을 '엘베 강의 피렌체'라고 부르기도 했다. 드레스덴이 그동안 잘 알려지지 않은 이유는 2차 대전으로 도시가 완전히 망가진 데다 독일이 통일되기 전에 동독에 속해 많은 사람들이 관광을 하지 못했기 때문이다.

드레스덴에서 가장 아름다운 교회인 '성모교회Frauenkirche'는 드레스덴에서 '왕관의 보석'이나 다름없다. 18세기 중반부터 200년 동안 드레스덴의 하늘을 지배했던 성모교회는 연합군의 공습 마지막 날인 2월 15일 폭격을 받아 결국 돔이 무너지고 잿더미로 변했다. 전쟁이 끝난 뒤 동독에서 성모교회는 참혹한 전쟁의 실상을 드러내는 돌무더기 상태로 남아 있다가 독일 태생의 미국 생물학자 귄터 블로벨Günter Blobel(1936~)이 1994년에 재건을 주장하며 1999년 노벨 생리의학상으로 받은 상금을 기부하면서 도시 재건사업이 활기를 띠기 시작했다.

성모교회의 벽에는 군데군데 검은 돌이 보인다. 전통을 중시하는 드레스덴 시민들이 산산이 부서진 교회의 돌을 하나하나 모아 짝을 맞추고 번호를 매겨 보관했다가 복원할 때 그대로 사용한 흔적이다. 또 대공습에 가담했던 연합군의 조종사들이 사죄하는 마음으로 복구기금을 모으는 데 앞장서기도 했다. 영

드레스덴의 가장 아름다운 건축물 성모교회. 독일계 미국 생물학자 귄터 블로벨은 성모교회의 재건사업을 주장하며 노벨상 상금을 기부했다.

ⓒJMasur

국은 교회 파괴를 사죄하고 재건을 축하하는 의미로 교회 꼭대기에 황금빛 십자가를 기증했다. 서서히 드레스덴의 스카이라인에 모습을 드러낸 성모교회는 2004년 유네스코 문화유산으로 지정됐다.

대공습으로 돌무더기만 남았던 드레스덴은 1990년 독일 통일을 계기로 대대적인 복원계획을 통해 가장 빠르게 성장한 상징적인 도시가 됐다. 통일 직후 서독 기업과의 경쟁에서 뒤지면서 3년간 인구의 15%인 7만 명이 일자리를 잃는 큰 위기를 겪기도 했지만, 전통적인 제조업 대신 전자공학과 생명공학 같은 첨단산업을 유치하고 육성하여 완전히 도시를 혁신하는 데 성공했다. 또 막스플랑크연구소 같은 과학기술 연구기관을 24개나 유치하여 연구인력만 해도 15,000명으로 연구인력 비율이 독일에서 가장 높은 도시가 됐다. 이와 함께 드레스덴 대학을 육성하고 연구개발투자를 집중하면서 드레스덴은 이제 독일이 아니라 '유럽의 실리콘밸리'라 불릴 만큼 큰 과학비즈니스

도시로 부상했다. 2차 대전 이후 서독의 부흥을 '라인 강의 기적'이라고 한다면, 독일 통일 이후 드레스덴의 부활은 '엘베 강의 기적'이라고 부를 만한 것이다.[5]

"북한행 비행기를 타라"

워런 버핏Warren Buffett(1930~), 조지 소로스George Soros(1930~)와 함께 세계 3대 투자자의 한 명인 짐 로저스Jim Rogers(1942~) 로저스홀딩스 회장은 2013년 말 〈조선일보〉와 인터뷰를 하면서 "남북통일이 시작되면 최소 3억 달러에 달하는 자신의 재산을 모두 북한에 투자하고 싶다"고 말했다. 북한의 노동력과 천연자원에 한국의 자본과 기술이 결합하고, 중국이나 러시아 같은 주변국의 투자가 이어지면 북한은 가장 각광받는 투자처가 될 것이라는 것이다. 로저스 회장은 2013년 9월 영국 BBC와 인터뷰에서도 "남북통일은 5년 이내에 가능하며 통일 한국은 동북아의 생산과 투자, 교통의 중심지가 될 것"이라고 전망하면서, 투자로 보면 북한이 인도보다 유망하다며 "북한행 비행기를 타라"고 귀띔했다.[6]

박근혜 대통령은 2014년 1월 신년기자회견에서 "앞으로 통일시대를 열어가기 위해 'DMZ 세계평화공원'을 건설하여 불신과 대결의 장벽을 허물고, '유라시아 철도'를 연결하여 한반도를 신뢰와 평화의 통로로 만든다면 통일은 그만큼 가까워질 것"이라며 통일 구상을 밝혔다. 박 대통령은 로저스 회장의 북한 투자 발언을 언급하며 "한반도 통일은 우리 경제가 대도약할 기회라 생각한다"고 강조한 뒤, '통

일비용 너무 많이 들지 않겠느냐', '굳이 통일을 할 필요가 있겠냐'
하지만, 그래도 "한마디로 통일은 대박이다"고 주장했다.[7] 두 달 뒤
나온 것이 바로 '드레스덴 선언Dresden Declaration'이다.

2014년 3월 박근혜 대통령이 드레스덴을 방문하고 드레스덴 공대
에서 '한반도 평화통일을 위한 구상'이라는 제목으로 '드레스덴 선
언'을 발표했다.[8] 평화통일 기반을 조성하기 위해 (1) 남북한 주민들의
인도적인 문제부터 해결한다Agenda for Humanity (2) 남북한 공동번영을 위
해 민생 인프라를 함께 구축한다Agenda for Co-prosperity (3) 남북 주민 간
의 동질성 회복에 나선다Agenda for Integration는 것이다. 이를 위해 ① 남
북교류협력사무소 설치 ② 이산가족 상봉 정례화 ③ 유엔과 함께하
는 북한 모자보건 사업 추진 ④ 복합농촌단지 조성 ⑤ 3각 협력(남·
북·러, 남·북·중) ⑥ 경제개발협력 ⑦ 역사·문화예술·스포츠 교류
장려 ⑧ 북한인력 경제교육 ⑨ 미래세대 교육프로그램 공동 개발 등
9개 과제를 시작하자는 것이다. 드레스덴 시는 박근혜 대통령의 방문
을 계기로 우호 협력을 상징하는 의미로 2015년 전철 미테Mitte 역 부
근에 공원을 조성하고 '한국 광장Koreanischer Platz'이라고 이름 붙였다.[9]

드레스덴에 조성된 한국광장
ⓘⓒSchiDD

인민경제의 과학화 다그치기

남북한 간의 과학기술 협력을 도모하려면 북한의 과학기술 현황부터 살펴봐야 한다. 북한은 과학기술의 중요성을 헌법에서 강조하고 있다. 2009년 개정된 조선사회주의헌법 제27조는 "국가는 언제나 기술발전 문제를 첫 자리에 놓고 모든 경제활동을 진행하며, 과학기술 발전과 인민경제의 기술개조를 다그치고 대중적 기술혁신운동을 힘있게 벌여 근로자들을 어렵고 힘든 노동에서 해방하며, 육체노동과 정신노동의 차이를 줄여나간다"고 규정하고 있다. 또 "국가는 과학연구사업에서 주체를 세우며, 선진과학기술을 적극 받아들이고 새로운 과학기술분야를 개척하여 나라의 과학기술을 세계적 수준에 올려세운다"(제50조)고 한 데 이어, "국가는 과학기술발전계획을 바로 세우고 철저히 수행하는 규율을 세우며 과학자, 기술자들과 생산자들의 창조적 협조를 강화하도록 한다"(제51조)고 규정했다.[10]

북한의 과학기술정책은 ① 제1단계(1945~1960, 과학기술기반 정비), ② 제2단계(1961~1977, 3대 기술혁명 추진), ③ 제3단계(1978~1994, 주체화·현대화·과학화 추진), ④ 제4단계(1995~현재, 과학기술중시사상 표방)로 나눠볼 수 있다. 해당 기간의 경제계획 목표와 범위에서 전개되어 온 것이다. 제1단계는 일본 식민지시대에 일본 기술자들을 중심으로 가동하던 산업시설을 운영하는 데 필요한 인력을 확보하고 분야별로 배치하는 데 목표를 두었다. 제2단계는 천연자원을 기반으로 하는 공업체계를 자립하고, 원자력을 비롯한 연구 성과를 활용하기 위한 사업을 수행하며 9년제 기술의무교육을 전반적으로 실시한다는 것이다. 제3단계는 인민경제의 주체화·현대화·과학화 3대 정책을 추진했다. 이를 위해 '과학연구사업을 앞세워 인민경제의 과학화를 다

그치는 것'과 '기술혁명을 심화 발전시켜 인민경제의 현대화를 추진하는 것'을 정책 목표로, 연료와 자원의 이용, 기계설비 제작, 곡물과 작물의 품종개량 같은 연구를 추진했다. 제4단계는 단기적으로 과학기술 발전이 현실적으로 어렵다는 것을 인식하고, ① 기초과학 발전 토대 구축 ② 컴퓨터·원자력 등 첨단과학기술 발전 ③ 금속·전자·기계·농업 등의 과학기술 발전 ④ 국민소득의 5%를 과학기술에 투자하고 기술자·전문가 200만 명 양성 ⑤ UN 산하 국제과학기술기구의 지원기금 확보 ⑥ 연구단지 조성, 공장·기업소의 현장 연구소의 현대화를 추진하고 있다.[11]

2011년 김정일 국방위원장이 사망하면서 이듬해 국방위원회 제1위원장에 오른 김정은은 집권하면서 과학기술을 통한 강성국가 건설을 강조했다. 집권 3년 남짓한 기간 동안 평양을 중심으로 은하과학자거리와 위성과학자주택지구, 미래과학자거리를 만들고, 김일성종합대학과 김책공업종합대학에 교원살림집을 지었으며, 2014년 평안남도 개천에 연풍과학자휴양소를 열기도 했다. 특히 2015년 평양의 대동강 주변에 조성한 미래과학자거리는 서울 강남의 테헤란로와 같은, 평양의 매우 중요한 거리여서 김정은의 과학기술에 대한 관심을 엿볼 수 있다.[12] 김정은은 또 2013년 제9차 전국과학기술자대회를 앞당겨 개최하여 과학기술자들이 강성국가 건설에 앞장설 것을 지시했다. 아버지 김정일이 인민경제의 주체화 등 투입 규모가 큰 중후장대형 기간산업을 많이 강조한 데 비해, 김정은은 현실문제 타개와 투입 대비 성과가 큰 분야에 집중하는 경향을 보이고 있다.[13]

김정은은 아버지보다 더 자주 국가과학원과 산하연구소를 현지지도하면서 과업을 지시하고 애로사항 청취에 노력하는 모습을 보이기도 한다. 예를 들어 2014년 국가과학원 본원을 시찰하면서 핵심 연구

과제로 "경제발전과 인민생활 향상에서 전망적으로 풀어야 할 문제
들, 현실에서 제기되는 과학기술적 문제들을 풀고 첨단을 돌파하는
것"을 지시했다. 김정은은 과제를 지시한 뒤 틈틈이 다시 방문하여 이
행 상황을 점검한다. 2013년 6월 국가과학원 중앙버섯연구소를 시찰
하면서 연구설비 현대화를 지시한 뒤 넉 달 만에 다시 방문하여 진행
상황을 확인하기도 했다. 또 인력 양성에도 적극적이다. '전민 과학기
술 인재화'는 지식경제와 함께 김정은이 강조하는 과학기술에 의한
강성국가 건설의 핵심 주제이기도 하다. 고등학교를 졸업하면 대부분
10년 넘도록 군대에서 복무한 뒤 직장에 배치되기 때문에 부족한 전
문지식을 다양한 후기교육으로 보완하려는 것이다. 이를 위해 북한
은 전국 리 단위까지 광케이블로 연결하는 정보통신망과 전자도서관
을 구축하고, 주요 대학과 전국을 연결하는 사이버교육을 실시하며,
과학기술 DB를 구축하고 확산시키는 '과학기술전당'을 운영하고 있
다.[14] 이처럼 김정은이 과학기술에 중점을 두는 것은 3년 남짓 외국
유학을 경험하면서 과학기술의 중요성과 북한에서의 현실적 필요성,

정치적 활용 가치를 확실하게 인식했기 때문이라 분석되고 있다.

'과학자거리의 궁궐 같은 살림집에서'

김정은이 집권하면서 달라진 모습을 구체적으로 살펴보자. 국가과학
원은 2012년 창립 60주년을 맞아 먹는 문제를 해결하는 농업과 생명
공학 분야를 비롯하여 에너지, 정보기술, 자동화, 환경 분야에 대해
대대적인 체제 개편을 진행하고 있다. 평양에 있던 평양음악대학을
외곽으로 옮기고, 그 자리에 세포 및 유전자과학분원과 생물분원을
합병한 생물공학분원을 이전한 데 이어, 높은 수익을 기대하는 중앙
버섯연구소, 전략 분야인 잔디분원과 생물다양성센터를 새로 설치했
다. 또 자연에네르기연구소를 신설하고, 국가나노기술국을 두어 에
너지와 나노 분야의 기술 개발도 강화하고 있다. 정보기술 분야에서
는 북한 최고의 SW 개발기관인 조선컴퓨터센터(정보산업총국, KCC)
를 해체하는 파격적인 조치를 취했다. 북한식 컴퓨터운영체계[OS] '붉
은별'을 개발하는 조직만 '붉은별연구소'로 독립시키고 나머지는 해
체하여 수익사업 위주로 재편한 것이다.[15]

북한 변화의 큰 흐름을 보면, 할아버지 김일성은 국내 원료와 기술
에 의존하는 주체과학과 생산현장 지원을 강조하고, 아버지 김정일
은 선군정치와 과학기술에 의한 강성대국 건설을 중시했으며, 김정은
은 강성국가 건설과 함께 지식경제와 전민 과학기술인재화를 강조하
고 있다. 김일성의 주체과학은 냉전시대라 세계의 기술 흐름을 반영
하지 못하고, 김정일의 강성대국도 뒤떨어진 북한의 실정을 개선하지

못했지만, 김정은의 '지식경제', '전민 과학기술인재화' 구호는 산업현장과 민생수요를 반영하고 국제 추세에 따르고 있다.[16] 선대에는 제철, 전력, 비날론 같은 기간산업을 강조했지만, 김정은은 정보기술과 바이오기술 같은 첨단 고수익 분야로 방향을 돌리고 있다. 현재 국제적인 제재로 선진국과 협력하지 못하고 투자와 수익창출의 선순환 구조도 취약하지만, 과학기술 분야에서 성과가 제법 나타나고 있어 과학기술을 중시하고 투자도 늘릴 것으로 보인다.[17]

선대와 구별되는 김정은 정권의 가장 큰 특징은 평양 시내와 외곽에 과학기술자를 위한 주택단지를 대대적으로 조성한 것이다. 2012~2013년 은하 3호 발사와 제3차 핵실험에 기여한 국방과학원(제2자연과학원) 연구자를 위해 2013년에 은하과학자거리를 건설했다. 1천 세대를 수용하는 주택 21개 동과 교육시설과 부대시설이 들어선 거리다. 또 인공위성 '광명성' 발사에 기여한 과학기술자를 위해 2014년 위성과학자주택지구를 조성한 데 이어, 미래에 기여할 과학기술자를 위해 수천 세대의 주택과 주변 시설로 구성된 미래과학자거리를 2015년 완공했다. 특히 미래과학자거리의 53층짜리 초고층

평양 미래과학자거리.
살림집, 상가 등이
들어선 거리의 전경이다.
ⓒ연합뉴스

복합아파트인 '은하'는 높이 210m로 세계 초고층 건물 가운데 71위를 차지하고 있다. 서울에서 8번째 높은 무역회관(54층, 215m)과 비슷하다. 북한 언론은 '은하'를 두고 "금시라도 지구를 박차고 오르는 위성처럼, 다시 보면 이슬 맺힌 꽃잎처럼 건물을 설계했다"고 선전했다. 김정은은 준공식에서 "미래과학자거리의 궁궐 같은 살림집에서 평범한 교육자, 과학자들이 돈 한 푼 내지 않고 살게 된다"며, "우리 당이 과학기술 발전을 어떻게 중시하는지 알려면 거리에 와보면 될 깃"이라고 말했다.

남북 과학기술 협력의 황금시대

북한과의 과학기술 교류협력이 시작된 것은 1990년부터다. 1988년 노태우 대통령의 '민족자존과 통일번영을 위한 대통령 특별선언'(7·7 특별선언)을 계기로 2년 뒤 한국의 강영훈 총리와 북한의 연형묵 총리를 수석대표로 하는 제1차 남북 고위급 회담이 열렸다. 이 회담은 민족 전체가 이익이 되는 방향으로 남북관계를 정립하기 위한 노력의 단초를 열었다는 의미를 갖는다.[18] 이를 계기로 한국과학기술단체총연합회(과총)를 중심으로 민간협력에 착수하고, 1997년 '남북과학기술 국제학술회의'가 열렸으며, 이듬해부터 과학기술국제화사업과 남북과학기술협력사업이 진행됐다. 특히 2000년 김대중 대통령과 김정일 위원장 간의 남북정상회담을 계기로 과학기술 협력이 본격적으로 진행되기 시작했다.[19] 이에 따라 '남북한 과학기술협력 관련 정책 연구'(표 10-1)와 '과학기술정보수집을 위한 연구'(표 10-2)에 이어 '남북한 공동연구'(표 10-3)와 '민간차원의 협력사업'(표 10-4)도 진행됐다.

[표 10-1] 남북한 과학기술협력 관련 정책연구 지원실적[20]

사업명	주관기관	시작연도	사업비 (백만원)
남북한 과학기술통합 전략	STEPI 정선양	1995	30
남북한 공공연구 통합전략	STEPI 정선양	1998	30
나진, 선봉지역 표준센터 설립 타당성 조사	표준연 이세경	1999	30
전력분야 남북한 용어 비교연구조사	전기연 김호영	1999	30
북한의 최근 과학기술동향 조사분석 연구	STEPI 홍성범	2001	30

[표 10-2] 과학기술정보수집을 위한 연구 지원실적[21]

사업명	주관기관	시작연도	사업비 (백만원)
북한의 전기공업 정보수집	전기연 박동욱	1998	30
러시아소장 북한산기준 식물표본 목록조사	생명연 유장열	1999	10
남북한 총서대비를 위한 북한자료수집 연구	자원연 최현일	1999	10
북한의 정보통신 기술동향 조사분석	포항공대 박찬모	1999	10
북한의 첨단기술(IT, BT) 개발동향 조사연구	STEPI 이춘근	2001	10
북한 과학기술동향 조사	연변과기대 노환진	2001	10
북한의 과학기술 해외교류 현황	삼성경제연 김연철	2001	10

[표 10-3] 남북한 공동연구 지원실적[22]

사업명	주관기관	시작연도	사업비 (백만원)
슈퍼 옥수수	경북대 김순권	1998 ~	380('98) 180('99) 200('00)
인공씨감자	한국생명공학연구원 정혁	1999	50('99)
컴퓨터교사 양성	포항공대 박찬모	1999	85('00)
북한지역에서의 농약 성능 시험	한국화학연구원 김대황	2000	150('00-01)

[표 10-4] 남북한 과학기술협력 관련 정책연구 지원실적[23]

남한사업자	북한사업자	추진시기	사업 내용	비고
삼성전자	조선컴퓨터센터	2000. 3. 13.	S/W 공동개발 및 수입판매	북경에 S/W 공동개발 연구소 설립
하나로통신	삼천리총회사	2001. 3. 23.	애니메이션 공동개발 및 수입판매	〈뽀로로〉, 〈게으른 고양이 딩가〉 등 공동제작 반입
하나비즈닷컴	평양정보센터	2001. 4. 28.	S/W 공동개발 및 수입판매	SW 개발을 위한 '하나프로그램센터' 설립
엔트랙	평양성총회사	2001. 4. 30.	애니메이션 임가공, 북한 S/W 인력교육	고려정보기술센터 설립
한민족문화네트워크	조선아시아태평양평화위원회	2000. 7. 14.	애니메이션 공동제작, 북한문화정보화사업	자본금 50만 달러

ⓒⓘⓓ포항공과대학교 홍보팀

남북 과학기술 협력의 전도사로 불리는 박찬모 교수(위)와 남북한 최초 합작 대학인 평양과학기술대의 로고.

남북 과학기술 협력의 전도사라 불리는 포항공대 박찬모朴贊謨(1935~) 교수는 2000년 통일IT포럼 회장 자격으로 평양을 방문하며 남북 간의 정보기술 교류협력을 다지기 시작했다. 그는 2010년 평양과학기술대 명예총장을 맡기도 하고, 김진경 연변과학기술대 총장과 함께 평양과학기술대학 설립을 주도했다.[24] 평양과학기술대학은 북한 교육성의 요청으로 한국과 미주지역 한인 교수, 동포들의 기부로 설립된 남북한 최초 합작 대학으로, 북한판 KAIST한국과학기술원라고 할 수 있다.[25] 이 대학은 북한이 부지(100만㎡)를 제공하고 한국과 해외의 지원으로 건물 17개 동에 실습기자재를 갖춰 2009년 개교했다. 처음에 국제금융 및 경영대학, 농생명과학대학, 전자 및 컴퓨터공학대학으로 출발해 2015년 의학대학까지 분야를 넓혔다. 학부생 500명, 석사과정 80명, 박사과정 7명으로 2014년 첫 졸업생을 배출했다.[26] 박찬모 교수는 2016년 현재 팔순의 나이에도 불구하고 학기마다 학생들을 가르치기 위해 평양에 간다. 과목은 컴퓨터그래픽과 시스템 시뮬레이션, 가상현실이며, 가끔 과학연구의 윤리문제에 대한 특강을 하

드레스덴의 성모교회는 어떻게 복원되었나?

기도 한다. 장비는 주로 중국산이다.

남북협력은 2000년 김대중 대통령과 김정일 위원장의 정상회담을 계기로 최고조에 달했다가 2005년 북한이 핵무기를 증산하겠다고 선언하면서 북미관계가 악화되어 잠시 주춤했다. 북한이 NPT^{Nuclear Non-Proliferation Treaty(핵확산금지조약)}에 복귀를 약속한 9·19 공동성명을 계기로 북미관계가 풀리기 시작하고, 2007년 노무현 대통령과 김정일 위원의 정상회담으로 남북협력은 다시 활기를 띠었다.[28] 그러나 2008년 이명박 정부가 김대중, 노무현 대통령이 남북정상회담 결과로 각각 발표한 6·15 남북공동선언(2000년)과 남북관계 발전과 평화번영을 위한 10.4 정상선언(2007년)을 승계하지 않으면서 남북관계가 다시 경색되고, 관광객 피살 사건을 계기로 금강산 관광이 전면 중단됐다.[29] 2009년 북한의 2차 핵실험에 이어 2010년 천안함 침몰과 연평도 포격 같은 대형 사건으로 남북 간의 긴장이 갈수록 고조되면서 교류는 거의 단절됐다. 2014년 박근혜 대통령이 '통일대박론'을 제시했지만 2016년 북한이 4차 핵실험과 장거리미사일 발사로 응수하면서 박근혜 정부는 마지막 보루였던 개성공단마저 폐쇄하고 각종 교류와 인도적 지원을 전면 중단했다.[30]

스스로 품고 있는 희망의 씨앗

개성공단 폐쇄로 지금은 굉장히 멀어 보이지만, 그래도 그리 멀지 않을 통일에 대비해서 남북 간의 과학기술 협력부터 서서히 풀어가야 한다. 과학기술 분야는 정치색이 상대적으로 옅고 장기적인 안목에서 도모해야 하기 때문에 꽉 막힌 남북관계에서도 비교적 큰 장애 없이 협력을 추진할 수 있다. 이에 한국과학기술한림원은 2014년 발간한 「남북통일을 위한 과학기술분야의 대응방안」에서 식량안보·보건의료·가축질병·자연생태계보전·산림녹화·광물자원탐사·에너지수급·사회기반시스템·이공계교육시스템·과학기술체제·국가통계·용어표준화 등 12개 분야에 대한 전략을 제시했다. 또 비무장지대DMZ에 세계생태평화공원을 설립하고 남북과학기술협력센터를 설치하며 과학기술 협력모델을 만들어가는 것도 충분히 고려할 수 있는 협력 방안이다. 남북합작으로 설립된 평양과학기술대학을 통해 과학기술 협력을 기획하거나 추진하는 것이 바람직하다는 주장도 있다.[31]

남북 협력은 매번 짝사랑처럼 보인다. 한국은 '사랑'을 보낼 만반의 준비가 되어 있는데 상대방이 변덕을 부리는 바람에 '사랑'을 베풀수가 없다. '7·4 남북공동성명'이나 '6·15 남북공동선언'에서 최근의 '드레스덴 선언'과 '개성공단 폐쇄'에 이르기까지 남북한 간의 '사귐'과 '삐침'을 보는 한국의 시각은 대체로 '전적으로 북한의 책임'이라는 느낌이 강하다. 협력이라기보다 시혜施惠의 태도다. 협력의 틀에서 한국의 전략을 다시 검토해야 한다. 정부는 2014년 '드레스덴 선언'에 따라 박근혜 대통령을 위원장으로 하는 통일준비위원회를 발족했지만, 위원 149명 가운데 과학기술계는 한 명도 없다.[32] 독일은 동독과 서독의 통합 과정에서 과학기술 협력을 전면에 내세웠는데, 통일을 주도하겠다는 한국은 과학기술은 안중에도 없다.[33] '선언'이나 '위원회'처럼 일방적인 '짝사랑'보다는, 먼저 말해보고 '아니면 그만' 식의 제안보다는, 상대방이 쉽사리 '거부할 수 없는 제안'이 필요하다. '거부할 수 없는 제안'의 목록에는 과학기술이 많이 들어 있을 것이다.

남북 과학기술 협력의 씨앗을 굳이 북한에서 찾을 이유는 없다. 남북 정상 간의 친소 관계에 따라, 또 미국이나 중국의 압력에 따라 휘둘리는 협력이라면 그 씨앗이 제대로 뿌리를 내릴 수 없기 때문이다. 통일을 향한 남북 과학기술 협력의 씨앗은 바로 우리 내부에 있다. 한국에서 살고 있는 탈북자(새터민)는 2015년 말 기준 26,514명이다. 이 가운데 과학기술자는 30명이다. 우리는 과연 그들의 과학기술 역량을 어떻게 얼마나 활용하고 있을까? 한국과학기술기획평가원KISTEP이 2014년 탈북 지식인들의 모임인 NK지식인연대와 함께 탈북 과학기술인을 대상으로 조사한 결과, 그들의 과학기술 전문성을 활용한 경험은 26%에 불과하다. 응답자의 63.3%가 한국에 정착하면서 과학기술계 직업을 구하려 했지만 절반(50%)이 전문성을 활용하기 어려웠다고 했다. 특히 73.3%에 달하는 대다수가 한국 사회에 진입하는 그 자체에 장벽을 느꼈다. 그 원인으로는 교육시스템의 차이(66.7%)가 가장 크고, 학력·경력·자격증을 인정받지 못하는 것과 용어 차이에 의한 장벽, 북한 출신에 대한 선입견을 꼽았다.[34] 우리 품 안에 있는 북한 출신의 과학기술자조차 포용하지 못하면서 어떻게 북한의 과학기술자와 교류하고 협력할 수 있을까?

씨앗은 북한에서도 자라고 있다. 박찬모 교수가 2000년부터 꾸준히 북한에 뿌려온 과학기술 협력의 씨앗이 꿈틀거리고 있다. 그 씨앗이 어디서 얼마나 자랐는지 구체적으로 알지 못할 뿐, 박 교수가 일일이 씨를 뿌리고 보살펴온 싹들이 밝은 햇빛을 향해 발돋움하고 있을 것이다. 문제는 토양이다. 박찬모 교수의 씨앗에서 실한 열매를 맺지 못하는 북한의 메마른 토양도 개간해야 하지만, 탈북 과학기술자를 포용하고 활용하지 못하는 한국의 척박한 토양도 일구어야 한다. 잿더미만 남은 드레스덴의 성모교회를 복원한 것은 노벨상을 받은 과학자 귄터 글로벨 교수의 리더십Leadership과 흩어진 돌을 하나씩 주워 모아 복원한 드레스덴 시민의 팔로워십Followership이다. 그래서 성모교회가 더 아름다운 것이다. 통일보다 더 중요한 것은 통합이기 때문이다.

주

1. 고성필, "체코연재 4화: 괴테가 극찬한 도시 독일 작센주 드레스덴", 〈체코 자전거나라〉 2015. 4. 3. 영국공군대장이었던 Arthur T. Harries가 드레스덴을 공습할 때 했던 말이다.

2. 이 글의 드레스덴 공습에 관한 내용은 위키백과의 "드레스덴 폭격" 항목을 참조했다. http:// ko.wikipedia.org/w/index.php?title=%EB%93%9C%EB%A0%88%EC%8A%A4%EB%8D%B4_ %ED%8F%AD%EA%B2%A9&oldid=16687982 (2016. 6. 1. 접속).

3. 이준우, "블럭버스터가 원래는 연합군의 드레스덴공습 때 널리 알려진 말이라는데", 〈프리미엄 조선〉, 2014. 8. 6.

4. 이 글의 드레스덴과 관련된 내용은 위키백과의 "드레스덴" 항목을 참조했다. http://ko.wikipedia. org/wiki/%EB%93%9C%EB%A0%88%EC%8A%A4%EB%8D%B4 (2016. 04. 23. 접속).

5. 이강봉, "유럽의 실리콘밸리, 드레스덴을 가다", 〈사이언스타임스〉, 2009. 9. 25.

6. 변이철, "투자 귀재 짐 로저스 북에 전 재산 투자하고 싶다", 〈노컷뉴스〉, 2014. 1. 2.

7. "박 대통령 '통일, 한마디로 대박이라 생각한다'", 〈연합뉴스〉, 2014. 6. 11.

8. 드레스덴 선언(Dresden Declaration)은 박근혜 대통령이 2014년 3월 28일 독일 드레스덴 공과대학 교에서 '한반도 평화통일을 위한 구상'이라는 제목으로 발표한 대북 3대 제안이다. 이에 대한 북한의 입장은 달랐다. 조선로동당의 기관지인 〈로동신문〉은 기사에서 "드레스덴 구상은 남한 주도의 흡수통일을 하려는 대결선언"이라며 강하게 반발했다.

9. "독일 드레스덴 시민공원 '한국광장' 명명", 〈연합뉴스〉, 2015. 3. 24.

10. "조선민주주의인민공화국 사회주의헌법", 위키백과, http://ko.wikipedia.org/w/index.php?title=% EC%A1%B0%EC%84%A0%EB%AF%BC%EC%A3%BC%EC%A3%BC%EC%9D%98%EC %9D%B8%EB%AF%BC%EA%B3%B5%ED%99%94%EA%B5%AD_%EC%82%AC%ED% 9A%8C%EC%A3%BC%EC%9D%98%ED%97%8C%EB%B2%95&oldid=16425195 (2016. 05. 21 접속).

11. 북한정보포털, http://nkinfo.unikorea.go.kr

12. 송혜영, "생태적 한계, 북한 과학기술 현주소", 〈전자신문〉, 2016. 2. 14.

13. 박은희, "北, 김정은 과학기술정책은 '韓 박정희 스타일'", 〈대덕넷〉, 2015. 11. 24.

14. 이춘근·김종선, "북한 김정은 시대의 과학기술정책 변화와 시사점", 〈STEPI INSIGHT〉 173호, 2015. 9. 1.

15. 박은희, 앞의 기사.

16. 이춘근, 『남북한 과학기술협력의 과제와 전략』(과학기술정책연구원, 2002).

17. 변학문, "김정은 시대 북한을 읽는 키워드, '과학기술 강국'", 〈통일뉴스〉, 2016. 5. 24.

18. 대통령기록관, http://www.pa.go.kr

19. "남북과학기술협력", 국가기록원 홈페이지 기록물 검색 (2016. 6. 5. 접속). http://archives.go.kr/next/search/listSubjectDescription.do?id=004552&pageFlag=

20. 이춘근, 앞의 자료, 12쪽에서 보완.

21. 이춘근, 앞의 자료, 12쪽.

22. 이춘근, 앞의 자료, 11쪽.

23. 설충·고경민, "북한의 과학기술 도입 동향과 남북협력 방안", 『수은북한경제』 (2004년 가을호), 54-75쪽.

24. 권영일, "남북 민간 과학기술 교류 물꼬 터자", 〈사이언스다임스〉, 2015. 8. 6.

25. "평양과학기술대학", 위키백과, http://ko.wikipedia.org/wiki/%ED%8F%89%EC%96%91%EA%B3%BC%ED%95%99%EA%B8%B0%EC%88%A0%EB%8C%80%ED%95%99 (2016. 03. 13. 접속).

26. "남한 교수, 평양과기대 출강 허용 땐 북한 국제화 크게 기여할 것", 〈서울경제〉, 2015. 12. 16.

27. "이현덕이 만난 생각의 리더〈7〉 박찬모 평양과기대 명예총장", 〈전자신문〉, 2015. 3. 5.

28. 이계환, "2005년 북미관계", 〈통일뉴스〉, 2005. 12. 27.

29. "금강산관광 '잠정중단'서 '전면중단' 악화일로", 〈데일리NK〉, 2008. 8. 9.

30. 최승현, "개성공단 폐쇄, 남북 협력 최후 보루 끊은 것", 〈뉴스앤조이〉, 2016. 2. 11.

31. "박찬모, 평양과기대 남북 교류 교두보 될 것", 〈데일리NK〉, 2009. 5. 21.

32. 이춘근, "통일준비와 과학기술", 『과학과 기술』 (2015. 12), 16-19쪽.

33. 박영아, "통일 대비한 과학기술 종합 계획 수립하자", 『과학과 기술』 (2014. 08), 2-3쪽.

34. KISTEP 미래예측본부, "탈북 과학기술인 60%, 10년내 동일계 직업 못 구할 것", 보도자료, 2014. 7. 22.

III
세계

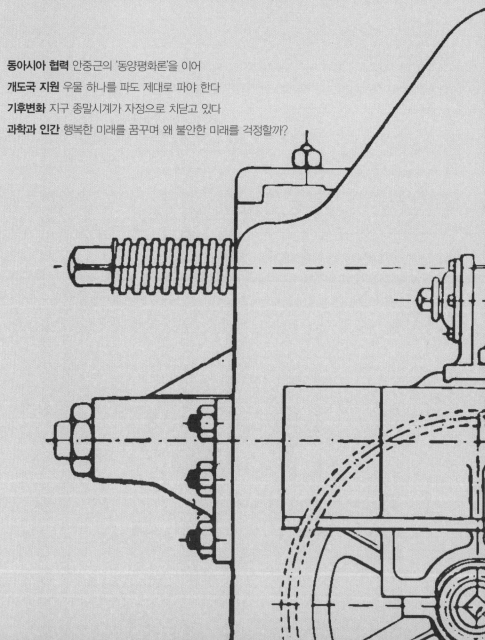

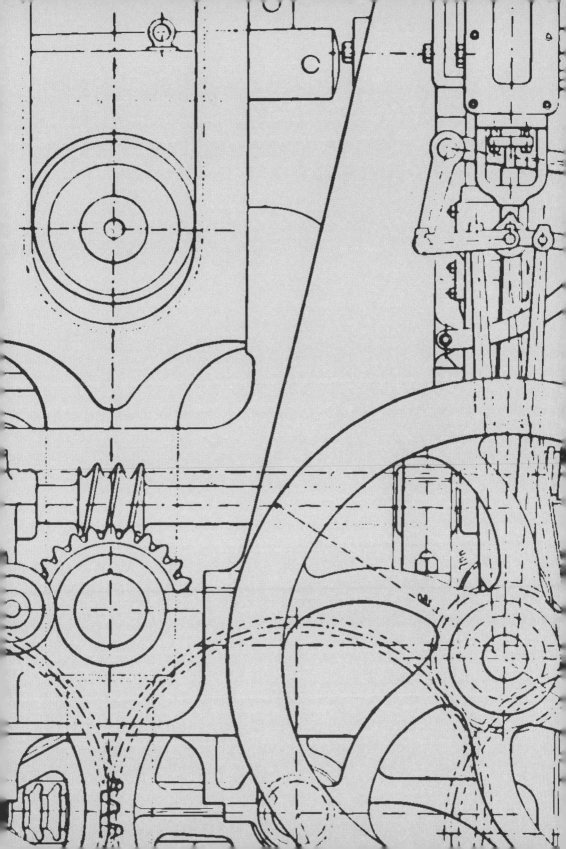

안중근의 '동양평화론'을 이어

'영국Britain의 탈퇴Exit'를 의미하는 '브렉시트Brexit'로 지구촌이 온통 혼란에 빠졌다. 2016년 국민투표에 의한 영국의 유럽연합 탈퇴 결정으로 EU체제가 무너지면서 무역장벽이 다시 등장하여 세계 경제를 위기에 빠트릴 것이 우려되고 있기 때문이다. 유럽이 브렉시트에 화들짝 놀라는 이유는 세계 경제의 주도권 다툼과 관련 있다. 20세기 유럽은 세계대전을 두 번이나 겪으면서 경제가 피폐해지고 활력을 잃어 세계의 주도권을 미국과 소련에게 빼앗겼다. 1946년 윈스턴 처칠 Winston Churchil(1874~1965)이 '유럽합중국United States of Europe'을 제시하면서 유럽은 '하나의 유럽'을 목표로 1967년 유럽공동체EC를 발족시켰다. 방위공동체와 정치공동체를 만드는 작업은 별 진전을 보이지 못했지만, 경제공동체는 차례차례 모양을 갖춰나갔다. 1993년 유럽연합EU을 창설한 데 이어 2001년 단일 화폐인 '유로화'를 발행하면서 이상적인 경제블록의 틀을 갖춘 것이다.[1] 유럽은 수백 년 동안 국가 간에 벌인 전쟁으로 나라와 국경이 바뀌면서 많은 갈등이 내재되어 있었지만, 경제통합에서는 한 목소리를 냈다. 국경이 그려졌다 사라져도 산업혁명을 동력으로 하는 민간의 교역은 계속됐기 때문이다.

1990년대 들어 유럽 통합이 무르익고 일본이 동남아시아 시장을 석권하자, 미국은 이를 견제하기 위해 또 하나의 경제블록을 만들어 냈다. EU 출범 이듬해인 1994년 캐나다와 멕시코를 묶어 관세와 무역장벽을 없앤 자유무역권을 형성하기 위해 북미무역자유협정NAFTA을 체결한 것이다. NAFTA를 기반으로 미국의 자본과 기술, 캐나다의 천연자원, 멕시코의 노동력이 결합되어 단숨에 유럽연합을 뛰어넘는 막강한 북미경제권이 탄생했다. 북미경제권은 다른 경제권이나 국가들에 대한 차별을 통해 역내 통합을 강화하면서 세계 경제의 블록 시대를 가속시켰다.[2] 이에 따라 세계적으로 지역국가공동체가 지역경제공동체로 재편되기 시작했다. 동남아시아국가연합ASEAN(1967), 걸프협력회의GCC(1981), 아프리카연합AU(2002) 같은 지역국가공동체는 경제블록으로 진화해갔고, 아시아태평양경제협력체APEC(1989), 남미공동시장MERCOSUR(1995)이 등장했다.[3] 이들 경제블록은 유럽연합이나 북미경제권에 대응하여 자체 시장을 지키기 위해 노력하고 있지만, 두 거대 경제권을 견제하기에는 역부족이다.

두 거대 경제권에 견줄 만한 경제블록은 '한중일' 동아시아경제권 밖에 없다. 일본은 1970년대부터 팍스자포니카Pax Japonica를, 중국은 2000년대부터 팍스시니카Pax Sinica를 구가하며 막강한 경제력을 과시하고 있고, 한국도 1996년 경제협력개발기구OECD에 가입하면서 선진국의 문턱에 다다랐기 때문이다. 비약적으로 성장하여 미국과 유럽의 견제를 받는 일본의 경제력과 이미 세계 2대 경제대국이 된 중국, 그리고 발 빠르게 성장하여 세계의 주목을 끄는 한국의 결합은 유럽연합, 북미경제권과 함께 세계 경제를 주도할 수 있는 역량을 충분히 갖추고 있는 것이다. 러시아가 주도하는 독립국가연합^{CIS}은 아직 경제블록으로 진화하지 못했고, 말레이시아가 선도하는 동남아시아국가연합이나 사우디아라비아가 이끄는 걸프협력회의는 큰 영향력을 발휘하지 못하고 있다. 인도와 오스트레일리아는 주변의 지리나 경제적인 한계에 부딪혀 아직 경제블록을 형성하지 못하고 있다. 따라서 유럽과 미국, 곧 서양 중심의 경제구조에 대응하여 동양 중심의 경제권을 구성할 수 있는 역량은 지금으로서는 동아시아경제권밖에 없다.

세계 시장에 우뚝 선 동아시아 3국

동아시아 3국의 역량을 살펴보자.[4] 최근 중국은 한국은 물론 일본과의 기술 격차를 줄이며 풍부한 생산의 3요소(토지, 노동, 자본)를 바탕으로 굉장히 빠른 성장을 보이며 2010년 GDP 기준으로 세계 2위 경제대국으로 올라섰다. 불과 십몇 년 전만 해도 한참 뒤처진 국가로 여겨졌던 중국이 한국은 물론이고 일본에게도 무시할 수 없는 경쟁상대로 떠오른 것이다. 예를 들어 전자상거래 업체 '알리바바'는 2015년 광군제光棍節 행사에서 하루 만에 16조 원이 넘는 매출을 기록하며 새로운 역사를 쓰기 시작했고, 전자기업 샤오미小米는 가격대비 품질이 좋은 중국 제품을 의미하는 '대륙의 실수'를 잇따라 출시하며 한국 전자산업을 위협하고 있다. 고속철도를 건설하는 중국중철中國中鐵은 중국 정부의 강력한 지원으로 세계 최고를 자랑하는 일본의 일본철도JR를 제치고 미국과 인도네시아에서 고속철도 부설권을 잇달아 따내 깜짝 놀라게 만들었다. 가격경쟁력을 바탕으로 하던 중국이

기술에서도 놀랄 만큼 빠른 속도로 한국과 일본을 따라잡고 있는 것이다.

산업화에서 앞선 일본은 이미 많은 원천기술을 보유하고 있고, 근래에는 거의 매년 노벨 과학상 수상자를 배출할 만큼 과학기술의 탄탄한 토대를 자랑하고 있다. 최근 일본은 전자산업에서 한국에 기술 추격을 허용하고, 중국의 물량 공세를 막기 위해 안간힘을 기울이고 있다. 지난 20~30년간 세계 TV 시장을 장악했던 소니는 2006년부터 삼성에게 1위를 빼앗긴 뒤, 지금은 시장점유율이 한 자리에 머물 정도로 추락했다. 또 샤프가 최근 대만의 홍하이鴻海에 인수된 데 이어 도시바가 백색가전 분야를 중국의 메이디美的에 매각을 추진하고 있기도 하다. 그렇다고 일본 경제가 경쟁력이 떨어졌다고 보는 것은 매우 성급한 진단이다. 예를 들어 2015년 기준으로 보면 매출이나 종업원 수에서 일본 최대 기업인 미쓰비시는 한국의 가장 큰 기업인 삼성보다 2배 이상 크다. 일본은 탄탄한 원천기술을 바탕으로 원자재와 중간재에서 당분간 넘볼 수 없는 경쟁우위를 차지하고 있는 것이다.

한국은 상승국면인가, 정체국면인가, 아니면 하강국면인가? 우리는 1970년대부터 쌓아 올린 기술 역량이 빠르게 축적되어 반도체, 휴대폰, 디스플레이, 자동차, 조선, 석유화학 같은 다양한 산업 분야에서 세계적 입지를 다지고 있다. 삼성전자는 2006년부터 분기별 영업이익이 조兆 단위를 넘기 시작한 가운데, 세계지적재산권기구WIPO에 따르면 2015년 1년간 국제특허 신청건수도 글로벌 기업 중 세계 4위에 오를 만큼 기술역량에 대한 투자도 강화하고 있다. '인터브랜드'가 선정한 2014 글로벌 브랜드에서 40위에 오른 현대자동차는 2015년부터 4년간 80조 원을 투자한다는 야심찬 계획을 추진하고 있다. 화장품산업은 2015년 수출액이 전년대비 50% 이상 급증하며 한류의 순풍을 타고 아시아를 넘어 미래수출상품으로 부상하고 있으며, 한미약품이 사노피, 일라이릴리, 베링거잉겔하임, 얀센 같은 다국적 기업과 잇달아 초대형 기술수출 계약을 맺으면서 바이오의약산업에도 신바람이 불고 있다. 반면, 조선산업에서 현대중공업과 대우조선해양이 '회계절벽'에 떨어져 심각한 누적적자를 기록하고 있으며, 수주량이 급감하면서 도크^{Dock}가 비고 대규모 구조조정을 피할 수 없게 됐다.

끽다거로 시작한 동아시아 협력

"차나 한잔합시다."

1998년 12월 베트남 하노이에서 열린 'ASEAN+3' 정상회의에서 김대중 대통령이 중국 후진타오胡錦濤 부주석과 일본 오부치 게이조小淵惠三 총리에게 건넨 말이다. 1967년 창설된 ASEAN동남아시아국가연합이 창설 30주년을 맞아 한국, 중국, 일본 3개국의 정상을 초청하는 ASE-AN+3을 꾸린 이듬해, 제2차 ASEAN+3에서 3국의 정상이 따로 만난 자리다. 이때 김대중 대통령의 제안으로 1999년 '동아시아비전그룹EAVG'이 탄생한 데 이어, 필리핀 마닐라에서 열린 제3차 ASEAN+3에서 '동아시아 지역 협력에 관한 공동성명'이 발표됐다.[5] 2000년 싱가포르에서 열린 제4차 ASEAN+3에서 한국은 또 '동아시아연구그룹EASG' 설치를 제안하고 발족시켰다. 2008년 처음 성사된 한중일 정상회의는 김대중 대통령의 끽다거喫茶去[6]를 계기로 EAVG와 EASG로 이어지는 꾸준한 외교로 일궈낸 성과다.

한중일 정상급 인사가 따로 얼굴을 마주한 것은 1997년이 처음이

다. 당시 말레이시아 쿠알라룸푸르에서 열린 제1차 'ASEAN+3'에서
한국의 고건 총리, 중국의 장쩌민江澤民 주석, 일본의 하시모토 류타
로橋本龍太郎 총리가 처음 정좌鼎坐(솥발 3개처럼 나누어 앉은 모습)한 것이다. 당시 3
국의 정상이 만났다는 것 자체가 큰 뉴스였다. 청일전쟁(1894년), 한일
병합(1910년), 한국전쟁(1950년)으로 틀어진 3국 간의 관계가 한일수교
(1965년), 중일수교(1972년), 한중수교(1992년)를 통해 외교적으로 복원
됐지만, 3국의 정상이 함께 만나 공식회담을 하기까지는 19세기 말부
터 계산하면 100년 넘게 걸린 것이다. 사실 따지고 보면 3국 정상이
얼굴을 맞댄 것은 반만년이 넘는 동아시아의 역사에서도 처음이다.

한중일 정상회의는 2008년 일본 후쿠오카 회의를 시작으로 ASEAN
과 별도로 매년 각국을 돌며 2012년까지 5차례 열렸다가 2013년 센
카쿠(댜오위다오) 열도 문제로 중국과 일본 간에 갈등이 커지면서
중단되었다.[7] 그러다 2014년 한국의 박근혜 대통령이 ASEAN+3에서
3자회담의 재개를 공식 제안하고, 주변의 만류를 뿌리치면서 2015년
9월 중국의 전승절 70주년 기념식에 직접 참석하여 2015년 한중일

2012년 5월 베이징에서 열린 한중일 정상회의. (왼쪽부터) 이명박 대통령, 후진타오 중국공산당 총서기, 노다 요시히코 일본 총리 ©연합뉴스

2015년 11월 서울에서 열린 제6차 한일중 정상회의. (왼쪽부터) 아베 신조 일본 총리, 박근혜 대통령, 리커창 중국 총리 ©연합뉴스

정상회의가 가까스로 재개될 수 있었다. 도대체 한중일 3국의 정상은 왜 이리 만나기 어려운 것일까?

손에 손 잡고, 역사의 벽을 넘어

경제블록을 묶는 결합력은 도대체 무엇일까? 영국, 프랑스, 독일, 스페인, 이탈리아가 주도하는 유럽연합은 산업혁명부터 탄탄해진 오랜

동아시아협력

협력 경험이 자연스럽게 블록으로 이어졌고, 북미경제권은 미국(자본과 기술), 캐나다(자원), 멕시코(노동력)의 이해관계가 절묘하게 서로 맞아 떨어진 덕분이었다. 유럽은 2천 년이 넘는 오랜 세월 동안 왕조가 등장했다 바뀌고 국경이 그어졌다 사라지는 생존의 경험을 거쳐 협력적인 경제통합의 기반을 이루었다면, 역사가 채 3백 년도 되지 않는 북미는 미국의 강력한 리더십을 배경으로 단숨에 경제통합을 이루었다.

그렇다면 동아시아경제권을 이루는 결합력은 무엇일까? 갈수록 강력해지는 세계 경제블록에 맞서 한국과 중국과 일본의 경제를 공동으로 발전시키기 위한 경제통합의 기반은 과연 무엇일까? 한중일 3국은 수천 년의 역사 동안 독립적인 국가체제를 제각기 운영해왔다. 큰 틀에서 보면 잦은 전쟁에도 불구하고 협력적인 외교관계를 지속했기 때문이다. 그러나 19세기 말에서 2차 대전에 이르는 50년 남짓한 기간 동안 한국과 중국은 일본에게 독립적인 국가체제를 빼앗기거나 위협당했으며, 영토를 빼앗기고 국민이 살해당하고 경제를 수탈당했다. 일본은 2차 대전의 주범이지만 유일하게 원자폭탄의 피해를 체험하고 외세(미국)에 처음으로 본토를 점령당한 뼈아픈 경험을 간직하고 있다. 수천 년의 역사로 볼 때, 국가체제가 쉽사리 바뀌었던 유럽과 달리 독립적인 국가체제를 오랫동안 지속했던 동아시아 3국은 국가적인 자존심이 강해 과거사를 담대하게 넘어갈 수 없는 것이다.

과거사 문제를 서로 담담하게 정리할 수 있다면 불편한 과거를 딛고 우호적인 미래로 함께 나설 수 있다. 동아시아 3국의 과거사가 미처 정리되기도 전에 최근 갑자기 영토 분쟁으로 확산된 게 문제다. 지도가 자주 바뀌어 영토 분쟁이 큰 의미가 없는 유럽이나 영토 분쟁을 벌일 이유가 별로 없는 북미와 달리 동아시아는 수천 년 만에 처음으로 영토 분쟁을 시작했다. 한국에 대한 일본의 일방적인 독도 영유권 주장, 일본과 중국 간의 센카쿠-댜오위다오 분쟁에 이어 중국의 동북공정을 통한 한국고대사 왜곡과 마라도 주변 지역에 대한 은근한 위협이 3국 간의 협력에 결정적인 장애물이다. 지금 살아 있는 세대가 최근 100년 사이에 겪은, 서로 죽고 죽이는 치욕의 트라우마를 생생하게 기억하고 있는 가운데 영토 분쟁까지 덧나면서 동아시아 3국은 극도로 예민한 신경전을 벌이고 있는 것이다.

동아시아 3국의 협력에 또 다른 걸림돌이 있다. 동아시아 협력의 주체가 될 수 있는데도 오히려 훼방꾼으로 작용하는 북한이다. 한국은 한국전쟁에서 북한과 중국의 침략을 받은 데다, 북한의 후견자 역할을 하는 중국은 북한 관계에 관한 한 전혀 움직이지 않는 거대한 벽이다. 특히 2016년 들어 북한이 핵무기 개발을 가속하고 미사일 시험을 거듭하면서, 남북협력의 상징인 개성공단마저 폐쇄됐다. 한국이 강경하게 북한의 대외 고립을 압박하고 미국의 사드THAAD: Terminal High Altitude Area Defense(고고도 미사일방어체계)8 배치까지 검토하면서 중국과의 정치 전선에 살얼음이 끼기 시작했다. 사드가 한국이 북한의 공격에서 스스로를 방어하기 위한 수단이 아니라, 미국이 중국을 견제하기 위한 장치라고 보는 중국은 사드 배치를 추진하는 한국과 찬성하는 일본에 대해 노골적인 불만을 드러내고 있다.

동아시아의 최근 정치 경제 지형도를 자세히 들여다보자. 2000년대 이전까지 한중일은 이데올로기가 달라 서로 협력하기 어려웠다. 제2차 세계대전이 끝나고 1950년대 들어 미국과 소련을 두 축으로 냉전시대가 형성되면서 한국과 일본은 자본주의, 중국은 사회주의 노선으로 대립했다. 1990년대 들어 독일 통일(1990년)과 소련 붕괴(1991년)로 해빙 분위기가 조성되고 양극현상이 완화되기 시작했지만, 동아시아는 이에 편승하지 못했다. 소련 붕괴에 위기감을 느낀 중국이 대외 개방보다는 체제 수호에 전력을 기울였기 때문이다. 결국 한중일 3국 협력도 중국의 더딘 개방으로 1990년대까지 별다른 진전을 보이지 못했다.

2003년 후진타오 주석이 집권하면서 중국은 도광양회韜光養晦(국력을 갖출 때까지 참고 기다린다)를 버리고 화평굴기和平掘起(평화롭게 우뚝 선다)를 선언했다. 이웃나라에 대해서도 '화목한 이웃睦隣', '안정된 이웃安隣', '부유한 이웃富隣'을 축으로 하는 삼린三隣 정책을 펼치기 시작했다. 이에 따라 2008년 일본 후쿠오카에서 한중일 정상회의가 처음 열려 이명박 대통령, 중국의 원자바오溫家寶 총리, 일본의 아소 다로麻生太郎 총리가 마주 앉았다. 이때부터 경제, 사회, 문화 분야에서 교류하는 한중일 3국 협력의 물꼬가 본격적으로 트인 것이다.

하지만 한중일 3국의 협력은 '적과의 동침'이나 다름없는 여전히 불안한 상태다. 고질적인 역사적 갈등과 정치적 긴장감 때문이다. 영토 분쟁, 동북공정, 북핵 문제 같은 역사적, 정치적 문제가 발생하면 3국 협력은 곧바로 위기를 맞곤 한다. 2015년 말 한중일 정상회의가 3년 만에 다시 열려 오랜만에 웃으며 건배를 하는가 싶더니, 2016년 초에 북한이 '수소폭탄'을 실험하고 장거리미사일을 발사하면서 3국 정상의 표정이 급속도로 싸늘해졌다. 한중일 3국 협력은 언제 깨져도 이상하지 않을 만큼 결속력이 약한 것이 현실이다.

그래도 3국 협력은 필요하지 말입니다

'ASEAN+3'에서 비롯된 한중일 정상회의를 통해 3국은 정치, 경제, 안보, 환경, 과학기술에 이르는 다양한 현안을 논의하며 조금씩 관계를 넓혀갔다. 그동안 한국은 IMF국제통화기금의 관리에서 벗어나 선진국 대열에 합류했고, 중국은 'G2'에 들 만큼 큰 경제대국으로 부상했다. 이에 따라 한중일은 EU나 NAFTA에 버금가는 블록경제권으로 자리 잡았다.

지역별 세계 GDP 점유율을 보면 2014년을 기준으로 EU가 23.8%, NAFTA가 26.3%, 한중일이 21%를 차지한 반면, ASEAN은 3.2%에 불과했다.[9] 이처럼 ASEAN과 비교할 때 한중일의 경제 규모가 워낙 크다 보니, 2007년 한중일 정상은 ASEAN+3과 별도로 3국에서 정기적인 정상회의를 하자는 데 의견을 모은 것이다. 그 결과 이듬해 제1차 한중일 정상회의가 열린 것을 신호로, 3국 협력을 위한 장관급, 실무자급 협의체들이 늘어나기 시작했다.

2011년 9월 한중일 3국 협력사무소Trilateral Cooperation Secretariat, TCS가 서울에 사무실을 열었다. 늘어나는 실무협의체를 효율적으로 관리

세계 경제블록과
한중일의 GDP**10**

ⓒ연합뉴스

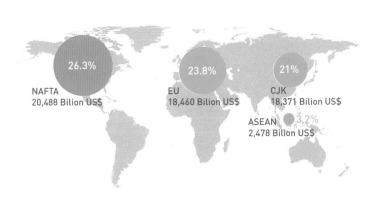

26.3%

NAFTA
20,488 Bilion US$

23.8%

EU
18,460 Bilion US$

21%

CJK
18,371 Bilion US$

ASEAN 3.2%
2,478 Bilion US$

하기 위해 3국이 서명하고 비준한 협정에 따라 만들어진 국제기구다. 운영 예산은 3국이 1/3씩 부담하며, 운영뿐 아니라 새로운 사업 발굴과 추진, 협력사업 평가 같은 업무도 진행하고 있다. 2015년 말 현재 장관급 회의 19개, 실무자급 회의 50개, 그밖에도 100개가 넘는 협력사업을 수행하고 있다. 이 가운데 과학기술 분야의 협의체는 9개로, 전체 24개 분야 가운데 환경에 이어 두 번째로 많다.

[표 11-1] 한중일 3국 협력 협의체 및 사업[11]

협의체/사업명	창설	목적	주최/주요 참석 기관
한중일 과학기술장관 회의	2007	3국 과학기술 협력증진	−한국: 교육과학기술부(2007~2013) −중국: 과학기술부 −일본: 문부과학성
한중일 과학기술 국장급회의	2002	한중일 과학기술 장관회의 준비	
한중일 과학기술 협력을 위한 전문가 워크숍	2007	한중일 과학기술 협력증진을 위해 합의된 전문가 워크숍	
한중일 청년 과학자 워크숍	2010	제2차 장관급회의에서 청년 과학자 교류·협력증진을 위해 합의된 워크숍	
한중일 공동연구 협력프로그램 (JRCP)	2009	3국 과학자간 협력강화: 기후변화, 에너지 절약, 재난방지 및 물순환 분야의 혁신기술 개발방안 모색	−한국: 한국연구재단 −중국: 과학기술부 국제협력사 −일본: 과학기술진흥기구
한중일 과학기술 정책연구 세미나	2006	각국 과학기술 정책 및 혁신 연구 과제 관련 정보공유 활성화	−한국: 과학기술정책연구원, 한국 과학기술기획평가원 −중국: 중국과학기술발전전략 연구원, 중국과학원 −일본: 과학기술·학술정책연구소
한중일 연구지원 기관장회의 (A-HORCs)	2003	주요 연구지원기관 간 과학기술 정책 의견교환	−한국: 한국과학재단, 한국연구재단 −중국: 중국국가자연과학기금위원회 −일본: 일본학술진흥회
한중일 교류협력사업 (A3 Foresight Program)	2005	3국 연구자 간 공동연구, 세미나 및 현장연구 활성화	−한국: 한국연구재단 −중국: 중국국가자연과학기금위원회 −일본: 일본학술진흥회
한중일 녹색기술 포럼	2012	3국 녹색기술분야 연구성과 공유: 관련 과학자 및 정책전문가 간 네트워크 구축	−한국: 미래창조과학부 −중국: 과학기술부 −일본: 문부과학성

센카쿠(댜오위댜오) 열도에 대한 갈등으로 중단됐던 정상회의가 3년 반 만에 다시 열렸다. 2015년 11월 1일 서울에서 열린 제6차 정상회의다. 그동안 날카로웠던 3국의 갈등이 조금이라도 풀린 것은 아니지만, 3국의 협력이 자국의 안정과 성장에 도움이 될 것이라 판단해서였다. 3국 대표는 성명에서 "경제적 상호의존과 정치안보상의 갈등이 병존하고 있는 현상을 극복해야 한다는 데 인식을 같이하였다"며 정상회의 재개 이유를 밝혔다.

어렵사리 재개된 제6차 정상회의의 가장 큰 성과라면 "동북아 평화 협력을 위한 공동선언"을 채택한 것이다. 당시까지 진행된 성과를 집대성한 공동합의문이다. 3국의 관계를 개선하고 협력을 강화하기 위해 필요한 노력을 5개 부문, 56개 조항으로 나눠 조목조목 정리해놓았다. 5개 부문은 ① 동북아 평화 협력 구현 ② 공동 번영을 위한 경제·사회 협력 확대 ③ 지속가능한 개발 촉진 ④ 3국 국민 간 상호 신뢰 및 이해 증진 ⑤ 지역 및 국제사회의 평화 번영에의 공헌이다. 이 가운데 과학기술에 관한 내용도 상당히 포함되어 있는데, 해당 조항을 통해 앞으로 한국이 과학기술 협력에서 어떤 태도를 취해야 할지 가늠해볼 수 있다.[12]

제일 먼저 눈에 띄는 항목은 '전자상거래'를 위해 디지털시장을 통합한다는 것이다. 3국 모두 글로벌 사이버 마켓이 발달했기 때문에 가능한 조항이다. 특히 한국의 전자상거래는 뛰어난 정보기술 덕분에 그 종류와 형태, 운영방식에서 중국이나 일본보다 어느 정도 앞서 있다고 볼 수 있다. 소셜커머스, 배송수단, 결제수단이 훨씬 다양한 데다, 사용자의 신뢰도 상당히 높은 편이다. 얼마 전까지 결제방법이 복잡하여 외국인이 사용하기 어려웠지만, 정부가 편리하게 개선하도록 유도한 덕에 해외에서도 쉽게 이용할 수 있게 됐다. 전자상거래에 관한 협력은 3국 모두에게 좋은 기회를 제공할 것으로 보인다. 앞으로 형성될 공동의 디지털시장을 선점하기 위해 한국은 앞선 전자상거래 기술과 경험을 어떻게 활용할지 전략적으로 고민할 필요가 있다.

3국의 연구 역량을 강화하기로 한 것도 눈여겨봐야 한다. 공동연구를 위한 프로그램이 이전부터 진행되고 있었다는 것을 알 수 있다.

> 우리는 과학혁신 분야의 협력을 강화하고, 공통의 지역 및 국제문제를 해결하기 위해, 3국의 연구역량을 강화하기로 하였다. 이를 위해, 우리는 3국 간 공동연구협력 프로그램(JRCP) 및 미래예측 프로그램(A3 Foresight Program)을 지속 추진하고, 3국 간 공통 관심분야에 대한 연구지원 및 연구자 인력교류 확대 가능성을 모색할 것이다. 또한, 3국 과학기술 장관회의를 상호 편리한 시점에 개최하고, '3국 청년 과학자 교류 프로그램' 개최 가능성을 모색할 것이다.
>
> – "2015년 동북아 평화 협력을 위한 공동선언", 제15조

'공동연구협력 프로그램'은 2009년 시작되어, 3국 과학자 간 협력을 통해 기후변화, 에너지 절약, 재난방지 및 물 순환 분야의 혁신기술 개발방안 모색을 목적으로 운영되고 있다. '미래예측 프로그램'은 2005년 시작되어, 협력 과제를 통해 연구자 간 공동연구 촉진을 목적으로 하고 있다. 어찌 보면 과학기술을 통한 3국 협력은 꽤 오랫동안 착실하게 진척되어온 셈이다. 하지만 공동합의문에서는 한 걸음 더 나아가 연구지원 및 인력교류 확대, 특히 '3국 청년과학자 교류프로그램'을 마련하기로 했다.

환경보호에 대한 협력을 다시 확인했다는 것도 중요하다. 2015

년 파리협약이 나오기 전에 이미 3국은 환경협력 공동실행계획 (2015~2019)을 채택했다.[13] 2005년 발효된 교토의정서에는 그다지 협조적이지 않았던 3국이 자발적으로 환경보호에 나선 것이다. 그 내용을 보면 3국 협력을 통한 환경기술 개발과 공유처럼 파리협약과 유사한 항목도 담겨 있고, 황사 문제에 대한 공동연구처럼 동아시아의 고유한 과제도 있다. 이와 함께 신기후체제(파리협약)를 정립하는 데 기여하겠다는 다짐도 있다. 환경보호에 대한 항목은 지구 차원의 협력에 앞서 한중일 협력이 왜 필요한지 잘 보여주고 있다.

'신종 감염병 대응'에 대한 협력의 필요성도 포함됐다. 이 조항은 한국에서 더욱 절실하게 필요한 항목이었을 것이다. 2015년 여름 중동호흡기증후군MERS(메르스) 공포로 큰 홍역을 치렀기 때문이다. 이 사태로 한국은 국가 차원에서 방역시스템의 중요성을 체감했고, 주변국은 혹시 불똥이 튈까 초긴장 상태가 됐다. 결국 신종 감염병과 같은 재난은 어느 한 국가가 해결할 수 있는 것이 아니라 주변국도 함께 체계적으로 대응해야 한다는 것에 모두 공감한 것이다.

'동북아 평화 협력을 위한 공동선언'에 들어 있는 3국의 과학기술 협력 조항은 갑자기 만들어진 것이 아니다. 오랫동안 3국의 협력 노력이 쌓이고 쌓이면서 구체적으로 드러난 것이다. 전자상거래, 연구협력, 환경보호, 감염병 대응 같은 분야는 3국이 필요성을 적극적으로 공감하며 간극을 좁혔기에 합의할 수 있는 조항이다. 하지만 아직 협력의 형태나 방식이 분명하지 않다. 3국이 합심하여 무언가를 하자는 방향에는 동의했지만, 어떻게 협력을 도모할 것인지는 구체적으로 정하지 못했다. 한국은 어떤 역할을 해야 지금까지 진행된 협력을 더 진전시킬 수 있을까?

세계의 실험실에서 세계의 시장으로

한국이 요즘처럼 세계적으로 국력을 떨친 적이 있었던가? 한국의 상품과 기술이 세계 정상 수준으로 평가받는 것은 반만년의 역사에서 처음 있는 일이다. 대한민국 기업의 상표가 세계 주요 도시 곳곳의 전광판에 등장하고, 한국의 정보기술제품과 한류상품에 열광하는 세계인을 보면 불과 60~70년 전만 해도 가장 가난한 나라 가운데 하나였던 한국의 모습이 전혀 기억나지 않을 정도다. 그런데 한국이 이처럼 '잘나가는 시절'은 과연 얼마나 오래갈 수 있을까? 휴대폰, 반도체, 조선, 자동차, 건설, 석유화학 같은 주력산업의 수출에 빨간 불이 켜지는데, 새로운 전략산업은 떠오르지 않는다. 경제성장률은 2010년부터 3%대로 반감한 데 이어 지금은 3%대를 지키기 위해 안간힘을 써야 할 정도다. 1인당 국민소득은 2006년 2만 달러 시대에 진입한 뒤 10년 동안 정체되어 있다.[14] 저성장의 늪에 서서히 빠져드는 것일까?

미국과 유럽 각국이 국가 차원의 경제정책에 골몰하기보다 경제블록을 통한 경쟁력 확보 전략에 집중하는 것에서 그 실마리를 찾아야 한다. 단순히 유럽경제권과 북미경제권에 대응하는 동아시아경제권을 구성하기 위한 국제전략이 아니라, 동아시아의 '옷'을 입고 한국경제가 성장하기 위한 전략을 세워야 한다는 것이다. 수평적인 국제협력 가운데 하나의 지역권이 아니라, 국가 차원의 전략을 세우는 데 필요한 상위 개념의 국제협력으로 동아시아 협력을 추진해야 한다. 혼자서 할 수 없을 때는 이웃이 필요하다. 미우나 고우나 그래도 이웃이다. 세계적인 관광지나 국제회의에서 처음 만나는 수많은 외국인 가운데 그래도 중국인이나 일본인이 더 반갑지 않은가?

한국이 주도적으로 이끌어온 동아시아 협력을 진전시킬 구체적인 전략이 필요하다. 한국이 한중일 협력을 주도할 수 있는 전략은 무엇일까? 가장 먼저 떠오르는 지정학적인 접근부터 시작해보자. 중국과 일본이라는 서로 사이가 불편한 두 강대국 사이에서 한국은 중재의 역할을 맡을 수 있다. 제1차 한중일 정상회의의 결과로 세운 한중일 3국 협력사무소를 서울에 둔 것도 바로 그 때문이다. 덕분에 사무소 산하 200개 협의체가 생산하는 정보를 관리하고 서로 연결해줄 수 있고, 정보 교류뿐 아니라 콘텐츠 교류나 인력 교류까지 중계하는 중심으로 자리 잡을 수 있는 것이다.

'동북아 평화 협력을 위한 공동선언'에서도 그 방향을 찾을 수 있다. 전자상거래를 위한 디지털시장의 단일화에서 한국이 중국이나 일본에 비해 비교우위에 있는 것은 배송수단, 결제수단, 운영방식 같은 '플랫폼'이다. 중국은 거대한 시장을 가지고 있고, 일본은 하드웨어 측면에서 안정된 기술을 가지고 있다. 내수시장이 좁아도, 첨단기술이 부족해도 중국과 일본을 연결하는 창의적인 플랫폼으로 시장을 선도할 수 있는 것이다. 중개연구Translational research**15**를 할 수 있는 플랫폼이 필요하다. 선진국 수준의 생활문화, '빨리빨리' 변하는 소비 취향, 세계 최고 수준의 정보기술 인프라를 무기로 첨단기술의 테스트베드로 자리 잡는 것, 곧 '실험실에서 시장으로From Bench to Market' 이르는 과정을 수행하는 플랫폼이 되는 것이다.

화평굴기와 대동아공영론을 넘어

"나는 대한의 독립을 위해 죽고, 동양의 평화를 위해 죽는데, 어찌 죽음이 한스럽겠는가?" 안중근安重根(1879~1910) 의사가 1910년 사형 집행을 앞두고 남긴 글이다. 당시 안중근 의사는 감옥에서 '동양평화론'을 집필하고 있었다. 세계열강이 동양을 침범해오니 한중일 3국이 서로 돕는 것

ⓒ안중근의사기념관
단지동맹 직후의 안중근 의사 모습(위)과 동양평화론 서문

이 가장 이상적인 방안이라는 것이다. 그 내용은 일본이 뤼순旅順 지역을 청나라에게 반환하여 화친한 뒤, 한중일 3국이 공동 관리하는 중립지대를 만들어 그곳에 3국 평화회의를 설치하고 3국 대표를 파견하여 서로 의견을 조율하자는 것이다. 또 3국의 청년으로 구성된 군단을 창설하고 은행을 설치하여 공용화폐를 운영하자는 주장까지 담고 있다.[16] 안중근 의사는 서문을 집필한 뒤 사형되었기 때문에 '동양평화론'의 구체적인 내용도 형장의 이슬과 함께 사라졌다.

서세동점西勢東漸의 격랑이 몰아치던 1세기 전, 일본이 주도하는 수직적인 국제질서를 요구했던 이토 히로부미伊藤博文(1841~1909)의 대동아공영론大東亞共榮論에 맞서 3국이 솥발처럼 나란히 정립鼎立한 수평적인 공존을 위한 선견지명先見之明으로 '동양평화론'을 역설한 것이다. 평화로운 천주교 신자인 안중근 의사는 이토 히로부미가 조선 침탈을 주도한 원흉이라기보다 동아시아의 평화를 훼손한 대동아공영론의 핵심인물이기 때문에 사살한 것이다.

안중근의 '동양평화론'을 이어

안중근 의사는 어쩌면 세계정세를 먼저 읽고 한중일 3국 협력의 필요성을 설파한 첫 제안자일지도 모른다. 100년쯤 지나 대한민국의 대통령들이 그 제안을 이어가고 있는 것일까? 어쨌든 한국이 주도하여 한중일 정상회의로 어렵사리 불을 지핀 3국의 협력을 정치나 이념으로 물들지 않은 과학과 기술을 기반으로 발전시켜야 한다. 동아시아경제권은 평화주의자의 막연한 이상이 아니라 현실주의자가 당면한 과제이기 때문이다. 평화를 추구하지만 힘을 숨기지 않겠다는 중국의 화평굴기和平堀起와 제국주의의 망령을 좇는 일본의 대동아공영론大東亞共榮論을 넘어 한국은 '동양평화론'을 계승 발전시켜야 한다. 서로 거북하고 불편한 두 나라의 정상을 불러 모아야 한다.

"시진핑 주석! 아베 총리! 우리, 서울에서 차나 한잔합시다."

주

1. 외교부, "EU의 형성과정", 『유럽연합 개황』 (2012), 5-12쪽.

2. 외교부 홈페이지, "NAFTA(북미자유무역협정)", 『외교용어사전』.

3. 금융감독원 공식 블로그, "경제블록의 이해: 우리도 뭉쳐볼까? 세계지도 재편하는 경제블록", http://fssblog.com

4. 임기철, "한·중·일 과학기술 경쟁과 협력—2014 갑오년, 한·중·일 혁신 삼국지 원년", 『과학과 기술』 (2014. 11). 이 글은 한국, 중국, 일본 각국이 가지고 있는 과학기술 역량을 분석하며, 3국 협력의 가치를 글로벌 한국이 나아갈 길로 제안하고 있다.

5. 유지혜·안효성, "1998년 오부치 첫 제의 주룽지가 퇴짜, 이듬해 DJ '차 한잔합시다' 성사시켜", 〈중앙일보〉, 2015. 10. 31.

6. "차 한 잔 마시고 가라"는 뜻으로 당나라 때 조주선사(778~897)가 한 말이다. 정동효·윤백현·이영희, 『차생활문화대전』 (홍익재, 2012).

7. 외교통상부, 『2015 한·중·일 협력 개황』 (2015). 3국 협력에 관한 내용은 2008년부터 2015년까지 외교(통상)부에서 발간한 이 보고서를 기반으로 재구성했다.

8. 사드는 미국이 추진하고 있는 미사일 방어체계의 핵심요소 중 하나로 중단거리 탄도미사일로부터 군 병력과 장비, 인구밀집지역, 핵심시설 등을 방어하는 데 사용된다. 김대영, "무기의 세계-사드(THAAD)", 네이버 캐스트.

9. "한중일 3국 협력자료실—한눈에 보는 한중일 3국 협력", TCS Korea 홈페이지.

10. "2014 Trilateral Statistics", TCS Korea 홈페이지

11. TCS Korea 홈페이지.

12. 동북아 평화 협력을 위한 공동선언과 관련된 내용은 2015년 11월 1일에 발표된 "동북아 평화 협력을 위한 공동선언" 전문을 분석 정리했다.

13. 2015년 4월 29~30일, 중국 상하이에서 열린 '제17차 한·중·일 환경장관회의'에서 향후 5년간 3국이 중점 추진할 환경협력 실천방안을 마련하기로 하며 환경협력 공동실행계획(2015~2019)을 채택했다. "한·중·일 황사 연구 속도낸다, 환경장관회의서 공동실행계획 채택", 〈전자신문〉, 2014. 04. 30.

14. 유엄식, "올해도 '국민소득 3만불' 어렵다. 11년째 2만불대 정체", 〈머니투데이〉, 2016. 4. 14. 주요 선진국들이 국민소득 2만 달러대에서 3만 달러대로 진입하는 데 걸리는 소요 기간이 5~6년 정도였던 것을 고려하면 성장 정체로 '중진국 함정'에 빠질 수 있다는 우려가 나온다.

15. 중개연구의 원래의 뜻은 기초연구가 응용되어 실제 도움이 되기까지의 과정에 놓인 연구를 의미한다. 이 글에서는 이 본의를 확대시켜 일본의 과학과 중국의 시장을 연결하기 위한 플랫폼

이 될 한국의 기술을 뜻한다.

16. 박종렬, "3국 정립(鼎立) 수평적 평화공존 위해 목을 던졌던 선견적 동양평화론", 〈아주경제〉, 2016. 3. 26.

우물 하나를 파도
제대로 파야 한다

캄보디아는 물의 나라다. 고온다습한 열대 몬순 기후로 우기(5~10월)
가 길고, 연평균 강수량이 1,904㎜로 한국보다 50% 정도 더 많다. 또
동남아시아에서 가장 큰 메콩강이 남북을 관통하며 흐르는 데다, 세
계에서 3번째로 큰 톤레샤프 호수가 국토 중앙에 자리 잡고 있다. 물
이 이렇게 풍부해도 캄보디아는 '물 부족 국가'나 다름없다. 농사를
짓는 데 필요한 농업용수는 풍부하지만, 사람이 마실 수 있는 물은
턱없이 부족하다. 주변에 물이 아무리 많이 흘러도 석회 성분이 많
아 마실 수가 없기 때문이다. 캄보디아 교육부가 2015년 조사한 자료
에 따르면 전국 1만1,370개 공립 초중고교의 41%가 우물이나 수도 같
은 기본 식수시설조차 없다. 그나마 비가 내리는 우기에는 학생들이
출석이라도 하지만, 건기에는 병에 물을 담아오거나 아예 결석하고
만다.

　1953년 프랑스에서 독립한 뒤 캄보디아는 전쟁, 쿠데타, 내전, 테러
같은 온갖 동요를 겪다가, 1991년 지루한 내전이 끝나고 이듬해 유엔

임시행정기구^{UNTAC}가 설치되면서 평화를 찾기 시작했다. 이때부터 국제구호단체와 여러 민간단체가 캄보디아를 방문하여 우물 파주기 캠페인을 시작했다. 한국에서도 한국국제협력단^{KOICA}을 비롯해서 정수기업체, 시민단체, 종교단체, 연예인들이 방문하여 전국에 우물을 파주었다. 정수기업체는 2006년부터 매년 100개씩 해서 2015년까지 판 우물이 모두 1,000개를 넘었고, KOICA도 수백 개의 우물을 기증했다. 세계 각국이 이렇게 파준 우물이 캄보디아 전역에 수만 개는 될 것이다. 웬만한 시골에 가면 이들이 기증한 우물을 쉽게 발견할 수 있다.

내전이 끝난 뒤 30년이 넘도록 전국의 수만 곳에 우물을 새로 팠지만 캄보디아에는 여전히 마실 수 있는 깨끗한 물이 턱없이 부족하다. 그 많은 우물이 대부분 지저분한 쓰레기로 덮이고 펌프손잡이는 녹이 슬었다. 학교 예산이 모자라 우물도 관리할 수 없다. 거의 매일 비가 오는 우기에도 우물에서 마실 물을 찾기 어렵다. 우물을 제대로 파지 않았기 때문이다. 우물을 파려면 주변 지역을 조사하고 지하수의 흐름을 추정한 뒤 가장 적합한 곳을 파야 한다. 우물을 파는 단체들이 배정한 예산은 우물 하나에 100만 원 정도. 대략 800~1,200달러의 예산을 들여 굴착기로 깊이 30~40m의 우물을 하나 팔 수 있다. 캄보디아는 지표수에 석회 성분이 많기 때문에 깨끗한 지하수를 퍼올리려면 때로는 100m 깊이까지 파야 한다. 우물 하나 파는 데 4천 달러 정도 필요하다. 한정된 예산으로 목표량을 맞추려니 어느 정도 파다가 물이 적당히 나오면 '기념사진'을 찍고 돌아오는 것이다. 제대로 파려면 비싼 대형 굴착기를 투입해야 하는데, 대형 굴착기는 구하기 어렵거니와 도로 사정이 나빠 투입하기도 난감한 실정이다.

더 심각한 문제는 전국 곳곳에 파놓은 우물 중 마시기에 적합하지

y

개
도
국
지
원

266

않은 우물물이 너무 많다는 것이다. 우기에 빗물과 함께 땅에 스며든 오염물질이 흘러 들어가 얕은 우물을 오염시키기 때문이다. 기껏 파 놓은 우물이 오염된 물을 모아놓는 셈이다. 오염된 우물물을 잘못 마시고 설사병이나 피부병에 걸려 고통받는 어린이들이 늘어나고 있다. 유네스코가 2015년 발표한 자료에 따르면, 오염된 우물물을 마신 캄보디아 어린이(5세 이하)는 매년 평균 2,300명이 설사와 관련된 질병으로 죽는다. 우물을 파러 간 단체는 우물파기 행사를 마치면 수질을 검사해보지도 않고 함께 기념사진을 찍은 뒤 만족한 표정으로 떠나버린다. 주민에게는 우물을 관리할 예산이 없다. 그들이 떠나고 나면 아무것도 할 수가 없다.[1]

불뱀 때문에 고통받는 사람들

기후나 토양 때문에 마실 물이 부족한 지역은 크게 둘로 나뉜다. 기후와 토양이 건조하여 물 자체가 부족한 곳과, 비가 자주 내려 물이 많지만 마실 수가 없는 곳이다. 물 자체가 귀한 곳은 아프리카 케냐의 가르센, 에티오피아의 센터파, 남수단의 야리 같은 지역을 들 수 있다. 특히 세계에서 가장 넓은 사하라사막 주변 지역은 최근 기후변화로 인해 사막화가 악화되고 있어 물 부족이 점점 심각해지고 있다. 물이 많지만 마실 수 없는 지역은 방글라데시의 다카, 캄보디아의 칸달, 베트남의 킴방 같은 지역이다. 주변에 흐르는 물에 석회 성분이나 비소 같은 중금속이 들어 있거나 분뇨처리장이나 화장실로 인해 물이 세균이나 유기물로 오염되어 마실 수가 없다. 또 불소는 이를 튼

튼하게 하지만 함량이 높으면 중독이 생긴다. 칼슘이나 마그네슘 농도가 짙은, 경도硬度(Hardness) 높은 물은 복통이나 설사를 일으킨다.

　깨끗한 마실 물이 없는 지역은 다른 곳에서 물을 길어다 먹어야 한다. 가족은 물론 가축에게 필요한 물을 구하기 위해 온종일 수십 킬로미터를 걸어 다녀야 하는 것이다. 물을 얻는 일은 여성과 아이가 해야 하는 일이다. 그래서 여성은 가사를 돌보거나 경제활동에 참여할 여유가 없고 아이들은 학교에서 교육을 받을 시간도 없다. 기껏 구한 물마저 흙탕물이거나 오염된 경우가 다반사다. 그걸 알면서도 물이 없으니 마시거나 씻을 수밖에 없다. 그 결과 설사병, 결막염, 콜레라, 주혈흡충증, 메디나선충증 같은 각종 수인성 질병에 시달리게 된다. 이들 질병은 특히 어린이에게 치명적이다. 예를 들어 탈수로 이어지는 설사병으로 목숨을 잃는 사람은 한 해 220만 명, 이 가운데 대부분이 5세 미만 어린이다. 또 개발도상국에서는 인구의 10%가 기생충에 감염되고, 1년에 600만 명이 결막염으로 실명하며, 2억 명에 달하는 사람이 주혈흡충증에 걸린다.[2] 이슬람 성지인 메디나에서 많이 발견되는 메디나충은 서아프리카 기니 해안을 따라 많이 발생해 기니아충Guinea Worm이라 불리기도 한다. 이 기생충은 물벼룩의 몸에 숨어 있다가 그 물을 마신 사람의 몸속에 들어가 내장에서 발까지 터널을 만들어 움직이며, 기생충이 지나간 자리에는 물집이 생겨 살이 썩는다. 성충의 길이는 $1m$를 넘는데, 이것이 발에 도착하면 사람은 뜨거운 통증을 느낀다. 이 통증을 줄이기 위해 발을 물에 담그면, 메디나충은 피부를 뚫고 나와 알을 낳고 죽는다.[3] 감염된 사람은 물집이 생긴 부위에 극심한 고통을 느끼다가 무릎이나 발목이 구부러져 평생 불구로 지내게 된다.[4] 구약성경 「출애굽기」에서 백성들을 괴롭히는 불뱀Fiery Serpent이 바로 이 메디나충인 것으로 보인다. 이처럼

메니다충(기니아충)에 감염된 환자. 오염된 식수를 통해 환자의 몸에 들어가 내장에서 발까지 터널을 만들어 움직이며, 이것이 발에 도착하면 뜨거운 통증을 느낀다. 구약성경「출애굽기」에 나오는 '불뱀'이 이 메디나충인 것으로 보인다.
ⓒ연합뉴스

물이 부족하면 사람이 살기 힘들 뿐 아니라 작물을 재배하기도 어려워 안정적으로 정착하지 못하고 물을 찾아 떠돌아다녀야 한다.

물을 찾아다니다 보면 부족끼리, 또는 국가 간에 분쟁이 생기게 마련이다. 우물을 가진 작은 부족과 이를 넘보는 큰 부족 간에 수리권 다툼이 생기기도 하고, 국가 간의 수자원 분쟁으로 확산되기도 한다. 아랄해를 둘러싼 중앙아시아 국가, 나일강 주변의 북아프리카 국가, 그리고 유프라테스강과 티그리스강을 둘러싼 중동지역의 분쟁이다. 사막이나 황야가 많은 중동 국가들은 오아시스를 둘러싼 분쟁이 심각하다. 유프라테스강과 티그리스강 주변은 대표적인 물 분쟁 지역이다. 두 강의 발원지인 터키를 중심으로 시리아, 이라크 3국은 이 강을 두고 오랫동안 갈등을 겪고 있다. 상류 지역의 터키는 전력 생산, 농업용수 공급 등을 목적으로 아타튀르크 댐을 건설하여 수자원을 개발했다. 하류 지역의 시리아와 이라크는 하천의 수량이 줄면서 생활용수와 농업용수 공급에 타격을 받아 강에 대한 권리를 주장하지만 터키가 외면하고 있어 분쟁의 위험이 지속되고 있는 것이다.[5]

우물 하나를 파도 제대로 파야 한다

터키-시리아
- 터키 유프라테스강 댐 건설 계획
- 시리아 반발 98년 전쟁 위기
- "중동의 숨은 화약고" (쿠드르족 문제)

중국-인도
- 중국, 브라마푸트라강 물줄기 변경계획에 인도 반발
- 2000년 인도 대홍수. 중국이 강 상태 알려주지 않은 탓 비난

요르단·이스라엘·팔레스타인
- 3개 지역 요르단강에 의존
- 이스라엘, 요르단강 통제
- 팔레스타인에 물보급 제한

방글라데시-인도
- 온난화로 히말라야 빙하 녹아 갠지스강 유량 급증
- 홍수 위기 방글라데시인 들 인도로 대거 불법이민

앙골라-나미비아
- 나미비아, 오카빙고 분지서 물 끌어오는 400㎞ 급수관 계획
- 분지 물에 의존. 앙골라·보츠와나 등 연쇄가뭄 위기

에티오피아-이집트
- 이집트·수단·에티오피아 인구 증가로 나일강 물분쟁 심화
- 에티오피아 청나일강 개발계획에 이집트 반발

깨끗한 물을 얻는 간단한 방법들

세계 곳곳에서 발생하는 물 부족 문제는 지역의 특성에 따라 다른 해결 방안을 찾아야 한다. 아프리카는 수자원이 절대적으로 부족하기 때문에 수자원 자체를 개발해야 한다. 물을 얻기 위한 가장 기본적인 방법은 땅을 파서 관정을 개발하는 것이다.[7] 수맥을 조사하여 전문가가 시추하고, 수질과 수량을 확인한 뒤 우물을 실제로 이용할 수 있는 설비를 설치하는 것이다. 비가 잦은 지역에서는 우물을 파는 것보다 빗물을 활용하는 것이 더 효율적이다. 가정이나 건물의 지붕에 빗물 집수시설을 설치해 비가 내릴 때 빗물을 저장해두었다가 식수로 사용하는 것이다. 예를 들면 아프리카 케냐에서는 강수량만으로도 인구의 6~7배에 해당하는 사람에게 식수를 공급할 수 있다. 에티오피아에서는 가정의 20% 정도가 깨끗한 물을 공급받고 있는데, 빗물 집수시스템을 설치하면 인구의 5배가 넘는 5억2천만 명에게 식수를 공급할 수 있다.[8]

우물을 파든 빗물을 모으든 오염된 물을 정화하는 과정을 거쳐야

인도네시아에 보급하고 있는 SODIS 병(왼쪽)과 과테말라에 보급된 바이오샌드 필터

ⓘSODIS Eawag
ⓘⓢNora.jeanine530

물을 마실 수 있다. 수자원을 개발한 아프리카와 물이 많은 동남아시아 모두 오염된 물을 걸러 마실 수 있도록 만드는 기술이 필요한 것이다. 이들 지역은 정수淨水 기술이 부족하기 때문에 우물이나 빗물을 제대로 관리할 수 있는 역량을 전수해주어야 한다. 유형이 같은 지역이라도 오염된 원인(세균, 유기물, 중금속 등)에 따라 해결할 수 있는 기술이 제각기 다를 수밖에 없다. 따라서 오염된 원인이 무엇인지, 얼마나 오염되었는지를 제일 먼저 파악해야 한다.

　오염원과 오염도를 분석했으면 필터로 걸러 안전한 식수로 바꾸는 장치를 설치해야 한다. 태양광을 이용한 살균처리법인 SODIS^Solar Water Disinfection는 플라스틱 병에 물을 채우고 여섯 시간 정도 자외선에 노출시키면 해로운 미생물을 제거할 수 있다. 플라스틱 통에 자갈과 모래를 넣어 물을 서서히 거르는 바이오샌드 필터^Biosand Filter도 인기가 높다. 세균을 제거하는 정수 효과도 탁월하지만 자갈이나 모래처럼 현지에서 쉽게 구할 수 있는 재료로 만들 수 있기 때문이다.[9] 세라믹필터를 활용한 정수처리장치는 세균을 제거하는 효과가 탁월하다. 점토와 물과 톱밥을 적당한 비율로 섞어 빚은 뒤 고온으로 구워내는 세라믹필터는 만들기가 쉬워 현지에서 쉽게 생산할 수 있다.[10]

　동남아시아에서 쉽게 구할 수 있는 지하수는 비소의 함량이 높은

우물 하나를 파도 제대로 파야 한다

271

편이다. 비소를 제거하려면 침전, 멤브레인, 이온교환, 흡착처리 같은 기술을 동원하는데, 오염지역의 지하수 수질과 비소 농도에 따라 다르게 적용해야 한다. 대규모 처리시설이면 침전처리기술이 효과적이고, 소규모 처리시설이라면 멤브레인, 이온교환, 흡착기술이 적합하다. 특히 흡착처리기술은 설치비와 운영비가 적게 들고 지하수의 수질에 별로 영향을 받지 않아 많이 쓰이고 있다.[11]

필리핀에서는 빗물을 모으는 것이 더 효과적이다. 지하수를 퍼 올리려면 동력이 필요한데 필리핀은 한국보다 전기료가 5배 정도 비싸기 때문에 빗물을 받아 사용하는 것이 더 싸다. 이처럼 해당 지역의 경제 여건도 중요하지만 문화적인 배경도 고려해야 한다. 아프리카 케냐의 마사이족에게는 땅을 파헤치는 행위가 죄악이며 신에 대한 모독이나 다름없다. 땅을 파서 우물을 개발하는 데 반감을 가지고 있기 때문에, 애써 파준 우물도 좀처럼 이용하지 않는다. 따라서 마사이족에게는 샘물이나 시냇물에서 천연 수자원을 발굴해서 안전한 식수를 만들어줘야 한다.

'대량생산이 아니라 대중에 의한 생산'

'인도의 국부國父'로 존경받는 마하트마 간디Mahatma Gandhi(1869~1948)는 기술 도입을 반대했다. 산업혁명이 한창이던 당시 영국의 방적기가 짜낸 값싼 직물이 인도로 쏟아져 들어오자, 인도의 직물산업이 무너질 것을 우려한 간디는 1920년 외국산 직물 불매운동을 벌이면서 전통적인 방식대로 직접 물레를 돌려 실을 자아 옷을 만들자고 주장했

다. 그 유명한 차르카charkha(물레) 운동이다. 간디는 스스로 물레를 돌리며 실을 자아냈다. 시간이 오래 걸리더라도 필요한 만큼 옷을 만들수 있고 다른 사람에게 의존할 필요도 없으며, 스스로 재료를 구하고 도움 없이 자립할 수 있어야 발전할 수 있다는 것이다.

> 실을 뽑는다는 것은 우리 인도인을 위한 것입니다. 가난한 어린
> 아이도 차르카를 돌려 번 돈으로 수업료를 내게 합시다. 아무리
> 풍족한 생활을 하고 있는 사람이라도 하루에 한 시간은 가난한
> 사람들을 위해 차르카를 돌리십시오. 인도인이여, 자기 손으로
> 자기 옷을 만드십시오.

간디가 기술 도입 그 자체를 반대한 것은 아니다. 받아들일 준비가되지 않았거나 자발적인 필요가 아닌 외부로부터의 강제 수용으로인해 생활이 팍팍해질 것을 우려한 것이다. 외지인이 캄보디아에 파놓은 우물처럼, 감당할 수 없는 기술 도입은 아무런 도움이 되지 않을뿐더러 오히려 해악을 끼칠 수 있다고 본 것이다.

우물 하나를 파도 제대로 파야 한다

small
is
beautiful

a study of economics
as if people mattered

EF Schumacher

에른스트 슈마허(아래)와
『작은 것이 아름답다』
초판본(1973)

'진리를 찾으려는 노력'이라는 뜻으로 간디가 벌인 사티아그라하satyagraha(비폭력 저항) 운동이 영국까지 영향을 미친 것일까? 영국의 경제학자 에른스트 슈마허Ernst Schumacher(1911~1977)는 간디의 차르카 운동을 연구하고 1955년 미얀마를 다녀온 뒤, 가난한 나라가 선진 기술을 도입하면 생산성은 높아지지만 고용은 늘어나지 않는다고 결론 내렸다. 가난한 나라는 대규모 자본을 들여 자동 기계와 값싼 동력을 가동하는 것보다, 보유한 자원과 수요는 물론 고용까지 고려한 소규모 저자본 기술이 더 필요하다는 것이다. 그래서 등장한 것이 '중간기술Intermediate Technology'이다. 후진국의 토착기술보다 우수하지만 선진국의 첨단기술보다 싸고 소박한 기술이다. 슈마허는 중간기술이 실제로 가난한 사람들의 삶을 지속적으로 향상시킬 수 있다는 것을 증명하기 위해 1966년 중간기술개발집단Intermediate Technology Development Group, ITDG을 설립하고, 1973년 저서 『작은 것이 아름답다Small Is Beautiful』를 통해 중간기술을 본격 제안했다. 그러나 '중간기술'은 2류 기술이라는 부정적 뉘앙스를 풍긴다 하여 대신 '적정기술'이라는 용어를 사용했다.[12]

적정기술Appropriate Technology은 어떤 소외된 지역의 정치·문화·환경 조건을 고려해서 지속적인 생산과 소비가 가능하도록 적용한 기술이다. 어떻게 보면 적정기술은 새로운 발명이라기보다는 '인간을 위한 디자인Design for the Real World'이다. 독일의 빅터 파파넥Victor Papanek(1927~1998) 교수는 "자신의 재능, 시간, 기술의 10퍼센트라도 세계의 필요를 위해 쓰기로 결심한다면 디자이너는 세계에 엄청난 변화를 가져올 수 있다"고 주장한 적정기술의 선구자다. 그는 인도네시아 발리에서 주민들에게 간단한 통신기기만 있어도 화산 분화 피해를 줄일 수 있을 것으로 보고, 1960년 깡통라디오Tin Can Radio를 만들었다. 관광객들이 버리고 간 깡통에 전선을 넣고 왁스를 담아 긴급신호를 수신할 수 있도록 한 것이다. 파파넥은 주민들이 직접 헝겊이나 조개껍데기로 표면을 꾸미도록 하여 자신만의 라디오를 갖게 했다. 이른바 '참여 디자인Participation Design'이다. 원가는 9센트, 그야말로 '100원짜리 라디오'다.[13]

©Stephen T Rose

©Papanek Foundation
빅터 파파넥위)과
그가 고안해낸 깡통라디오

적정한 기술과 적정하지 않은 기술

적정기술 하나를 완성하기 위해 맞춰야 할 조건은 정말 까다롭다. 비용이 적게 들고, 현지에서 나는 재료를 사용하며, 크기가 적당하고 사용방법도 간단해야 한다. 재생 가능한 에너지 자원을 활용하고, 지적재산권·로열티·수입관세가 발생하지 않아야 한다. 또 주민 스스로 만들 수 있어야 하고, 현지의 기술과 노동력을 활용하며, 지역사회의 발전에 공헌할 수 있어야 한다.[14] 곧 적정기술은 현지의 정치·경제·사회·문화적인 조건에 어울려 적정하게 뿌리를 내리고 정착할 수 있어야 하는 것이다. 적정기술은 수자원 개발, 에너지 공급, 공중 보건, 주민 교육, 주거환경 개선 같은 분야에서 활발하게 개발되고 있다.

가장 대표적인 적정기술이 바로 라이프스트로LifeStraw다. '정수 빨대'라고나 할까, 수자원이 오염된 지역에 사는 사람이나 여행자를 위한 휴대용 정수기다. 입으로 빨면 오염된 물이 빨대 안으로 들어오면서 '프리필터(먼저 제거) → 폴리에스터 필터(미생물 제거) → 이온교환성 수지(미생물 제거) → 활성탄(악취 제거)' 4단계를 거치면서 마실 수 있는 물로 바뀐다. 15마이크론(0.015㎜)보다 큰 먼지는 물론 박테리아나 바이러스 같은 미생물도 거의 99% 걸러내는 것이다. 개인용(700

리터)과 가족용(18,000리터) 두 가지로 각각 1년, 2년을 사용할 수 있다.[15] 별도의 동력이 필요 없다.

물이 부족한 지역에서 물을 길러 가는 것은 여성과 어린이들의 역할이다. 한 번에 몇 시간이나 걸려 물동이를 머리에 이거나 등에 지고 물을 길어 오다 보면 힘도 굉장히 부치지만 도중에 아까운 물을 많이 흘리기 십상이다. 이에 등장한 것이 물통을 들지 않고 굴리면서 옮기는 큐드럼Q Drum이다. 폴리에틸렌으로 만든 원통형 물통에 끈을 달아 바퀴처럼 굴려 운반할 수 있도록 한 것이다. 어린이도 한 번에 50리터를 길어올 수 있을 정도다. 간디의 차르카 운동을 계승한 적정기술도 있다. 물레를 돌리는 힘으로 실도 자아내면서 전기도 만들어 저장하는 이차르카E-charkha다. 2시간 정도 돌리면 작은 전등을 8시간 밝힐 수 있고 작은 라디오도 들을 수 있다. 가격은 100달러 정도.

한국에서 개발한 적정기술도 있다. 대한민국 적정기술 1호로 꼽히는 '지세이버G-saver'다. 몽골은 기온이 영하 40℃까지 내려가는 겨울이 오래 지속된다. 게르(전통가옥)촌 저소득층 주민의 경우, 동절기 가계소득의 70%를 난방비로 쓸 정도로 환경이 열악하다. 또 석탄을 땔 때는 난로는 난방효율이 떨어지고 매연이 심해 게르는 물론 대기도

큐 드럼(왼쪽)과 이차르카

©Q Drum
flexitron.tripod.com/echarkha/

오염시킨다. 굿네이버스는 김만갑 현 국립캄보디아기술대NPIC 교수가
개발한 축열장치 지세이버를 보급하여 주민들의 삶을 크게 개선했
다. 산화철이 섞인 진흙에 맥반석을 담은 20리터 크기의 합금통인 지
세이버는 난로 위에 올려놓으면 온돌의 원리로 열을 보존하여 난방
효율을 높이고 대기오염도 줄인다. 현재는 내부의 축열재를 제거하고
열이 역류하도록 내부 구조를 변경해 난방 효율을 개선한 '지세이버
2'를 개발해 보급하고 있다.

캄보디아의 식수 문제를 해결하기 위해 개발된 정수장치 '더블유
세이버W-saver'도 김만갑 교수가 개발했다.

이 밖에 서울대 윤제용 교수팀의 '태양광을 이용한 소독장치', 광
주과학기술원의 '옹달샘 정수기', 국경없는 과학기술자회 박순호 팀
장의 '휴대용 정수장치', 독
고석 교수의 '비소제거 흡
착제', LG 친환경 적정기술
연구회의 '솔라멀티차저Solar
Multi Charger', 효성 블루챌린저
의 '블루스토브' 등이 있다.

기대와 달리 성공하지 못

34.6%↓
연료 구입비

30.3%↓
연료 사용량

13%↓
호흡기 질환
G-saver 보급사업 성과[16]

몽골 주민들의 삶 개선
에 큰 기여를 하고 있는
굿네이버스 지세이버

[표 12-1] 주요 적정기술[17]

용도	명칭	내용	특징
물	슈퍼 머니메이커 펌프 (Super MoneyMaker Pump)	페달을 밟아 지하수를 끌어올리는 펌프	농지에 물을 대어 작물을 재배하고 판매하여 소득과 일자리 창출
	라이프스트로 (LifeStraw)	휴대가 쉽고 간편한 정수기	오염된 물을 4단계 필터로 정수
	큐 드럼 (Q drum)	물통을 굴려 물을 운반	어린이도 50리터 운반 가능
	바이오샌드 필터 (BioSand Filter)	모래와 자갈로 미생물 제거	현지 자체 생산 가능
	소디스 (SODIS)	태양광을 이용한 살균 처리	물을 담은 플라스틱 병을 햇볕에 쬐어 해로운 미생물 제거
건강	땅콩 탈각기 (Universal Nut Sheller)	손잡이를 돌려 땅콩을 까는 장치	50배의 생산성
	퍼마넷 (PermaNet)	살충제를 바른 모기장	말라리아 감염 예방
	피푸백 (Peepoo Bag)	휴대용 변기	사용한 뒤 땅에 묻어 처리
	팟인팟 쿨러 (Pot-in-Pot Cooler)	전기 없이 낮은 온도를 유지하는 냉장고	항아리 안에 작은 항아리를 넣고 그 사이에 젖은 모래를 넣은 냉장고
	자이푸르 풋 (Jaipur Foot)	발목을 잃은 사람을 위한 의족	가볍고 내구성이 좋음
에너지	사탕수수 숯 (Sugarcane charcoal)	사탕수수 찌꺼기로 만든 숯	나무 숯보다 이산화탄소 배출이 적어 호흡기 질환 예방
	솔라 쿠커 (Solar Cooker)	태양열을 이용한 조리기구	검은 냄비가 햇볕을 흡수하여 가열 및 보온
	자전거 세탁기 (BiWa: Bicycle Washing)	페달을 밟아 세탁기 작동	자전거 몸체와 드럼통으로 구성
	태양열 전등 (D-Light S250)	태양전지로 전등을 켜거나 휴대폰 충전	밝기를 조절할 수 있으며 한 번 충전으로 10시간 사용
	페트병 전구 (A Liter of Light)	페트병에 물과 표백제를 담아 만든 전구	창문이 없는 어두운 실내를 밝힘
	실내축열장치 (G-saver)	온돌 원리를 이용한 축열기	연료 소비 40% 감축하고 대기 오염 저감
	솔라 에이드 (Solar Aid)	태양광으로 보청기 충전	저렴한 비용으로 사용 가능
주거	매드 하우저 (Mad Housers)	노숙자에게 숙소 제공	잠금장치와 화덕 구비
	머니메이커 블록 프레스 (MoneyMaker Block Press)	흙벽돌 제작기구	사람 5~8명이 하루에 400~800장 제작
기타	네오뉴처 (NeoNuture)	자동차 폐기물로 만든 인큐베이터	전조등으로 내부 온도를 유지하고 바퀴로 이동할 수 있는 인큐베이터
	깡통라디오 (Tin Can Radio)	쉽게 만들 수 있는 수신용 라디오	왁스나 배설물을 담은 깡통에 전선 연결

하는 적정기술도 많다. 놀이기구에 펌프를 단 플레이펌프PlayPump는 한때 세계은행World Bank이 격찬하고 빌클린턴 재단이 투자하여 아프리카 남부에 2천 개가 넘게 설치될 만큼 엄청난 관심과 호응을 받은 적정기술이다. 아이들이 빙글빙글 돌리며 노는 그 원심력으로 지하수를 끌어 올려 물탱크에 저장한다. 하지만 아이들은 플레이펌프에 금방 싫증을 느꼈다. 뺑뺑이가 쌩쌩 돌아야 하는데, 돌린 에너지가 물을 긷는 데 들어가다 보니 속도가 떨어졌기 때문이다. 애써 끌어 올린 물도 그 양이 얼마 되지 않아 결국 아무 쓸모없이 방치되어버렸다.[18] 〈가디언Guardian〉 지의 계산에 따르면 마을 주민 2,500명에게 하루에 필요한 만큼 물을 제공하려면 어린이들이 27시간 동안 뺑뺑이를 돌려야 하는 것으로 지적됐다. 플레이펌프는 수동펌프보다 값이 3배 정도 비싼 데다 유지보수 비용도 만만치 않고, 수리할 수 있는 인력도 적어 결국 2010년 실패로 돌아갔다. 35달러짜리 태블릿 PC 아카시Aakash도 인도에서 교육혁명을 일으키겠다고 야심차게 출발했지만, 한 번 충전으로 3시간밖에 쓰지 못하고 터치스크린 기능이 작동하지 않았으며 와이파이WiFi에 접속하기가 어려워 결국 폐기됐다.[19]

플레이펌프
ⓒwww.playpumps.co.za

우물 하나를 파도 제대로 파야 한다

279

[표 12-2] 적정기술로 개발도상국을 돕는 국내 주요 단체**20**

명칭	소개 및 활동
한국국제협력단 (KOICA)	한국과 개도국 간의 협력을 증진하고 개도국의 경제·사회 개발 지원
굿네이버스	아동의 권리를 우선으로 '굶주림 없는 세상'과 '더불어 사는 세상'을 목표로 함
국경없는 과학기술자회	과학기술인이 개도국에 적정기술을 개발·보급하고 주민을 교육
팀앤팀	아프리카를 중심으로 수자원 개발 프로젝트 수행
나눔과 기술	세계의 어려운 이웃에게 적정기술을 지원하며 나눔의 정신이 담긴 과학기술 문화 확산
대안기술센터	지속가능한 공동체 건설, 환경오염과 에너지 위기에 대한 대안 제시, 빈곤 퇴치를 목적으로 함
에너지팜	대안기술센터와 함께 대안기술 보급, 교육 및 빈곤퇴치 사업 수행
적정기술재단	적정기술의 인지도 확산 및 보급을 위해 활동
한동대학교 그린 적정기술 연구협력센터	최빈국 지역공동체의 자생력 강화 및 경제적 기반 형성 지원
한밭대학교 적정기술연구소	적정기술 워크숍을 개최하고, 논문집 「적정기술」 발간

[표 12-3] 적정기술로 개발도상국을 돕는 해외 주요 단체**21**

국가	명칭	소개 및 활동
미국	국립적정기술센터 (NCAT)	저소득 공동체에 필요한 적정기술 지원. 지미 카터 대통령이 설립
영국	대안기술센터 (CAT)	지속가능하고, 온전하며, 환경적으로 건강한 기술과 삶의 방식 추구
호주	호주 적정기술센터 (CAT)	호주의 원주민 공동체에 적합한 기술 제공
인도	베어풋 대학 (Barefoot College)	농촌 공동체의 지속가능한 자립 지원
에티오피아	셀람기술전수학교 (STVC)	곡물수확 장비, 물 펌프, 벌꿀 추출기, 바이오가스 제조기, 나무 보존 난로 등을 제작
케냐	킥스타트 (KickStart)	가난에서 벗어나는 지속가능한 사업 지원
미국	국제개발기업 (IDE)	적정기술 제품을 통한 수익 창출 지원. 폴 폴락이 설립
영국	프랙티컬 액션 (Practical Action)	가난한 사람들이 일할 수 있는 환경 지원
미국	MIT D-LAP	현지에 가서 적정기술을 설계·적용하고, 사업화까지 진행시키는 리얼 다큐 적정기술 강좌
미국	디 레브 (D-Rev)	하루 2달러도 안 되는 수입으로 사는 사람들을 위해 시장 중심 제품 개발 지원
미국	디 라이트 (D.Light)	밤에 불을 제대로 밝히지 못하는 사람들을 위해 태양발전조명기구 생산

적정기술은 기술이 아니다

기부로 베푸는 적정기술은 과연 적정한가? 미국의 폴 폴락Paul Polak은
빈곤계층이 자선의 대상이 되면 결코 자립할 수 없다고 주장한다. 그
들을 고객으로 바라보고 필요한 물건을 사기 위해 얼마를 지불할 수
있는지 조사해서 적정한 가격으로 제품을 만들어 판매해야 한다는
것이다. 곧, 적정기술에 기반을 둔 제품은 기업가정신을 통해 빈곤계
층도 직접 살 수 있거나 소액금융을 통해 구매할 수 있을 정도로 제
공해야 한다는 것이다. 그는 적정기술을 기반으로 하는 회사 IDEIn-
ternational Development Enterprises를 설립하고, 발로 밟아 지하수를 길어 올
리는 페달식 펌프Treadle pump 개발을 지원했다. 제작비는 8달러 정도
로, 우물을 파고 파이프를 까는 비용까지 포함하면 25달러 선. 비가
적은 건기乾期에 물을 공급해서 밭을 경작할 수 있기 때문에 농부들
에게 큰 인기를 끌었다. 이 펌프로 밭에 물을 주면 큰돈을 벌어준다
고 해서 '슈퍼 머니메이커 펌프Super MoneyMaker Pump'라 불리기도 한다.
"적정기술은 선한 의도를 가진 서투른 수선쟁이보다 냉정한 사업가
가 개발해야 성공할 수 있다"는 폴락의 말에 고개가 끄덕여진다.

슈퍼 머니메이커 펌프
KickStart International
(www.kickstart.org)

우물 하나를 파도 제대로 파야 한다

281

폴 폴락
사진/Ray Ng

2007년 뉴욕에서 '소외된 90%를 위한 디자인Design for the Other 90%' 전시회가 열렸다. 지불 능력이 있는 세계 10%의 소비자를 고객으로 삼아온 현재의 상품디자인을 정면으로 비판하는 '디자인 혁명'이다. '빈곤으로부터의 탈출Out of Poverty'을 주장하는 폴락은 "전문가의 90%가 부유한 10%를 위해 일하고 있다. 우리는 우리의 역량을 소외된 90%를 위해 써야 한다"고 주장했다.

폴락은 '적정기술의 죽음The Death of Appropriate Technology'을 선언했다.**22** 그렇다. 살 수 없을 정도로 비싼 적정기술은 적정하지 않다. 현지인의 입장에서 적정한 가격으로 살 수 있을 때 비로소 적정기술이 될 수 있다. 어떤 기술이나 제품이 현지에서 직접 검증되기 전까지는 적정기술일 수 없다. 서투른 동정으로 범벅이 된 온정주의는 오히려 그 정부의 부패와 무능을 조장했고, 자선을 동력으로 하는 순진한 기부 캠페인은 오히려 적정기술 운동을 실패로 이끌었다. 제대로 된 우물 하나 파기도 어려운데, 어떻게 그들을 도울 수 있을까? 그 지역의 기후와 환경은 물론, 정치·경제·사회·문화적인 배경을 이해하고, 간디의 철학을 바탕으로 슈마허와 디턴Angus Deaton(1945~)의 경제학과 파파넥의 디자인에 폴락의 경영학까지 섭렵하면 진정 그들을 도울 수 있는 것일까? 적정기술에 사람의 체온이 흐르게 하려면 어떻게 해야 할까?

주

1. 박정연, "캄보디아에 기증한 우물, 어쩌다 이렇게 됐을까", 〈오마이뉴스〉, 2016. 2. 1.

2. KOFIH, "식수 개발 사업", 『KOFIH Letter』 18호 (2011), 20-24쪽.

3. 이태무, "몸속에서 1m 넘게 자라 피부 뚫고 나오는 '기니아충'은 완전 퇴치 눈앞", 〈한국일보〉, 2014. 4. 3.

4. 이진욱, "정력음식에 목맨다면 꼭 읽어봐!", 〈노컷뉴스〉, 2013. 7. 24.

5. 이희철, "유프라테스강과 티그리스강을 중심으로 한 수자원 분쟁 연구", 『중동연구』 15권 2호 (1996), 92-102쪽.

6. 〈한겨레신문〉 2006. 2. 28을 참조하여 재작성.

7. 이경선, 『국경 없는 과학기술자들』(뜨인돌, 2013), 75-76쪽.

8. 박영호, "적정기술 활용을 통한 對아프리카 개발협력 효율화 방안", 『대외경제정책연구원 연구 정책세미나』 14-25호 (2014), 117쪽.

9. 나눔과 기술, 『적정기술』(허원미디어, 2013), 100-102쪽.

10. 김정태·홍성욱, 『적정기술이란 무엇인가』(살림, 2011). 이 글에서 적정기술 관련된 내용은 김정태·홍성욱의 책을 중심으로 재구성했다.

11. 방선백·최은영·김경웅, "비소 오염 지하수의 현장 처리 기술 동향: 리뷰", 『자원환경지질학회지』 38권 5호 (2005), 599-606쪽.

12. 홍성욱, "인간중심형 적정기술, 인류의 미래를 밝힌다", 〈한국일보〉, 2015. 5. 24.

13. 섬광, 『세상에 대하여 우리가 더 잘 알아야 할 교양. 25: 적정기술』(내인생의책, 2013). 이 글의 여러 적정기술의 사례는 섬광의 책을 발췌 인용했다.

14. 홍성욱, "적정기술의 의미와 역사", 『과학기술정책』 21권 2호 (2011), 52쪽.

15. 문효식, "오지탐험을 위한 필수용품 '라이프스트로'", 〈요트피아〉, 2013. 7. 26.

16. 한국국제협력단, 『KOICA 사업 성과관리·개선을 위한 사회조사방법론 적용 방안』, 2015. 12.

17. [표 12-1]은 신문 및 잡지, 논문, 서적 등 각종 자료를 참조해 필자가 정리했다.

18. 홍성욱, "적합성, 실현가능성, 지속성 고려한 기술을 위하여", 〈한국일보〉, 2015. 12. 20.

19. 김철회, "적정기술 기반 스타트업 사례 분석", 〈IT NEWS〉, 2015. 8. 30.

20. [표 12-2]는 신문 및 잡지, 온라인 자료들을 수집하여 필자가 정리했다.

21. [표 12-3]은 신문 및 잡지, 온라인 자료들을 수집하여 필자가 정리했다.

22. "The Death of Appropriate Technology I : If you can't sell it don't do it", http://www.paulpolak.com/the-death-of-appropriate-technology-2 (2016. 5. 8 접속).

지구 종말시계가
자정으로 치닫고 있다

천윤재: (도민준의 집에서 천체망원경을 발견하고) "이게 다 형 거
　　　야? ……부탁이 있는데 망원경 옆에서 셀카 한 장만 찍
　　　어도 돼?"

도민준: "별 좋아하면 이 사진 가져."

천윤재: "맞아! 칠레 아타카마사막. 나 돈 벌면 여기 가는 게 소
　　　원인데……."

도민준: "내가 지구상에서 제일 좋아하는 곳이야. 일조량이 많
　　　고 건조하고 하늘도 맑아서 밤이 되면 사막 위로 별이
　　　쏟아진다는 기분이 들거든."

　외계에서 온 남자 '외계남'과 지구의 여자 '지구녀'의 러브스토리
를 다룬 〈별에서 온 그대〉의 주인공 도민준이 천송이의 동생 천윤재
와 나눈 대화다. 아타카마Atacama사막은 세계에서 가장 긴 나라 칠레
의 북부, 곧 안데스산맥과 태평양 사이 1,600㎞에 걸친 황량한 지역

이다. '죽음의 계곡'이라 불리는 미국 캘리포니아의 데스밸리$^{Death Valley}$보다 50배 더 메말랐다. 2000만 년 동안 건조한 상태 그대로인 데다기후를 측정하기 시작한 뒤 한 번도 비가 내리지 않은 지역도 있다.사막 대부분이 모래와 화강암과 염분으로 이루어져 있어 모래와 바위로 덮인 사막이나, 황야가 밤이 되면 별이 쏟아질 만큼 아름다운외계 행성처럼 보인다. '외계남' 도민준이 제일 좋아할 만한 곳이다.실제로 미국 항공우주국^{NASA}이 화성과 가장 비슷한 환경을 가진 아타카마사막에서 화성에서 재배할 만한 감자를 육종하는 실험을 하고 있기도 하다. 화성은 대기의 95%가 이산화탄소인 데다 자외선이굉장히 강하고 일교차가 매우 커서, 아타카마사막이 가장 비슷한 환경으로 꼽힌 것이다.

2015년 3월 아타카마사막에 비가 내렸다. 그것도 불과 12시간 동안 23mm가 내렸다. 우리나라 연평균 강수량이 800~1,500mm인 걸 감안하면, 한나절 동안 23mm는 제법 많은 양이다. 그 지역 기준으로는 7년 동안 내릴 비가 12시간 동안 다 내린 것이다. 시간이 지나면서사막에 내린 비는 반가움이 아니라 당혹스러움으로 변해갔다. 비가내린 지역은 6개월 뒤 온통 보랏빛 꽃밭으로 변했다. 바닷가 주변에잘 자라는 두해살이 풀인 당아욱$^{Mallow flowers}$이 양탄자처럼 깔린 것이

칠레의 아타카마사막
ⓒESO/B. Tafreshi

다. 신기한 풍경에 감탄한 관광객들이 벌떼처럼 몰려들었지만, 기후학자들에겐 기상이변이 남긴 풍경이 전혀 아름다워 보이지 않았다.

기후변화가 바꾼 아마겟돈의 풍경

기후변화의 진풍경은 아타카마사막뿐 아니다. 미국 워싱턴 DC의 12월 기온은 평균 영하 1~4℃ 정도다. 2015년 크리스마스에 기온이 초여름 같은 영상 21℃를 기록했다. 화이트 크리스마스를 기대하던 시민들은 반팔 차림으로 거리를 나다니고 아이스크림이 불티나게 팔려 나갔다. 도시 서쪽을 흐르는 포토맥강을 끼고 인근 버지니아주와 메릴랜드주 일대에는 벚꽃이 피기도 했다. 웬걸, 바로 한 달 뒤 초강력 눈폭풍이 워싱턴을 비롯한 미국 동부를 강타했다. 엄청난 눈Snow이 초래하는 '종말Amageddon'인가? '스노마겟돈Snowmageddon'으로 칭해진 어마어마한 폭설이 내렸다. 미국 동부 15개 주에 최대 풍속 100km/h에 가까운 폭풍이 불고 전기와 교통이 끊겨 비상사태가 선언되기도 했다.

비가 내린 후 꽃밭으로 변한
아타카마사막

ⓘESO/B. Tafreshi)

2013년 12월 이집트와 이스라엘 등 중동 지역에 눈이 내렸다. 이집트는 공식적으로 기상을 측정한 이래 112년 만에, 이스라엘은 70년 만에 처음 내린 눈이다. 이스라엘도 50㎝가량 내린, 처음 겪는 폭설로 시민들은 눈 구경에 바빴지만, 정전이 발생하고 도로가 막혀 큰 혼란을 겪기도 했다. 반면 아프리카에서 유일하게 만년설을 간직하고 있어 '지구의 신령'으로 불리는 킬리만자로(5,895m)에서는 눈이 차

2015년 12월 미국 동부에 핀 벚꽃(왼쪽). 그로부터 한 달 뒤인 2016년 1월에 폭설이 내렸다.

ⓕjankgo
ⓕⓢAlejandro Alvarez

2013년 12월 13일, 내리는 눈을 즐기는(?) 이집트의 낙타

twitter@belharesya

만년설이 녹고 있는 킬리만자로. 왼쪽이 1993년, 오른쪽이 2000년에 NASA가 촬영한 것이다.

즘 사라지고 있다. 스와힐리어로 '빛나는 산'이라는 뜻의 킬리만자로 산은 만년설이 85%가량 녹아버려 앞으로 더 이상 빛나지 않을지도 모른다.

바다 생물의 4분의 1이 사는 산호초도 최악의 위기에 직면했다. 아프리카 동쪽 마다가스카르 섬에서 인도네시아 반다해, 하와이, 미국 플로리다 키웨스트까지 태평양, 대서양을 포함한 세계 바다의 산호초가 심각한 백화白化현상을 겪고 있다. 백화현상은 바닷물의 온도가 올라 바닷말이 살 수 없게 되고, 바닷말과 공생하던 산호가 죽어 흰색으로 변하는 것을 말한다. 산호초는 10억 명 이상이 먹을 수산자원을 공급하는 해양생태계의 인큐베이터라 할 수 있다. 광범위한 백화현상이 1998년과 2002년에도 발생했지만 2014년이 가장 심각했다.

남태평양의 섬나라 투발루는 기후변화로 인해 땅이 바다에 잠겨 사라지고 있다. 해수 표면이 상승하면서 원래 9개의 섬으로 이루어

백화현상이 일어나고 있는
산호군집
ⓘⓒAcropora

진 투발루는 섬 2개가 물에 잠겨 사라졌다. 시간이 흐르면서 섬들이 점점 물에 잠기자 2013년 투발루 정부는 국가 위기를 선포하고 주변 국가로 이주하는 '기후난민'이 되는 길을 선택했다. '지구종말시계 Doomsday Clock'의 초침이 자정을 향해 점점 빠르게 째깍거리고 있는 것일까?

지구종말시계를 움직이는 기후변화

지구종말시계는 제2차 세계대전에서 히로시마의 참상을 목격한 원자폭탄 개발자들이 핵폭탄으로 인류가 공멸하는 위험을 경고하기 위해 1947년 고안한 가상의 예측 시계다. 미국 시카고 대학의 핵물리학자 모임을 중심으로 원자폭탄을 개발한 '맨해튼 프로젝트'의 주요 과학기술자들이 참여했다. 이 시계가 자정을 가리키는 날은 핵전쟁으로 인류가 공멸하는 날이다. 시카고 대학이 발행하는 원자과학자 학회지 운영이사회가 핵무기의 발달과 군비 경쟁, 국제관계의 긴장 정도를 반영하여 시계의 분침을 조정하여 대학이 발행하는 「원자과학자 회보Bulletin of the Atomic Scientists」 표지에 싣는다. 지구종말시계는 처음 작동한 1947년엔 자정 7분 전이었는데, 그동안 17분 전과 2분 전 사이를 16차례 오갔다. 미국이 1952년 말 수소폭탄의 실험에 성공하고 소련이 뒤따르자 시계는 2분 전을 가리켰다. 자정에 가장 가까웠던 기록이다. 자정에서 가장 먼 17분 전은 미국과 러시아가 핵감축을 처음 선언한 1991년의 기록이다.[1]

  2007년에는 지구종말시계를 움직이는 톱니바퀴가 하나 더 추가됐

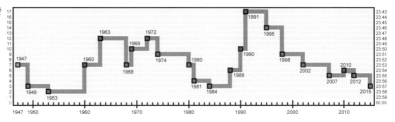

지구종말시계의 시간 변화, 1947~2015.

다. 지구 종말의 원인으로 핵무기에 이어 기후변화가 포함된 것이다. 2005년 교토의정서가 발표되면서 기후변화 문제가 국제적인 관심사로 떠올랐다. 영국의 스티븐 호킹 박사는 "기후변화는 장기적으로는 테러보다 더 큰 위협이다. 전쟁만 인류의 존재를 위협하는 것은 아니다. 이제는 기후변화의 위협이 핵전쟁만큼 위험하다"고 경고하기도 했다.[2] 2007년 종말시계의 분침을 결정하기 위해 모인 노벨과학상 수상자 18명은 기후변화를 지구종말의 요인으로 꼽고, '기후변화는 핵무기에 버금가는 심각한 위협'이라는 제목과 함께 「원자과학자 회보」에 종전보다 2분 앞당긴 11시 55분을 가리키는 종말시계를 새겼다. 2016년 현재 종말시계는 자정까지 3분 남은 11시 57분을 가리키고 있다.

2016년 현재 지구종말시계는 자정까지 3분 남은 11시 57분을 가리키고 있다.

'성장의 한계'에 대하여

연못에 수련이 자라고 있다. 수련이 하루에 갑절로 늘어나는데, 29일째 되는 날 연못의 반이 수련으로 덮였다. 아직 반이 남았다고 태연할 것인가? 연못이 수련에 완전히 점령당하는 날은 바로 다음 날이다.

인류와 지구의 미래에 대해 연구하는 로마클럽The Club of Rome은 경제 성장이 환경에 미치는 부정적인 영향을 경고하기 위해 1972년 『성장의 한계The Limits to Growth』[3]를 발표했다. 이 보고서는 당시 경제성장이 미치는 부정적인 영향을 인구·생산·식량·자원·환경 다섯 가지 문제로 나누어 살폈다. ① 인구는 연 2.1%씩 늘어나는데 식량 생산은 인구증가율을 따라잡지 못한다. ② 공업 생산은 연 5%씩 증가하는데, 자본재가 없어지는 속도는 공업 성장속도보다 훨씬 빠르다. ③ 지구의 모든 땅을 경작하더라도 인구를 먹여 살릴 식량 생산은 한계에 이를 수밖에 없다. ④ 자원 사용속도는 인구증가나 공업성장 속도보다 빠르게 증가해 자원은 마침내 고갈될 수밖에 없다. ⑤ 인구와 공업 활동의 영향을 받아 지구의 환경오염은 심각해질 수밖에 없다. 로마클럽은 이런 성장 추세가 지속되는 한 앞으로 100년 안에 성장의 한계에 도달할 것이라고 예측했다. 인구증가·공업화·환경오염·식량 감소·자원고갈이 계속된다면 더 이상 인류의 발전은 어렵다는 것이다.[4] 출간 바로 이듬해 오일쇼크가 발생하면서 고도성장과 환경파괴에 대한 관심이 폭발적으로 증가했다. 이때 『성장의 한계』는 1980년대 유엔을 중심으로 '지속가능한 개발'이라는 담론을 태동시키는 계기를 제공했다.

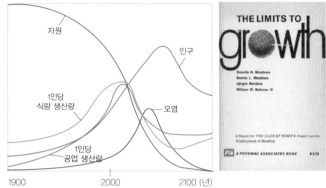

『성장의 한계』 초판본(1972)
표지(오른쪽)와 그래프
ⓒ1972 by Universe Books

『성장의 한계』는 'Grow or Die'를 주장하는 전통적인 경제학자들의 강력한 반발에 부딪혔다. 자원고갈이나 환경오염은 그리 큰 문제가 아닌 데다 기술 발전으로 해결할 수 있다는 것이다. 또 연구과정에서 부적절한 가정과 불완전한 자료로 나온 결과이기 때문에 신뢰할 수 없다는 것이다. 결정적인 것은 '구리'다. 『성장의 한계』는 가장 먼저 고갈될 자원으로 동선銅線의 재료인 구리를 꼽았지만, 광섬유가 등장하면서 구리는 고갈되지 않았기 때문이다. 당시 세계적인 미래학자였던 허먼 칸Herman Kahn(1922~1983)은 파울 에를리히Paul Ehrlich(1932~)의 『인구폭탄The Population Bomb』, 개릿 하딘Garrett Hardin(1915~2003)의 『공유지의 비극The Tragedy of the Commons』 같은 환경생태주의 서적들을 '종말론적 에세이'라고 몰아붙였다. 그는 "우리는 현재 그리고 가까운 미래의 기술만으로 100년 동안 세계 150억 명을 1인당 2만 달러 수준으로 생활할 수 있게 만들 수 있다. 아주 보수적으로 잡아도 그렇다는 말이다"고 주장했다.[5]

특히 미국의 줄리언 사이먼Julian Simon(1932~1998)은 기술의 진보에 따라 자원 채굴량이 계속 늘어나고 자원 소비도 절감할 수 있으므로 결과적으로 자원고갈은 없다고 강변했다. 1980년, 사이먼은 에를리히

자원고갈 및 성장의 한계와 관련하여 논쟁을 벌인 학자들.
(왼쪽부터) 허만 칸, 파울 에를리히, 개릿 하딘, 줄리언 사이먼, 매슈 사이먼스.

에게 내기를 걸었다. '한정된 자원인 주요 광물의 가격이 10년 뒤 지금보다 오를까 내릴까?' 하는 내기다. 10년 뒤에 구리·크롬·니켈·주석·텅스텐 5개 광물의 가격이 오른다면 사이먼이 에를리히에게, 내리면 에를리히가 사이먼에게 1만 달러를 주기로 했다. 10년 뒤 승자는 사이먼이었다. 1980년대에 세계 경기침체로 시장가격이 폭락했기 때문이다. 의기양양한 사이먼은 "지금 우리는 앞으로 70억 년 동안 계속 늘어날 인구를 먹이고 입히고 에너지를 제공할 기술을 손 안(사실은 도서관)에 가지고 있다"고 떠벌렸다.[6]

새천년으로 들어설 무렵 몇몇 경제학자들은 에를리히가 시기를 잘못 잡았을 뿐 다시 내기를 한다면 에를리히가 이길 것으로 전망했다. 실제로 에를리히는 광물 가격 대신 지구 기온, 이산화탄소 농도, 남성 정자 수 같은 15개 환경지표에 대해 10년의 전망을 걸고 두 번째 내기를 하자고 제안했지만, 사이먼은 거절했다.[7] 2000년 미국의 매슈 사이먼스Matthew Simmons(1943/4~2010)가 석유 채굴량이 정점에 다다른 뒤 점점 줄어들 것이라는 예측을 담은 『사우디아라비아 석유의 비밀Twilight in the Desert』을 출간한 뒤 실제로 미국의 가스 값이 폭등하면서 '성장의 한계'가 다시 힘을 얻기 시작했다. 또 2008년 오스트레일리아의 그레이엄 터너Graham Turner는 1970년부터 2000년까지 로마클럽의 예측과 실제 데이터를 비교하여 '성장의 한계'의 예측이 거의 맞았다는 보고서 「성장의 한계 30년 뒤의 평가A Comparison of the Limits to Growth with Thirty Years of Reality」를 발표하기도 했다.[8]

'하나뿐인 지구'를 위한 갈등

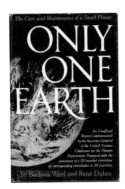

「하나뿐인 지구」 초판본 표지
ⒸW W Norton & Co Inc, 1972

사실, 기후변화에 대한 국제사회 경고는 어제 오늘의 이야기가 아니다.『성장의 한계』가 발표된 1972년, 유엔환경회의는 '하나뿐인 지구 Only One Earth'라는 슬로건을 걸고 국제협력추진기구 설립을 협의하기 시작하여 같은 해 유엔환경계획UNEP을 설립했다. 1979년 제1차 세계기후회의WCC에서 UNEP는 세계기상기구WMO와 함께 협의하여 이듬해 '세계기후계획WCP'을 창설했다. 1987년 세계환경개발위원회WCED가「우리 공동의 미래Our Common Future」라는 보고서를 통해 '지속가능한 개발Sustainable Development'[9]을 선언했다. '성장의 한계'와 '하나뿐인 지구'를 이어받은 '지속가능한 개발'이란 '미래 세대가 필요한 것을 스스로 충족시킬 수 있는 능력을 해치지 않고 현재 세대의 필요를 충족시키는 것'이다.

유엔환경계획과 세계기상기구는 기후변화의 원인과 영향을 연구하고 대응책을 마련하기 위해 1988년 '기후변화에 관한 정부간협의체 IPCC'를 설치했다. 2년 뒤 발표된 IPCC의 제1차 보고서는 2025년까지 지구의 평균온도가 1℃ 높아지고, 2030년까지 해수면이 평균 20㎝ 상승하여 일부 섬나라와 저지대 국가들이 물에 잠길 것으로 예측했다. 이에 따라 유엔은 1990년 세계 규모의 기후변화협약을 맺기로 계획하고 2년 뒤 178개국 대표가 모여 리우환경선언을 채택했다. 당사국들은 온실가스 배출에 주의하고, 그 성과를 당사국총회COP에서 보고하기로 했다. 하지만 지구온난화의 원인은 선진국이 초래한 것인데, 개도국이 왜 함께 고통을 짊어져야 하는지에 대한 갈등으로 더 이상 진척을 보지 못했다.[10] 이에 1997년 구체적인 이행 방안으로 선진국의 온실가스 감축목표를 규정한 것이 바로 교토의정서다. 2005년 발효된 교토의정서는 미국·EU·일본 등 37개국이 2008~2012년에 이산화탄소(CO_2)·메탄(CH_4)·아산화질소(N_2O)·불화탄소(PFC)·수소화불화탄소(HFC)·불화유황(SF_6) 여섯 가지 온실가스 총배출량을 1990년 수준보다 평균 5.2% 감축하기로 했다.

교토의정서 발의에 적극적이던 미국이 2001년 갑자기 탈퇴를 선언했다. 온실가스 배출량 1~3위를 다투는 중국과 인도가 의무감축 대상국에서 제외됐다는 것이다. 이산화탄소 배출량에서 세계의 28%를 차지하고 있던 미국의 탈퇴는 교토의정서 자체를 휴지조각으로 만들어버렸다. 의무감축량이 가장 많은 만큼 미국의 산업 전반을 위축시킬 것이라는 우려도 있었지만, 사실은 조지 부시George Bush와 앨 고어Al Gore의 대통령 선거 과정에서 있었던 교토의정서에 대한 정치적인 이견 때문으로 분석되고 있다. 고어가 『불편한 진실An Inconvenient Truth』을 통해 지구온난화의 위험을 알리고 교토의정서가 나오는 데 크게 기여했지만, 의정서를 반대해온 부시가 대통령이 되면서 탈퇴해버렸다는 것이다. 2012년 카타르 도하에서 열린 당사국총회는 2020년까지 시한을 연장하기로 했지만 미국의 탈퇴로 교토의정서는 더 이상 '지속가능하지 않은 협약'이 되어버렸다.

미국의 탈퇴로 껍데기만 남았지만, 우리나라를 비롯한 개도국과 러시아, 캐나다가 비준하면서 교토의정서는 어렵사리 궤도에 올랐다. 예정대로 교토의정서는 2008년부터 5년간 1차 이행기간에 돌입했다. 의무이행 대상국들은 감축에 실패할 경우 2차 공약기간에 남은 감축분을 채우고 패널티로 감축분 30%가 더 늘어나기 때문에 적극적으로 대처했지만, 2012년 1차 공약기간 종료를 앞두고 여러 국가들이 탈퇴하기 시작했다. 먼저 캐나다는 오일샌드가 발견되면서 탄소산업이 주요 산업이 될 것이라는 전망이 커지면서 탈퇴를 선언했다. 일

본과 러시아도 탄소배출 1위(중국)와 2위(미국)가 없는 상태에서 의미가 없다는 이유로 탈퇴했다.[11]

'지속가능한 개발'과 '지속가능한 협약'

'지속가능한 개발'을 위한 '지속가능한 협약'은 없을까? 2015년 프랑스 파리에서 196개국이 참여한 제21차 기후변화협약 당사국총회 COP21가 열렸다. 교토의정서에 불만을 가진 선진국과 앞으로 책임을 짊어질 개도국이 함께 모여 파리협약을 성사시킨 것이다. 총회가 열리는 동안 당사국들은 서로 치열한 공방을 펼쳤지만, 기후변화 문제를 해결하려면 '지속가능한 협약'이 필요하다는 의식을 공유하여 '파리협약'을 채택했다. 협약이 체결되자 세계 각국의 지도자들은 일제히 축하 메시지를 전했다. 반기문 유엔사무총장은 "우리에게 대안은 없다. 또 다른 지구도 없다There is no plan B, There is no planet B"고 했고, 프랑수아 올랑드François Hollande 프랑스 대통령도 "가장 아름답고 평화적인 혁명이 방금 이뤄졌다"는 축사를 남겼으며, 쿠미 나이두Kumi Naidoo 그린피스 사무총장 역시 "지금까지 기후변화 대응 '바퀴'는 천천히 돌아갔지만, 파리가 (그 속도를) 바꿔놨다"고 축하했다.[12]

파리협약의 장기 목표는 2100년까지 지구 평균기온 상승폭을 산업화 이전 대비 2℃보다 훨씬 낮게 유지하고, 1.5℃로 제한하기 위해 노력하는 것이다.[13] 현재 지구 평균온도가 산업혁명 이전보다 1℃ 높으니 앞으로 상승폭을 0.5~1℃에 묶어두겠다는 것이다. 도대체 1℃ 차이로 무엇이 달라질까? 평균 1℃가 더 높아지면 만년설이 녹는다.

홍수와 가뭄이 잦아지고 한국에도 사막이 생길 수 있다. 꿈같은 섬 몰디브가 진짜 꿈의 섬이 되어버릴 수도 있다. 앞으로 1℃에 지구의 미래가 달려 있는 셈이다.

교토의정서가 온실가스 감축에 초점을 맞추었다면, 파리협약은 온실가스 감축을 포함한 포괄적인 대응을 다루고, 선진국이나 개도국 할 것 없이 감축의무를 지게 됐다는 점이 다르다. 모든 국가는 장기적인 탄소저감 전략을 마련하고 2020년까지 UN에 제출한 뒤 2021년부터 이행해야 한다. 또 스스로 결정한 기여방안을 5년 단위로 제출하고 이행하도록 한다. 기여방안은 각국이 스스로 결정하여 5년마다 제출하도록 했지만, 이행은 자발적인 노력에 맡겨 국제법적인 구속은 배제했다. 감축유형은 선진국은 절대량 방식을 유지하고, 개도국은 국가별 여건을 감안하여 포괄적인 감축목표를 점진적으로 제시하도록 했다. 감축목표 제출원칙은 이전보다 진전된 수준으로 하되 최고 의욕수준을 반영해야 한다는 것이다. 감축목표 이행 여부는 5년 단위로 공동차원의 종합적인 이행점검을 도입하여 2023년부터 실시한다.

파리협약은 이행뿐 아니라 제도의 '적응'도 주목하고 있다. 모든 국가는 국가적응계획을 세우고 적응계획과 이행내용에 대한 보고서를 제출토록 했다. 각국의 적응정책과 이행사례에 대한 정보를 공유하며 협력을 강화하기 위해서다. 개도국의 이행지원을 위한 기후재원 규정도 마련했다. 선진국을 대상으로 2020년부터 연간 1,000억 달러의 기후변화 대응기금을 조성하고, 나머지 국가들의 자발적인 기여를 독려한다는 것이다. 또 온실가스 감축은 기술이 핵심이기 때문에 선진국과 개도국 간의 기술협력 확대와 중장기 전략을 위한 '기술 프레임워크'를 수립하기로 했다. 실질적인 프로젝트를 통해 기술수요를 평가하고 프로젝트를 수행하며, 관련기술을 이전하고 재정적인 지원도 제공한다는 것이다.

협약은 전체 195개국 가운데 55개국 이상이 참여하고, 세계 온실가스 배출량의 55% 이상에 해당하는 국가가 비준하는 두 가지 기준을 모두 충족하면 발효된다. 파리협약은 과연 '지속가능한 개발'을 위한 '지속가능한 협약'이 될 수 있을까? 교토의정서처럼 출발은 순탄했지만 실제 시행을 앞두고 주요 국가들이 탈퇴하는 실패를 되풀이할 수는 없다. 파리협약은 의정서Protocol가 아니라 협약Agreement이다. 둘 다 국제법상 국가들이 주체가 되어 맺는 조약Treaty이다. 의정서는 국가마다 차이가 있긴 하지만 삼권이 분립되어 있는 나라들이 입법부의 비준을 거쳐야 맺는 조약이고, 협약은 행정부가 입법부의 동의 없이 외국 정부와 맺는 약정이다. 곧 의정서는 입법부가, 협약은 행정부가 주도권을 가지고 있다.[14] 예를 들면 환경보호에 적극적인 오바마 정부의 의지만으로 바로 협약을 맺을 수 있고, 새로운 정부가 들어서더라도 의회가 탈퇴를 결의하기가 쉽지 않기 때문이다.

한국의 지속가능한 준비

한국은 2002년 국회 발의로 교토의정서에 비준했다. 2000년을 기준으로 OECD 국가 가운데 온실가스 배출 증가율이 1~2위를 다툴 정도로 높다. 또 당시는 개도국으로 분류되어 당장의 타격은 크지 않지만 얼마 지나지 않아 의무이행 대상국이 될 가능성도 컸다. 이에 한국은 2012년 '온실가스·에너지 목표관리제'를 실시하여 기업의 온실가스 배출을 감시하기 시작하고, '온실가스 배출권의 할당 및 거래에 관한 법률'을 통과시켜 2015년부터 '탄소배출권거래제도'를 시행하고 있다. 산업구조로 볼 때 일찍 준비하지 않으면 그 부담이 점점 커지는 데다 한국에서도 미세먼지나 가을 황사 같은 이상기후가점점 심각하게 부각됐기 때문이다. 하지만 아직 거래실적은 매우 미미하다. 할당량이 부족해 관심을 갖고 거래에 참여하는 기업이 적고, 배출권이 남더라도 미래를 고려하면 선뜻 팔 수도 없다. 탄소배출권의 가격을 매기고 거래를 주선하는 중개인도 제대로 양성하지 못했다. 선진국에서는 굉장히 유망한 직종인 데 비해 한국에서는 그 존재조차 아직 생소하다. 배출권거래시스템을 구체적으로 정비하지 못하고 탄소금융과 탄소컨설팅 등 탄소를 중심으로 하는 새로운 시장에 대한 인식도 매우 낮은 것은 여전히 개선해야 할 문제로 지적되고 있다.

[표 13-1] 우리나라의 온실가스 총배출량 순위(의무감축국)[15]

(단위: 백만톤 CO_2eq.)

순위	국가	1990	2012	2013	1990년 대비 증감율(%)	2012년 대비 증감율(%)
1	미국	6,301	6,545	6,673	5.9	2.0
2	러시아	3,941	2,862	2,799	−29.0	−2.2
3	일본	1,270	1,391	1,408	10.8	1.2
4	독일	1,248	928	951	−23.8	2.4
5	캐나다	613	715	726	18.4	1.5
6	대한민국	292	684	695	137.6	1.5

* UNFCCC에 제출한 온실가스 의무감축국의 온실가스 배출량은 2006 IPCC GL을 기준으로 산정되었다.

파리협약에서 한국은 교토의정서를 기준으로 개도국으로 분류됐다. 감축목표를 자율적으로 설정할 수 있지만, 경제규모와 국제적인위상으로 볼 때 선진국 수준의 감축 노력을 해야 한다. 개도국 가운데 맨 앞에 서 있는 '선진개도국'이기 때문이다. 이에 이미 자발적 감축방안으로 2030년 배출전망치BAU 대비 37%를 감축하겠다는 목표를 제시하고, 다른 개도국에 대한 기술지원 의사를 밝히기도 했다. 하지만 한국의 현실은 녹록치 않다. 의무감축국이 2015년 유엔에 보고한 온실가스 배출량을 보면 한국은 2013년에 1990년 대비 137.6%나 늘어났다. 선진국들은 30% 안팎으로 늘어나거나 줄었는데, 한국만 엄청나게 증가한 것이다. 산업구조가 에너지소비가 많은 제철·조선·석유화학 등을 중심으로 짜여 있기 때문이다. 재생가능에너지 비율은 2014년 OECD 평균이 9.2%인데 한국은 1.1%에 불과하다. 1인당 에너지소비량을 살펴보자. 다른 나라는 2000년부터 소비량이 줄어드는데, 한국만 큰 폭으로 높아지고 있다. 급기야 2010년에는 1인당 에너지소비량이 5,000kg을 넘어 부끄러운 세계 1위가 됐다. 국가정책으로나 국민의식으로나 선진국에 한참 뒤지고 있는 것이다.

파리협약에서 한국이 제시한 감축목표 37%를 달성하려면 배출권거래에 참여한 500개 기업은 감축비용으로 연평균 15억 원, 제철·정

국내 1인당 전력
소비량 추이[16]

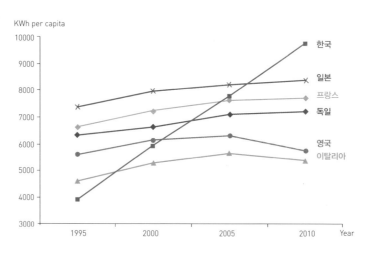

유 같은 배출량 상위 10개 기업은 연평균 4800억 원을 부담해야 할 것으로 보인다. 산업 전반에 큰 타격을 가져올 지나친 감축이라는 볼멘 목소리가 터져 나올 만하다.[17] 선진국은 절대량을 감축해야 하지만 한국은 개도국처럼 배출전망치 대비 목표비율을 감축해야 한다. 오랫동안 온실가스 배출량 10위권에서 벗어난 적 없는 한국이 개도국 대접을 받는 것은 협상을 잘했다고 할 수도 있지만, 앞으로 감축 노력이 시급하고 절실하다는 것을 깨달아야 한다. 2000년대 들어 한국의 경제 자체가 동력이 떨어져 성장의 한계에 달한 지금, 환경 때문에 또 다른 '성장의 한계'에 부딪힐 수는 없지 않은가? 기후변화를 고려하지 않은 과학기술은 앞으로 그 가치를 잃게 될 것이다. 과학기술도 이제 '지속가능한 발전'을 향한 여정에 나서야 할 때다.

주

1. "Doomsday Clock", http://en.wikipedia.org/wiki/Doomsday_Clock (2016. 4. 18 접속). 이 글의 지구 종말시계와 관련된 내용은 Wikipedia "Doomsday Clock" 항목을 참고해 정리했다.

2. "Doomsday Clock Now Gauges Climate Change", *The Washington Post*, 2007. 01. 17. 〈워싱턴 포스트〉지는 2007년 종말시계의 분침 결정에 기후변화가 들어가게 되었다며, 스티븐 호킹의 기후변화에 대한 경고를 언급했다.

3. 한국어판은 2012년에 출간되었다. 『성장의 한계』(김병순 옮김, 갈라파고스).

4. "성장의 한계", 『두산백과』. 성장의 한계에 대한 정리 내용은 두산백과 온라인판을 참조했다.

5. "The Limits to Growth", http://en.wikipedia.org/wiki/The_Limits_to_Growth (2016. 5. 4 접속); 유근배, "성장의 한계: 인류가 직면한 위기에 관한 로마클럽 보고서", 『사회과학 명저 재발견 1』(서울대학교 출판문화원, 2012).

6. 서동민, "역사상 유명한 내기", 〈울산매일〉, 2014. 1. 14.

7. 앨런 와이즈먼, 『인구 쇼크』(알에이치코리아, 2015), 530쪽.

8. 박경훈, "불편한 진실, 부활한 미래 예측", 〈제주의 소리〉, 2016. 4. 18. 필자는 이 글에서 성장의 한계에 관한 현재까지의 논의를 자세히 정리하며 기후변화에 대한 이해를 돕고 있다.

9. 카이스트의 마이클 박 교수는 '지속가능한'이 아닌 '지탱가능한'이라는 용어를 사용하는 것이 적절하다고 주장하고 있다. '지속가능한'은 장기간 지속되는 이익을 생각하자는 공리주의적 사고의 실용적 친환경주의적 흐름에서 사용되었는데, 환경이 지탱할 수 있는 발전이라는 원래 취지와 앞으로 풀어야 할 과제를 고민하려면 '지탱가능한'이 적절한 용어라고 보는 것이다. "환경, 이젠 소통만이 살길이다", 〈오마이뉴스〉, 2013. 3. 16.; 1990년대 '지속가능한'이라는 용어가 국내에 정착되지 않았을 때 환경 관련 신문기사와 논문 등을 보면 '지탱가능한'을 사용하기도 했다. "성장과 환경 한계 극복, '지탱가능한 발전' 새이론 각광", 〈매일경제〉, 1992. 5. 12.; 정회성, "지탱가능사회를 향한 환경정책 발전방향", 『환경정책』 4-1(1996).

10. 함규진, "조약사, 조약이 맺은 역사의 고빗길—리우환경협약", 네이버 캐스트.

11. 이 글의 교토의정서와 관련된 내용은 1997년에 나온 교토의정서 전문과 이유진, 『기후변화이야기』(살림, 2010)를 토대로 각종 신문기사 및 연구 논문들을 종합하여 재정리했다. 참고로 교토의정서 전문은 위키피디아의 "위키문헌"에서 확인할 수 있다.

12. 이지수, "파리기후협정, '지구·인간 살리는 대전환점', 세계 정상들 한목소리", 〈세계일보〉, 2015. 12. 13.

13. UNFCCC, *ADOPTION OF THE PARIS AGREEMENT*, 2015. 12. 12; "Post-2020 신기후체제 협상결과 상세 내용", 「관계부처 합동보도자료」, 2015. 12. 12. 이 글의 파리협정의 자세한 내용은

파리협정 전문과 관계부처 합동보도자료를 분석 정리했다.

14. 김상협, "파리현장에서, 의정서(Protocol)일까 협정(Agreement)일까?", 〈조선비즈〉, 2015. 12. 11. 파리협정 체결 당시 미국의 존 케리 국무장관은 공화당이 장악하고 있는 미 의회를 고려하여 행정명령만으로도 시행이 가능한 '협정'으로 가기를 강력히 요구했다고 한다.

15. 2015년 제출 CRF (UNFCCC, 2015).

16. The World Bank, http://data.worldbank.org/indicator/EG.USE.ELEC.KH.PC

17. 유영호, "'눈앞에 성큼' 新기후체계, 에너지·산업 구조조정 '발등의 불'", 〈머니투데이〉, 2015. 12. 15.

행복한 미래를 꿈꾸며
왜 불안한 미래를 걱정할까?

세상에서 가장 위험한 동물은 무엇일까?

2014년 빌앤드멜린다게이츠 재단Bill & Melinda Gates Foundation은 세계보건기구WHO의 자료를 바탕으로 '세상에서 가장 위험한 동물The World's Deadliest Animals' 10종을 선정했다. 이에 따르면 사람에게 가장 치명적인 동물은 모기다. 2013년 한 해 동안 72.5만 명이 모기가 옮기는 말라리아로 죽었다. 2위는 인간이다. 인간은 1년 동안 전쟁·테러·살인 등으로 사람을 47.5만 명이나 죽인 굉장히 위험한 동물이다. 3위는 뱀(5만 명), 4위는 광견병에 걸린 개(2.5만 명), 5위는 체체파리(1만 명), 침노린재(1만 명), 우렁이(1만 명)다. 그 뒤로 회충(2,500명), 촌충(2,000명), 악어(1,000명), 하마(500명), 코끼리(100명), 사자(100명), 늑대(10명), 상어(10명)가 이어진다.[1]

빌 게이츠는 2009년 미국 캘리포니아 몬터레이에서 열린 강연회 TEDTechnology, Entertainment, Design에서 '모기, 말라리아 그리고 교육Mosquitos, Malaria and Education'이라는 주제로 강의를 했다. TED의 가치인 '퍼뜨릴 가치가 있는 멋진 생각Ideas Worth Spreading'을 널리 알리기 위해서다. 강연 도중 게이츠는 짓궂게도 이 '가장 위험한 동물' 수십 마리를 슬그머니 청중 앞에 풀어놓았다. "가난한 사람들만 말라리아를 경험할 이유가 없다"는 것이다. 물론 이날 방사된 모기는 말라리아를 옮기지 않는 '깨끗한' 모기다.

1년 동안 이 동물들로 인해 죽은 사람의 수

- 10 상어
- 10 늑대
- 100 사자
- 100 코끼리
- 500 하마
- 1,000 악어
- 2,000 촌충
- 2,500 회충
- 10,000 우렁이 (주혈흡충증)
- 10,000 침노린재 (샤가스병)
- 10,000 체체파리 (수면병)
- 25,000 개 (광견병)
- 50,000 뱀

475,000
인간

725,000
모기

행복한 미래를 꿈꾸며 왜 불안한 미래를 걱정할까?

모기가 말라리아만 옮기는 것은 아니다. 일본뇌염Japanese encephalitis, 뎅기열dengue fever, 황열병yellow fever, 치쿤구니야 열병Chikungunya fever 같은 질병도 일으킨다. 최근 모기로 전염되는 생소한 질병 하나가 사람들의 머리에 각인됐다. 소두증小頭症(Microcephaly)이다. 이집트숲모기Aedes aegypt가 옮기는 지카Zika 바이러스에 감염되면 모기에 물린 지 2~14일이 지나 열을 동반한 두통·관절통·근육통 같은 증상이 나타나지만 대부분 7일 이내에 회복된다. 그러나 임산부가 감염되면 소두증을 앓는 아기를 출산할 우려가 높다. 실제로 지카 바이러스가 발병한 뒤, 발원지인 브라질에서는 신생아 가운데 소두증에 걸린 아기가 무려 500명이 넘었다. 지카 바이러스는 2015년 봄 브라질에서 유행하기 시작해 2016년 초 중남미 국가에서 감염사례가 빈발하면서 세계 각국을 긴장시켰으며, 결국 세계보건기구가 직접 나서 국제공중보건 비상사태를 선언하기도 했다. 감염에 따른 치사율은 매우 낮지만, '소두증'에 대한 공포가 빠르게 번졌기 때문이다.

전염병을 타고 퍼지는 음모론

낯선 전염병이 창궐하면 온갖 괴담과 함께 음모론이 만발한다. 2009년 세계를 떠들썩하게 만들었던 신종플루에 관한 음모론을 보자. 처음에 단순한 돼지독감Swine Influenza이라 생각했던 것이 '멕시코 인플루엔자Mexico Influenza'로 불렸다가 'H1N1'를 거쳐 세계보건기구가 '신종 인플루엔자 A'(신종플루)로 명명하기까지 정체가 오락가락했다. 당시 신종플루는 새, 돼지, 사람의 유전자가 결합돼서 만들어진 인플루엔자로 발병했는데, 이 세 유전자가 자연적으로 결합되기 어려우므로 어디선가 인공적으로 합성됐다는 음모론이 제기됐다. 미국의 대형 제약회사 박스터Baxter와 세계보건기구가 그 배후로 지목됐다. 신종플루가 창궐하자마자 바로 세계보건기구에서 백신 독점개발권을 받고 두 달 만에 백신을 공급할 수 있다고 큰소리쳤기 때문이다. 인도네시아의 수파리Siti Fadilah Supari 보건장관은 기자회견을 통해 이 음모론을 직접 언급하기도 했다.[2] 신종플루뿐만 아니다. 1995년 아프리카 중부에서 퍼진 에볼라는 미국 국방부가 인구 증가를 막기 위해 일부러 바이러스를 퍼뜨렸다는 소문이 퍼졌고[3], 1980년대에 공포를 일으킨 에이즈는 미국 정부가 동성애자와 흑인을 괴롭히기 위해 유행시킨 질병이라는 주장이 나오기도 했다.[4] 음모론자들은 새로운 질병 대부분이 다국적 제약회사, KKKKu Klux Klan, 종교집단, 미국 정부의 인구 조절, 인종차별, 생물무기 시험, 바이오 의약·농약 시험 등을 위해 의도적·비의도적으로 발생한 것이라고 인식하곤 했다.

소두증도 마찬가지다. 소두증에 관한 음모론의 맨 뒤에 빌 게이츠가 등장한다. 게이츠는 게이츠재단을 통해 '세상에서 가장 위험한 동물'을 퇴치하는 데 혼신의 노력을 기울이고 있다. 2016년에는 영국 정부와 함께 말라리아 퇴치에 5조 원이 넘는 자금을 투자하겠다고 발표하기도 했다.[5] 게이츠의 모기 퇴치법은 매우 혁신적이다. 모기의 애벌레인 장구벌레의 유전자를 바꿔 테트라사이클린Tetracycline 억제 유전자를 가진 이집트숲모기를 이용하는 것이다. 변형된 수컷 모기가 야생에서 암컷과 짝을 짓고 번식하게 하면 그 자손도 억제유전자를 갖게 된다. 항생제의 일종인 테트라사이클린은 자연에 존재하지 않기 때문에 자손은 테트라사이클린을 구할 수 없어 금방 죽을 수밖에 없다. 따라서 이집트숲모기의 전체 개체 수는 줄어들게 되는 것이

지카 바이러스를 옮기는
이집트숲모기

다. 게이츠는 유전자변형 모기를 개발한 영국의 바이오 벤처기업 옥시텍Oxitec에 연구개발 자금을 후원하고 있다. 옥시텍은 2010년 실험실에서 개발한 유전자변형 수컷 모기 300만 마리를 카리브해의 케이만제도에 방출하여 실험한 결과 해당 지역의 모기 개체가 80% 이상 줄어든 것을 확인했다. 또 말레이시아와 브라질의 인적 없는 숲에 유전자변형 모기를 풀어 숲모기의 수를 크게 감소시키는 성과를 거두었다.[6]

문제는 여기서 시작한다. 2015년 초에 브라질에서 창궐하기 시작한 지카 바이러스가 옥시텍의 유전자변형 모기에서 비롯되었다는 음모론이다. 옥시텍이 뎅기열의 주범인 이집트숲모기를 퇴치하기 위해 방사한 유전자변형 모기가 오히려 지카 바이러스를 옮기는 범인으로 지목된 것이다. 옥시텍은 유전자변형 모기를 방사한 곳은 지카 바이러스가 발생한 지역과 400km 넘게 떨어져 있어 모기가 날아갈 수 없으며, 설사 이동했다 하더라도 방사한 모기는 모두 수컷이라 알을 낳기 위해 피를 빠는 암컷과 달리 사람을 물지 않기 때문에 안전하다고 설명했다.[7]

한번 터진 음모론은 걷잡을 수 없이 퍼지게 마련이다. 왜 하필 브라질인가? 옥시텍이 현장 실험한 브라질에서 하필 지카 바이러스가 퍼졌을까? 브라질은 가톨릭 신자가 80% 정도로 낙태를 죄악으로 여긴다. 하지만 지카 바이러스로 인한 소두증 공포가 커지면서 가톨릭 단체가 교황에게 낙태를 허용해달라고 호소하고 있는 가운데, 전반적으로 피임이 늘어나고 임신을 기피하게 되었다. 그렇다면 누가 어떤 목적으로 지카 바이러스를 퍼뜨렸는가? 음모론의 정점에 빌 게이츠가 지목됐다. 우생론자로 인구감축을 주장하는 게이츠가 의도적으로 지카 바이러스를 퍼뜨렸다는 것이다. 게이츠는 2009년에 이어 2010년에도 TED에서 "탄소 제로를 향한 혁신Innovating to Zero"을 주제로 하는 강연에서 'CO$_2$=P×S×E×C'라는 공식을 소개했다. 지구에 있는 이산화탄소(CO$_2$)의 양은 인구People와 서비스Services per Person와 에너지Energy per Service와 단위 에너지당 이산화탄소 양CO$_2$ per Unit Energy의 곱으로 계산할 수 있는데, 인구가 줄면 탄소도 줄일 수 있다고 설명했다. 인구는 90억 명까지 늘어날 것으로 예상되는데, "정말로 훌륭하게 새로운 백신, 보건, 출산의료서비스의 과업을 잘 해낸다면, 10~15%까지 낮출 수 있다"는 것이다. 이 발언이 인구감축을 주장하는 것으로 해석되면서[8], 게이츠가 유전자변형 모기를 개발하는 옥시텍을 후원하고 말라리아 백신 연구에 투자하고 있다는 사실과 연결되어 거대한 음모론으로 발전했다.

재미있게도 이 음모론은 2015년 개봉된 영화 〈킹스맨Kingsman: The Secret Service〉(2014)의 줄거리와 비슷하다. 악당 두목인 발렌타인(사무엘 잭슨 역)은 자수성가한 천재 사업가로, 지구의 환경오염을 막기 위해 정말 많은 활동을 벌였지만 성과가 나타나지 않자 환경오염을 일으키는 인간을 아예 죽여버리려는 음모를 꾸민다. 인간이 서로 증오하고 다투다가 죽게 만드는 프로그램을 베리칩Verification Chip에 담아 무료로 배포하는 것이다. 신분을 확인하는 베리칩은 개인의 정보를 담아 몸속에 이식하면 별도의 신분 확인 절차가 필요 없어 편리하지만 사생활 침해 우려가 있어 논란이 큰 가까운 미래의 기술이다. 비밀결사조직인 킹스맨은 인류를 구하기 위해 거대 기업과 그 수괴에 맞서 인류를 구해낸다. 발렌타인에 빌 게이츠, 베리칩에 지카 바이러스가

영화 〈킹스맨〉의 오리지널
포스터(위)와 〈연가시〉

겹쳐지는 셈이다. 2012년 개봉된 우리나라 영화 〈연가시〉(2012)의 줄거리도 비슷한 맥락이다. 실제 연가시는 지렁이처럼 생긴 기생충으로 곤충의 몸에 숨어 살면서 성체가 되면 숙주의 뇌에 신경전달물질을 분비해서 숙주가 스스로 물속에 뛰어들어 자살하게 만든다. 영화 속 연가시는 실제와 달리 인간에게 감염되는 변종 연가시로 영화 속 가상의 제약회사인 조아제약이 유전자 조작을 통해 만들어낸 것이다. 조아제약 임원들은 회사 운영이 힘들어지게 되자 변종 연가시를 이용할 음모를 꾸미게 된다. 피서철을 맞아 사람들이 모이는 강가에 변종 연가시를 풀어놓고 사람들을 감염시킨 뒤 치료제를 미끼로 이익을 얻으려고 했던 것이다. 이러한 음모 속에서 조아제약의 영업사원인 주인공은 가족들이 변종 연가시에 감염되자 치료제를 찾기 위해 고군분투한다. 그 와중에 조아제약의 음모를 파헤치게 되고 치료제 제작법을 어렵게 입수해서 사람들을 구해낸다는 것이 영화의 주요 내용이다.

현실에서 일어나는 미래의 소동

〈킹스맨〉이나 〈연가시〉 같은 영화를 보면 디스토피아의 불행한 시나리오가 영화 속에 머무르지 않고 가까운 미래에 현실로 나타날 것이라는 공포에 휩싸이게 한다. 특히 지카 바이러스 음모론을 짐짓 그대로 믿는 사람도 제법 많은 만큼 디스토피아는 미래형이 아니라 현재진행형으로 여겨지는 것이다. 아니, 디스토피아의 암울한 그림자는 과거에도 몇 번이나 지구를 덮치고 지나갔다. 1900년대가 끝나고

2000년대로 넘어가는 바로 그 시기, 사람들은 새로운 밀레니엄에 대한 희망 뒤에 초조한 불안을 숨기지 못했다. 노스트라다무스Nostrada-mus(1503~1566)가 예언했다는 1999년 7월 지구 멸망설, 소행성 충돌설, 외계인 침공설 같은 다양한 지구 종말설이 횡행했다. 그중에서도 미신을 싫어하고 과학을 따르는 사람들조차 두려워한 것이 바로 '밀레니엄 버그Millenium Bug, Y2K'다. Y2K는 Year의' 'Y'와 1000(kilo)을 의미하는 'K'가 합쳐져 만든 용어로 2000년을 의미한다. Y2K는 컴퓨터를 비롯한 모든 전자시스템이 2000년 이후의 연도를 인식하지 못해 큰 혼란이 발생한다는 것이다. 지금은 지나간 우스꽝스러운 이야기지만, 당시 밀레니엄버그로 겪은 혼란은 제법 심각했다. 2012년에도 마야의 달력을 근거로 하는 지구 종말설로 시끄러웠다. 마야력은 기원전 3114년 8월 13일을 원년으로 한다. 마야력은 394년 3개월에 해당하는 박툰Baktun이라는 단위로 시간을 측정한다. 마야의 우주관에 따르면 우주 만물의 창조주기는 13박툰이다. 이에 따라 마야력으로 13박툰이 되는 날은 2012년 12월 21일이다. 여기에 근거해서 사람들은 2012년 12월 21일에 지구가 멸망한다고 생각했고 이 같은 내용을 담은 영화 〈2012〉(2009)까지 나왔다. 디스토피아를 다룬 영화가 현실처럼 다가올 때의 긴장이나 소동은 점점 우리 곁에 가까워지는 느낌이다.

〈2012〉의 오리지널 포스터
©Columbia Pictures, 2009

　　과학기술을 기반으로 미래사회를 그려낸 소설이나 영화는 주변에서 많이 볼 수 있다. 미래를 그려낸 영화는 몇 가지 유형으로 구분할 수 있다.[9] 첫 번째 유형은 계급모순과 권력불평등이다. 이 유형은 미래 과학기술을 소유한 사람과 소유하지 못한 사람 간의 불평등과 계급모순에 관한 이야기를 다룬다. 과학이 모든 것을 관리·지배하는 미래 문명을 그린 올더스 헉슬리Aldous Huxley(1894~1963)의 작품으로 만든 TV영화 〈멋진 신세계Brave New World〉(1980), 정보를 독점하여 국가를 감시·통제하는 독재자 빅브라더에 저항하는 개인을 다룬 조지 오웰George Orwell(1903~1950)의 소설을 토대로 한 〈1984Nineteen Eighty-four〉(1984), 복제인간에 대한 차별과 복제인간과 인간 사이의 갈등을 그린 〈블레이드 러너Blade Runner〉(1982), 화성을 자신의 왕국으로 만들려는 독재자와 저항하는 주인공을 그린 〈토탈 리콜Total Recall〉(1990), 우수한 유전자로 태어난 인간과 그렇지 않은 사람 간의 차별을 부각시킨 〈가타카Gattaca〉(1997), 상위 1%의 부자들이 사는 질병 없는 도시인 '엘리시움'으로 들어가기 위한 빈민층의 투쟁을 다룬 〈엘리시움Elysium〉(2013)이 대표적인 예이다.

핵이나 생물무기로 초래된 인류 멸망의 위기를 그린 유형도 있다. 무시무시한 전쟁으로 인류가 멸망하고 유인원이 지배하는 지구를 그린 〈혹성 탈출Planet of The Apes〉(1968), 2035년 바이러스 감염으로 인류

계급모순과 권력불평등을 다룬 소설과 영화들.(왼쪽 위부터) 『멋진 신세계』 초판본(1932) 표지, 『1984』 영국 초판본(1949) 표지, 〈블레이드 러너〉 극장판 오리지널 포스터, 〈토탈 리콜〉 오리지널 포스터, 〈가타카〉 오리지널 포스터, 〈엘리시움〉 오리지널 포스터.

©1932 Chatto & Windus   ©1949 Secker and Warburg   ©1982 The Ladd Company

©1990 TriStar Pictures   ©1997 Columbia Pictures   ©2013 TriStar Pictures

핵이나 생물무기로 초래된 인류 멸망의 위기를 그린 영화들. (왼쪽부터) 〈혹성 탈출〉 극장판 오리지널 포스터, 〈12 몽키즈〉 오리지널 포스터, 〈더 로드〉 오리지널 포스터, 〈매드맥스: 분노의 도로〉 오리지널 포스터

©1968 20th Century Fox

©1995 Universal Pictures

©2009 The Weinstein `Company

©2015 Warner Bros. Pictures

가 거의 멸망한 상태에서 타임머신을 타고 과거로 간 주인공 〈12 몽키즈12 Monkeys〉(1995), 핵전쟁으로 황폐해진 세상을 묘사한 〈더 로드The Road〉(2009), 핵전쟁으로 폐허가 된 22세기를 배경으로 물과 기름을 차지한 독재자에 맞서 사투를 벌이는 〈매드맥스: 분노의 도로Mad Max: Fury Road〉(2015)가 대표적이다.

환경오염과 자원고갈로 인한 미래의 모습을 그린 유형도 있다. 지구온난화로 빙산이 녹아 넘친 지구에서 살아남은 사람들이 드라이랜드를 찾기 위해 고군분투하는 〈워터월드Waterworld〉(1995), 행성 판도라에서 자원을 채굴하려는 이들과 판도라를 지키려는 이들 간의 사투를 그린 〈아바타Avatar〉(2009), 기상이변으로 얼어붙은 지구에서 살아남은 사람들이 기차 속에서 벌이는 갈등과 투쟁을 묘사한 〈설국열

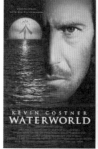

환경오염과 자원고갈로 인한 미래의 모습을 그린 영화들. (왼쪽부터) 〈워터월드〉 극장판 오리지널 포스터, 〈아바타〉 오리지널 포스터, 〈설국열차〉 북미판 포스터, 〈인터스텔라〉 오리지널 포스터

©1995 Universal Pictures

©2009 20th Century Fox

©2013 CJ Entertainment

©2014 Paramount Pictures and Warner Bros. Pictures

차〉(2013), 식량부족을 해결하기 위해 새로운 행성을 찾아 나선 과학자들을 그린 〈인터스텔라Interstellar〉(2014) 같은 영화들이다.

네 번째는 기계가 인간을 위협하는 미래 세계를 보여주는 유형이다. 2029년 인류를 말살하려는 기계와 이에 맞서는 인간 지휘관 사이에 끼어든 살인기계인 터미네이터의 활약을 담은 〈터미네이터Termina-tor〉(1984), 태어나자마자 매트릭스라는 가상현실에서 살아가는 인간과 매트릭스에서 인간을 해방시키려고 노력하는 사람들을 그린 〈매트릭스The Matrix〉(1999), 2035년 로봇이 인간을 공격하고 지배하려 세상을 담은 〈아이, 로봇I, Robot〉(2004) 같은 영화가 있다.

마지막으로 미래 인구 문제를 다룬 영화다. 2027년, 더 이상 아이를 낳지 못하는 세계를 다룬 〈칠드런 오브 맨Children Of Men〉(2006) 같은 유형이 있다.

그런데 왜 미래를 유토피아로 그려낸 작품은 없는가? 사람들은 모두 이상적인 사회에서 행복한 미래를 꿈꾸는데, 소설이나 영화가 보여주는 미래는 모두 디스토피아뿐이다. 왜 우리는 행복한 미래를 꿈꾸면서 불안한 미래를 걱정하고 있을까? 과학기술의 발전은 생활을 점점 편리하게 만들었지만 정작 그 혜택을 가장 많이 받은 우리는 영화로 보듯 상당히 어둡고 비관적이다. 미래가 불안한 이유는 현실에

기계가 인간을 위협하는 미래 세계를 그린 영화들. (왼쪽부터) 〈터미네이터〉 극장판 오리지널 포스터, 〈매트릭스〉 오리지널 포스터, 〈아이, 로봇〉 오리지널 포스터, 〈칠드런 오브 맨〉 오리지널 포스터.

©1984 Orion Pictures　©1999 Warner Bros.　©2004 20th Century Fox　©2006 Universal Pictures

서 발생하는 문제 때문이다. 과학기술의 발전으로 빚어진 문제들이 불안한 미래를 걱정하게 하는 것이다. 도대체 어떤 문제들이 우리를 불안하게 만드는가?

인구절벽 위에서 느끼는 현기증

"2750년 지구, 대한민국이 사라졌다. 대한민국은 지도에만 흔적이 남아 있을 뿐 그곳에는 사람이 없다. 2016년까지 1천만 명이 넘는 인구를 자랑했던 서울 도심은 언제 그랬냐는 듯 조용하고 적막이 흐를 뿐이다." 영국 옥스퍼드 대학 교수이자 인구학자인 데이비드 콜먼David Coleman(1946~)이 예측한 대한민국의 미래 모습이다. 그는 2006년 세계 인구포럼에서 대한민국을 '인구감소로 사라질 첫 국가'로 지목했다. 당시 콜먼 교수는 '코리아 신드롬'이라 부를 만큼 한국의 미래를 어둡게 전망했다. 극단적인 상황을 가정한 것이지만 한국의 출생률 감소 현상을 보면 심상치 않다.[10] 그 주장을 뒷받침하기라도 하듯 한국의 인구문제에 대한 어두운 전망이 쏟아져 나오고 있다.

영국의 토머스 맬서스는 1798년 『인구론An Essay on the Principle of Population』에서 기하급수로 늘어나는 인구증가문제가 식량부족을 일으키고 기아와 전쟁 같은 사회적인 불안으로 커질 것으로 내다봤다. 그의 주장은 경제가 안정적으로 성장하려면 인구감소가 필요하고, 결국 산아제한을 실시해야 한다는 근거가 됐다. 20세기 들어 여성과 어린이의 인권을 보호하는 움직임이 일면서 무책임한 출산에 대해 자성의 바람이 불었다. 특히 미국의 그레고리 핑커스Gregory Pincus(1903~1967)

가 멕시코 삼蔴의 뿌리에서 배란을 막는 스테로이드 물질을 추출하여 알약 형태로 실험한 뒤 1960년 제약회사 서얼Searle을 통해 먹는 피임약 에노비드Enovid를 판매하면서 산아제한운동이 큰 효과를 거두기 시작했다.[11] 이때 산아제한운동을 가장 성공적으로 수행한 나라가 한국이다. 한국 정부는 출산 억제를 위해 전국의 보건소에서 피임약을 무료로 배포했다. 이러한 정책에 힘입어 한국의 출산율은 1950년대 6.3명에서 1990년대 1.59명으로 급격히 줄어들었다.[12]

의약기술로 촉발된 산아제한운동은 보건의료기술의 발전이라는 변수를 고려하지 못했다. 출산율이 떨어지면 인구는 감소해야 하는데, 과학기술의 발전으로 평균수명이 늘어나 오히려 전체 인구가 증가한 것이다. 평균연령은 점점 높아지고 부양해야 할 노인이 크게 늘어났다. 여성의 사회 진출과 자녀 교육비용이 늘어나면서 출산율이 더 떨어질 전망이다. 미국의 경제학자 해리 덴트Harry Dent(1950~)가 쓴 『2018, 인구절벽이 온다The Demographic Cliff』에 따르면 일본의 장기적인 경제침체는 1980년대 말에 시작된 인구절벽 때문이다. 덴트는 한국은 인구절벽이 2018년부터 시작되어 일본과 같은 장기적인 경제침체에 빠질 것이라고 경고했다.[13] 인구문제는 선진국만의 고민이 아니다. 선진국은 경제활동을 할 수 있는 인력이 부족하여 장기적인 경제침체에 빠질 것을 우려하지만, 개도국은 오히려 인구가 늘어나 일자리 부족과 실업률 증가로 고통 받게 되어 국가 간의 빈부갈등이 심각해질 것으로 보인다.[14]

낯선 전염병의 갑작스러운 습격

천연두, 콜레라, 장티푸스, 소아마비 같은 '친숙한' 전염병은 어디 갔는가? 왜 갑자기 낯선 전염병이 줄지어 창궐하는가? 최근 얼마 되지 않은 짧은 기간 동안 에볼라, 조류독감, 사스SARS, 메르스MERS, 소두증 같은 '낯선' 전염병이 갑자기 인류를 습격하고 있다. 사실, 최근 등장하는 신종 전염병은 새로운 것이 아니다. 사람에게 처음 발견됐을 뿐 지구 어딘가에 존재하고 있던 병원체들이다. 신종 전염병은 정확히 말해서 '새로 출현한 바이러스성 전염병'이다. 밀림과 우림 지대가 급속히 개발되어 박쥐나 철새 같은 숙주가 인간과의 접촉을 넓히면서 바이러스가 인간에게 옮겨진 것이다. 대표적인 숙주는 박쥐다. 사스와 에볼라 바이러스도 박쥐를 통해 옮아 왔다. 박쥐는 포유류여서 종간 장벽이 상대적으로 낮아 사람에게 전염시킬 가능성이 높은 것이다. 박쥐는 전체 포유류의 20%를 차지할 정도로 종도 많고 개체도 많다. 현재 박쥐 전체의 10%도 되지 않는 종에서만 바이러스를 확인했을 뿐 나머지 90%에 대해서는 어떤 바이러스가 있는지 그 존재조차 확인되지 않았다.[15] 그러니 앞으로 어떤 신종 전염병이 어디서 어떻게 등장할지 아무도 모른다.

신종 전염병이 무서운 이유는 원인, 감염경로, 치료법 어느 것 하나 명확하게 밝혀진 것이 없기 때문이다. 사스중증급성호흡기증후군를 예로 들어보자. 2002년 11월 중국 광둥성에서 발생한 사스는 그 원인을 찾는 데 상당한 어려움을 겪었다. 1년이 지나 역학조사를 통해 사스를 일으킨 주범을 사향고양이로 지목했다. 사스 바이러스에 감염된 야생 사향고양이를 식용으로 도축하는 과정에서 인간이 감염됐다는 것이다. 그동안 사스는 세계로 퍼져나가 무려 32개국에서 8천 명이 넘는 환자를 감염시켰다. 그러나 또 조사를 해보니 사향고양이가 사스의 진범이 아니었다. 중국 남부에 서식하는 박쥐가 옮긴 바이러스에 감염된 사향고양이를 통해 인간이 다시 감염된 것이다.[16] 사스 바이러스의 자연숙주를 밝혀내는 데만 2~3년이 걸린 셈이다. 이때는 사스가 이미 어느 정도 진정 국면에 접어든 뒤였다.

새로운 전염병이 발생하는 국가가 주로 아프리카, 동남아시아, 남아메리카 같은 낙후 지역이다 보니 신종 전염병 연구가 돈이 되지 않는다. 세계보건기구의 예산은 2008년 금융위기를 겪고 삭감됐다. 에볼라 같은 유행성 질병의 대유행에 대응하는 조직의 예산도 절반 가까이 줄어들었다.[17] 반면 전염병은 더 이상 특정 지역이 아니라 인류의 보건과 생존에 관한 문제로 확산되고 있다. 중국에서 시작된 사스가 삽시간에 세계로 퍼져 나갔고, 중동에서 유행하던 메르스가 뜻밖에 한국에 상륙했다. 신종 전염병에서 안전한 곳은 그 어디에도 없다. 바야흐로 '전염병의 세계화'가 빠르게 진전되고 있는 것이다.

서서히 드러나는 빅브라더의 뒷모습

1989년 개봉된 영화 〈백투더퓨처 2Back to the Future 2〉에서 주인공은 26년 뒤, 정확하게 2015년 10월 21일 수요일, 첨단 과학기술로 신기한 미래의 세상에 도착한다. 2015년은 이미 과거로 넘어갔다. 지금 당연하게 보이는 기술이 과거에는 미래의 신기한 상상의 영역이었다. 멀리서 서로 얼굴을 보고 통화하고, 사무실을 나서면서 집 안의 보일러를 켤 수 있다. 드론이 피자를 배달해주고, 로봇이 달걀을 요리해주며,

무인자동차가 목적지까지 데려다준다. 인공지능이 이세돌과 바둑을 뒤서 이기고, 렘브란트 풍의 그림을 창작하기도 한다. 모두 정보통신 기술의 발달 덕분이다.

정보통신기술 뒤에 숨은 빅브라더가 음험한 모습을 드러내면 어떤 일이 벌어질까? 아직 인간이 걱정하는 불안한 미래는 주로 해킹이나 테러 같은 사이버 범죄에 머무르고 있다. 카드회사의 고객정보 유출 은 이미 익숙한 범죄다. 2014년 신용평가사 직원이 롯데카드, NH농 협카드, KB국민카드의 고객정보를 빼돌려 대출광고업자와 대출모집 인에게 넘겼다. 사이버 사기가 사이버 테러로 이어지는 것은 굉장히 쉬운 일이다. 2011년 농협 전산망 마비사태를 보자. 북한의 사이버 테 러로 농협 전산망이 악성코드의 공격을 받아 순식간에 마비되는 바 람에 많은 사람들이 오랫동안 거래에 불편을 겪었다. 전산시스템을 맡은 한국IBM 직원이 영화를 불법으로 내려 받다가 악성코드에 감 염되는 바람에 너무 쉽게 사이버 테러의 대상이 된 것이다. 2009년 북한의 디도스DDos 공격으로 한국과 미국의 일부 사이트가 피해를 받았고, 2016년 북한의 GPS 교란으로 선박들이 항해하는 데 방해를 받았다. 이런 사이버 범죄는 피해를 입은 개인의 잘못이 아닌 데다

〈빽투더퓨처 2〉의 오리지널 포스 터(왼쪽)와 2015년 10월 21일 시점 을 가리키는 영화 속 장면
ⓒ1985 Universal Pictures

테이의 트위터 프로필 사진
twitter @tayandyou

모르는 사이에 일어나며 개인이 통제하거나 해결할 수 없어 더 치명적인 위협으로 다가온다.[18]

사이버 테러가 점점 새로운 차원으로 확산되리라는 것 또한 걱정거리다. 2016년 인공지능 채팅로봇인 '테이Tay'가 SNS에서 인종차별, 히틀러 찬양 같은 비뚤어진 대화를 이끌어내자 테이를 개발한 마이크로소프트는 부랴부랴 가동을 중단했다. 지금 이 순간에도 어디선가 악동 채팅로봇이 사람인 척하며 위험한 SNS 메시지를 퍼뜨리고 있을지도 모른다. 드론은 본디 중동 지역에서 알카에다 같은 테러조직을 감시하고 폭격하기 위한 무인조종기였다. 실제로 미국은 2004년부터 드론을 군사용으로 날리기 시작하여 2천~3천 명이 넘는 사상자를 만들어냈다. 누군가 드론에 폭약을 실어 우리 집 창문으로 날아들게 하지는 않을까? 무인자동차는 또 어떤가? 무인자동차에 앉아 편안하게 음악을 듣고 있을 때 누군가 내 무인자동차를 해킹하여 위험한 폭주를 명령하지는 않을까?

'프랑켄슈타인 식품'이라니요?

'식량은 산술급수적으로 증가하는데, 인구는 기하급수적으로 늘어난다'는 맬서스의 예측은 틀렸다. 오히려 '식량은 기하급수적으로 증가하는데, 인구는 산술급수적으로 증가한다'는 핀잔 섞인 주장이 나오기도 한다. 맬서스의 예측이 맞아 떨어지지 않은 이유는 과학기술의 발달이라는 변수를 고려하지 않았기 때문이다. 육종기술과 유전공학이 발달하면서 식량생산은 놀라운 속도로 늘어나고 있다. 유전공학을 이용한 새로운 육종기술은 전혀 생각지도 못한 두려움을 잉태했다. 바로 유전자변형생물체GMO, Genetically Modified Organism를 둘러싼 논란이다. 당장 부각된 두려움이 바로 '프랑켄슈타인 식품Frankenstein Food'이다. 영국의 작가 메리 셸리Mary Shelley(1797~1851)가 1818년 발표한 괴기소설을 빗대 GMO로 만든 괴상한 음식을 싸잡아 부르는 말이다. 생산성이나 품질을 높이기 위해 본래의 유전자를 변형시켜 만든 식품인데, 유전자변형에 대한 거부감이 공포로 이어져 또 하나의 두려운 디스토피아 각본으로 만들어진 것이다.

GMO 작물은 병충해를 줄이고 농약을 적게 사용하며 원하는 특성을 설계할 수 있어 생산성을 획기적으로 높이고 유용한 성분을 수확하며 환경까지 보호할 수 있다고 한다. 따라서 인류의 식량문제는 물론 동물의 사료 확보, 바이오에너지 개발, 환경보호로 이어지는 훌륭한 대안이 될 수도 있다는 것이다. 현재 GMO로 개발된 옥수수, 콩, 유채, 면화 같은 농작물이 세계 농지의 절반 정도를 차지할 정도로 널리 재배되고 있다.[19] 식품만이 아니다. GM 카네이션으로 꾸민 꽃다발, GM 잔디로 조성한 골프장, GM 쌀로 만든 화장품도 등장할 것이다. GMO는 동물에게도 확산되고 있다. 이미 관상어에 형광유전자를 도입한 지 오래고, 번식하지 못하는 GM 모기도 이미 날아다니고 있다. 미국 식품의약국FDA은 2배나 빨리 자라는 GM 연어를 2015년 식용으로 승인했다.[20] 사람의 항체를 생산하는 소, 근육을 키운 돼지, 젖에서 약물을 생산하는 염소 같은 GM 동물들도 개발되고 있다.

생물의 유전자를 건드리는 것은 사람이 접근해서는 안 되는 신의 영역일까? 자연에서 숱하게 발생하는 유전자의 변이를 사람이 인공적으로 일으키는 것은 왜 문제가 되는 걸까? 유전자치료로 사람의 악성종양이나 AIDS를 정복하는 연구는 해도 되는데, 특정한 목적으로 다른 생물의 유전자를 바꾸는 연구는 왜 질타를 받는 걸까? GMO의 생산과 소비가 늘어나면서 안전성에 대한 불안과 공포가 점점 확산되고 있다. 그 불안과 공포의 본질은 무엇일까? 식품이나 환경에 대한 불안은 그 위험이 개인의 선택이나 의지와 상관없이 발생하며, 위험을 통제할 수 없다고 여기거나 위험의 내용이 새롭거나 쉽게 이해되지 않을 때 더 크게 느껴진다.[21] GMO의 문제를 파헤치는 많은 실험과 주장은 반박에 반박이 이어져 무엇이 진실인지 판단하기 어렵다. 전문가 사이에서 논란만 되풀이될 뿐 결론을 내리지 못하고 있다. 실험 조건과 해석에 따라 전혀 다른 결과가 나오기 때문이다. 그렇다고 GMO가 안전하다고 확정적으로 주장할 수도 없다. 유전자변형으로 야기되거나 축적된 개인이나 환경의 문제가 언제 어떻게 드러날지 알 수 없기 때문이다. GMO가 키우는 공포는 지금까지 한 번도 경험하지 못한 전혀 다른 차원의 디스토피아다.

'바람직한 미래'를 위하여

기계식 컴퓨터를 처음 개발하여 '컴퓨터의 아버지'라 불리는 영국의 찰스 배비지Charles Babbage(1791~1871)는 "100년 뒤의 세상을 단 사흘만이라도 볼 수 있다면 당장 죽어도 좋다"고 했다. 미래는 과연 예측할 수 있는가? 예측할 수 있는 미래는 크게 3가지로 나눌 수 있다. 첫째는 천재지변이 일어나지 않는 한 매우 먼 미래에도 그대로 존재할 것으로 여겨지는 것들이다. 예를 들어 백두산은 100년 뒤에도 우뚝 서 있을 것이고, 동해바다는 100년 뒤에도 출렁일 것이다. 이를 정상상태

Steady State라 한다. 두 번째로는 일정한 주기를 갖는 주기성Periodicity이다. 태양은 내일도 떠오를 것이고, 핼리혜성은 76년마다 지구를 찾아올 것이다. 마지막 하나는 주기성이 섞여 일어나는 의사주기성Pseudo Periodicity이다. 태양과 지구와 달의 움직임은 세 천체가 어울리는 거의 주기적인 운동으로 나타난다.[22]

과학기술은 많은 것을 예측할 수 있게 해주었다. 탈레스Thales(기원전 624년경~기원전 546년경)는 기록과 관측을 바탕으로 기원전 585년 5월 28일 일어날 일식을 예측했고, 알베르트 아인슈타인은 100년도 더 지나 확인될 중력파의 존재를 1915년에 이미 장담했다. 드미트리 멘델레예프Dmitri Mendeleev(1834~1907)는 특정한 원자량과 특성을 가진 새로운 원소가 들어갈 자리를 비워놓았고, 그레고어 멘델Gregor Mendel(1822~1884)은 완두콩을 교배시키면 겉이 거친 완두와 매끈한 완두가 나타날 비율을 정확하게 알고 있었다. 과학의 범위뿐 아니라 기술의 영역에서도 예측할 수 있는 게 많다. '무어의 법칙Moore's Law'에 따르면 트랜지스터는 작동속도와 밀도를 기준으로 18개월마다 성능이 2배로 증가하는데 이를 통해 컴퓨터의 진화를 예측할 수 있다. 무어의 법칙을 적용시켜보면 통계학적으로 대략 DNA 데이터베이스는 8개월마다 2배로 증가하고, 사용할 수 있는 주파수 대역은 10개월마다 갑절이 되며, 전자상거래는 6개월마다 100% 성장한다.[23] 그러면 미래사회는 과학기술로 어느 정도 내다볼 수 있지 않을까?

과연 과학기술자들은 미래를 먼저 내다볼 수 있을까? 미래 예측에 관한 명언을 살펴보면 유독 과학기술자들의 발언이 눈에 띈다. 홀로그래피를 개발한 공로로 1971년 노벨 물리학상을 받은 데니스 가보르Dennis Gabor(1900~1979)는 "미래를 예측할 수는 없지만 만들 수는 있다."(The future cannot be predicted, but futures can be invented. 1963)고 했

미래 예측에 관한 명언을 한 사람들의 순서를 굳이 꼽아보면 과학자→기술자→예술가→경영학자의 순서다. (왼쪽부터) 데니스 가보르(과학자), 일리야 프리고진(과학자), 앨런 케이(기술자), 스티븐 리스버거(예술가), 피터 드러커(경영학자) 등이 그 예다.

ⓘMarcin Wichary　　ⓘ⊛Gage Skidmore　　ⓘ⊛Jeff McNeill

고, 비평형 열역학을 정립한 공로로 1977년 노벨 화학상을 받은 일리야 프리고진Ilya Prigogine(1917~2003)은 "미래에 대처하는 방법은 미래를 만드는 것이다."(The way to cope with the future is to create it. 1977)고 했다. 객체지향프로그래밍의 선구자인 앨런 케이Alan Kay(1940~)의 발언(The best way to predict the future is to invent it. 1982), 컴퓨터 애니메이션 기법을 처음 도입한 영화감독 스티븐 리스버거Steven Lisberger(1951~)의 발언(The best way to predict the future is to create it.), 미래학자인 피터 드러커Peter Drucker(1909~2005)의 발언(The best way to predict the future is to create it. 1991)은 모두 그 뒤에 이어진다. 굳이 발언자의 직업을 기준으로 한다면 과학자 → 기술자 → 예술가 → 경영학자의 순서다.

우리는 왜 행복한 미래를 꿈꾸면서 불안한 미래를 걱정하고 있을까? 과학기술로 미래를 내다볼 수 있다면, 그 미래를 과학기술로 행복하게 설계할 수는 없는가? 미래는 행위의 주체에 따라 3가지로 나눌 수 있다. '있음직한 미래Probable Future'는 현실로 나타날 가능성이 상당히 큰 상태, '있을 수 있는 미래Possible Future'는 가능성은 작지만 일어날 수 있는 상태를 말하고, '바람직한 미래Preferable or Desirable Future'는 그렇게 되는 것이 좋다고 생각하는 상태를 가리킨다. 과학기술은 '있을 수 있는 미래'에서 '있음직한 미래'를 추려낸다는 차원에서 매우 유용한 도구다. 그러나 '바람직한 미래'를 만드는 것은 이 '있음직한 미래'를 빨리 내다보고 '바람직한' 대안을 모색하는 사람의 몫일 수밖에 없다.[24] '있을 수 있는 미래'는 과학의 영역이고 '있음직한 미래'는 기술의 역할이라면, '바람직한 미래'는 공학의 몫이다. 구성원이 함께 머리를 맞대고 '바람직한 미래'를 만들어가는 '미래공학 Future Engineering'이 필요한 시점이다.

주

1. Bill Gates, "The deadliest animal in the world", https://www.gatesnotes.com/Health/Most-Lethal-Animal-Mosquito-Week (2016. 6. 15 접속).

2. 이성규, "에이즈는 인종 청소용 생물무기였다?(상): 과학으로 파헤친 음모론(29)", 〈사이언스타임즈〉, 2011. 1. 13. 음모론에는 당시 사회적인 분위기가 반영되기 때문에 과학적인 근거가 미약한 경우가 많다.

3. 배재석, "[자유성] 전염병 음모론", 〈영남일보〉, 2016. 2. 25. 전염병 관련 음모론은 주로 거대 제약 회사나 서구 국가와 관련된 경우가 많다. 신종 전염병에 대한 불안 심리와 저개발국의 소외감과 분노, 정부에 대한 불신감이 투영된 측면이 강하기 때문이다.

4. 이성규, 앞의 기사.

5. 이덕주, "'말라리아 퇴치에 5조원'… 빌 게이츠·영국 손잡았다", 〈매일경제〉, 2016. 1. 2.

6. 이성규, "유전자변형 모기, 찬반 논란", 〈사이언스타임즈〉, 2012. 7. 25.

7. 최종일, "지카에 애먼 게이츠 록펠러 '곤욕'… 들끓는 음모론", 〈뉴스1〉, 2016. 2. 5. 지카 바이러스로 인한 공포가 커져가자 인터넷에서 다양한 음모론이 확산되고 있다. 대표적으로 GM 모기 방사설, 백신 부작용설 등이 있다.

8. 음모론자들은 게이츠의 TED 발언을 전체 맥락과 상관없이, 그 부분만 인용해서 그가 백신을 이용해서 인구를 감소시키려 한다고 주장한다. 또 게이츠가 백신 개발에 투자한다는 사실과 연결되면서 더 크게 퍼져 나가 지카 바이러스 음모론으로 발전했다.

9. 김명진 편저, 『대중과 과학기술』(잉걸, 2001). 김명진은 영화 속의 디스토피아적인 미래상을 몇 가지 유형으로 구분했는데 이 글의 관련 내용은 그의 책을 참고했다.

10. 노지현, "한국, 300년 후 소멸하지 않으려면", 〈동아일보〉, 2010. 7. 16.

11. 이종하, 『5월의 모든 역사: 세계사』 (디오네, 2012), 108쪽.

12. 박시영, "[대한민국 제1호] 1962년 첫 산아제한 정책", 〈조선일보〉, 2009. 10. 1.

13. 해리 덴트 지음, 권성희 옮김, 『2018 인구절벽이 온다』 (청림출판, 2015), 5쪽.

14. 과학기술부·한국과학기술기획평가원, 『(2040년을 향한 대한민국의 꿈과 도전) 과학기술 미래 비전』 (교육과학기술부, 2010), 35쪽.

15. 최강석, 『바이러스의 대습격』 (살림, 2009), 139-141; 195-202쪽.

16. 최강석, 앞의 책, 149-155쪽.

17. 전정윤, "인간이 호출한 바이러스… 인류를 위협하다", 〈한겨레〉, 2015. 7. 7.

18. 송해룡·김찬원·김원제, "공중의 사이버범죄 위험특성과 공포감이 결과적 심각성 지각에 미치는 영향", 『정치커뮤니케이션 연구』 32호(2014), 148쪽.

19. "전세계 유전자변형 작물 재배 현황", https://www.biosafety.or.kr/03_data/sub0201.asp (2016. 2. 7 접속).

20. 정종오, "[과학을 읽다] '유전자 변형 연어' 습격사건", 〈아시아경제〉, 2015. 11. 24.

21. 김경자, "GM Foods에 대한 소비자 지식과 소비자 인식 및 구매의도", 『소비자문제연구』 제38호 (2010), 22쪽.

22. 레오 호우 편저, 김동광 옮김, 『미래는 어떻게 오는가』 (민음사, 1996), 50쪽.

23. 제임스 캔턴 지음, 허두영 옮김, 『테크노퓨처』(거름, 2001), 12쪽. 이 내용은 『테크노퓨처』의 '옮긴이의 말'의 일부를 정리한 것으로 필자인 허두영의 허가를 받고 사용했다.

24. 제임스 캔턴 지음, 허두영 옮김, 앞의 책, 13쪽. 이 내용은 『테크노퓨처』의 옮긴이의 말의 일부를 인용한 것으로 필자인 허두영의 허가를 받고 사용했다.

행복한 미래를 꿈꾸며 왜 불안한 미래를 걱정할까?

응답하라,
한국의 과학자여!

에도江戸 막부 시대인 1771년 3월 4일, 추적추적 비가 내리는 일본 도쿄의 사형장에서 아오치 야바바青茶婆라는 50대 여자 사형수의 시체가 해부됐다. 1651년부터 1868년까지 220년 남짓한 세월 동안 20만 명이 넘는 사람이 이슬로 사라진 고쓰가하라小塚原 형장刑場으로, 지금 우에노上野 북서쪽에 엔메이지延命寺라는 절이 있는 자리다. 당시 지방의 봉건영주 다이묘大名를 진료하던 스기타 겐파쿠杉田玄白 (1733~1817), 마에노 료타쿠前野良澤(1723~1803) 같은 시의侍醫들이 해부에 참관했다가 엄청난 충격을 받았다. 그들이 오랫동안 신봉해온 전통의학 서적에 나오는 오장육부와 12경락에 오류가 많고, 오히려 애써 무시해온 난학蘭學(네덜란드의 학문)의 인체해부도가 정확했기 때문이다. 『황제내경黃帝內經』 같은 중국 의학서는 허파는 여섯 장, 간은 왼쪽 셋 오른쪽 넷이라고 설명했는데 틀렸다. 위의 위치와 형태도 달랐다. 네덜란드의 인체해부서 『타펠 아나토미아Ontleedkundige Tafelen』에 나오는 해부도가 정확하다는 것을 확인한 그들은 바로 다음 날부터 번역에 들어

가 3년 뒤 일본 최초의 해부학 책인 『해체신서解體信書』를 발간했다.[1]

"오늘 실제로 본 인체 해부는 참으로 하나하나가 놀라움이었다. 그것을 지금까지 모르고 있은 것이 부끄러운 일이다." 스기타는 회고록 『난학사시蘭學事始』에서 『해체신서』를 발간하게 된 배경을 밝혔다. 『해체신서』는 일본에서 인간의 몸을 처음으로 열어본 데 그치지 않고 일본의 근대화까지 연 셈이다. 이 책으로 스기타는 일본 근대의학의 선구자로 인정받고, 일본은 난학을 적극적으로 받아들여 결국 메이지유신明治維新을 통해 근대화에서 앞서 나갔다. 스기타에 이어 난학의 기초를 세운 오쓰키 겐타쿠大槻玄澤(1757~1827)는 1788년 네덜란드어 문법을 소개하는 『난학계제蘭學階梯』 서문에서 이렇게 말했다.

> 오랫동안 우리는 아무 생각 없이 중국을 모방해왔으며 그들의 방식대로 마냥 즐겁게 지내왔다. ……(중략)…… 세계 지리를 보면 이런 우리 삶이 얼마나 엉터리였으며 눈과 귀로 직접 얻게 되는 지식을 방해해왔는지를 알게 된다. ……(중략)…… 지금까지는 중국이 가장 문명화된 나라로 간주됐으나 네덜란드가 중국보다 낫다. 그 이유는 네덜란드에는 과학이 있기 때문이다.

일본이 난학의 충격으로 근대과학을 먼저 받아들였다면, 중국은 지도계층의 뼈저린 반성으로 현대과학을 따라잡았다. 중국은 아편전쟁과 태평천국의 난을 겪으면서 추락한 자존심을 회복하기 위해 양무운동洋務運動(1861년)과 변법자강운동變法自彊運動(1898년)으로 근대과학을 뿌리내리려 했지만, 청일전쟁이 터지고 서태후西太后(1835~1908)를 중심으로 하는 보수파가 반대하면서 실패했다. 1949년 중화인민공화국을 설립하고 나서도 깡마른 교조주의와 광폭한 문화대혁명으로 과학의 싹조차 틔울 수 없던 중국은 마오쩌둥毛澤東(1893~1976)이 죽고 덩샤오핑 鄧小平(1904~1997)이 실권을 잡은 1978년에야 비로소 과학과 교육에서 개혁과 개방의 물결을 탈 수 있었다. 덩샤오핑은 전국과학대회에서 '과학기술은 생산력'이자 계급투쟁만큼 중요하다고 주장하며, 중국의 과학기술이 세계 수준에서 15~20년 뒤떨어져 있다고 인정하고 20세기 말까지 108개 항목에서 세계 수준을 따라잡거나 추월한다는 목표를 제시했다.[2] 이에 따라 중국은 1978~1979년 미국·캐나다·영국·프랑스·독일·일본에 각각 500~5,000명의 과학기술자와 학생들을 한꺼번에 유학시키면서 변화의 깃발을 올렸다.[3] 덩샤오핑의 과학기술을 통한 도광양회韜光養晦(국력을 갖출 때까지 참고 기다린다)는 38년 뒤 시진핑習近平의 과학굴기科學屈起(과학으로 우뚝 선다)로 이어졌다. 시진핑 주석은 2016년 중국과학기술창신대회, 중국과학원·중국공정원 원사대회, 중국과학기술협회 전국대표회의 3개 회의를 동시에 열어 과학기술자 4,000명에게 건국 100주년을 맞는 2049년까지 과학기술 분야에서 중국을 세계 최강의 국가로 만들겠다는 원대한 비전을 제시했다.[4]

한국에는 근대과학이 어떻게 들어왔을까? 1897년 대한제국을 수립한 고종 황제는 1899년 관립상공학교 관제를 마련했다.[5] 학교는 공업과와 상업과로 나뉘어 예과 1년과 본과 3년으로 구성됐으며, 졸업하면 기술 분야에 우선 채용되는 혜택을 누릴 수 있었다. 이듬해 광무학교, 한성직조학교, 철도학교, 낙영학교 같은 근대 과학기술학교가 설립되어 과학기술인력을 양성하기 시작했다. 당시 고종이 내린 조칙을 보자.

지금 세계 각국 중 날마다 향상되어 당할 수 없이 부강해지는 나라는 다른 것이 있는 게 아니라 격치(格致)하는 학문에 종사하여 사물의 이치의 심오함을 구해(求解)하여 아는 바가 정밀하여도 더욱 그 정밀함을 구하고 기계가 이미 공교하여도 더욱 새로운 것을 내어놓는데 지나지 않는지라. 국가의 요무(要務)가 어찌 이보다 앞서는 것이 있겠는가?

'과학'이나 '기술', '연구'나 '개발'이라는 말은 한마디 없어도 과학기술과 연구개발이 가장 중요하다는 절박한 심정이 묻어나온다. 근대화에 뒤져 쇠락해가는 '제국'의 '황제'가 던지는 필사적이고 안타까운 목소리다. 그러나 1904년 일제의 재정고문부가 들어서고 다음 해 궁내부 관제 개정으로 관련 조직이 사라지면서 고종이 품었던 근대 과학기술인력 교육계획이 그 틀을 잃게 됐다.

일제의 식민 지배로 주도적인 과학기술 발전 가능성을 봉쇄당한 한국은 8·15 해방과 정부수립, 그리고 6·25 한국전쟁을 거치고 1960년대 후반 들어 비로소 선진 과학기술 도입에 눈을 돌리게 된다. 박정희 정부가 들어서고 1966년 KIST한국과학기술연구소를 설립하면서 해외 한국과학자 유치사업을 벌이면서부터다. 해외에서 박사학위를 딴 뒤 관련 분야에서 2년 이상 전문경력을 가진 한국인을 대상으로 1968년부터 1979년까지 한인 과학자 493명(영구유치 238명, 일시유치 255명)을 모셔 왔다.[6] 당시 선진국에 비해서는 훨씬 낮은 대우를 받았지만, 유치 과학자들은 박정희 정부의 경제개발계획에 맞춰 국가 과학기술 연구개발체제의 틀을 잡고 한국의 과학기술을 불과 30~40년 만에 세계 수준으로 올려놓는 데 크게 기여했다.

한국의 근·현대 과학기술사에는 충격도 없고 반성도 없다. 광무개혁光武改革으로 과학기술인력을 양성하려던 고종의 계획은 일제 식민 통치로 물거품이 되고, 박정희 정부가 '과학입국科學立國'을 외치며 유치과학자를 동원하여 '이식'한 선진 과학기술은 오랜 외국 출장에서 돌아온 큰형님의 선물처럼 그저 반갑고 고마웠을 뿐이다. 일본의 근대 과학연구가 인체해부에서 시작하고, 중국의 현대 과학체제가 전국과학대회에서 비롯됐다면, 한국은 왜 근대든 현대든 국가 차원에서 과학기술을 혁신시킬 어떤 계기를 갖지 못한 것일까? 외부로부터의 충격도 내부로부터의 반성도 없이 과학기술혁신을 지속할 동력과 시스템을 스스로 갖추지 못한 채 한국은 왜 서서히 가라앉고 있는 것일까?

한때 부총리급으로 위상을 떨치던 부처가 왜 장관은커녕 차관 하나 제대로 내지 못하는 부처로 쪼그라들었는가? 거창한 이름(미래창조과학부)과 달리 '미래가 없는 부처'라고 놀림받아도 왜 스스로의 미래조차 장담하지 못하는가? 위풍당당하던 테크노크라트들은 모두 어디 가고, 왜 '낙하산'이 되어 산하기관에서 '연명'하기를 간구하고 있는가? 주무부처 사무관의 한마디에 기관장이 당황하고, 국회나 감사원이 건달처럼 집적거려도 왜 몸 둘 바 모르는 시골처녀처럼 고분고분한가? 그 결과 참을 수 없는 수치심에 기관장이나 단장급이 몸을 던져도 왜 아무도 분개하지 않는가? 국회의원 선거나 대통령 선거까지 참았다가 관련 단체를 통해 애써 목소리를 내지만, 왜 매번 철저하게 그리고 처절하게 무시당하는가? 번드레한 행사에서 정부가 요구하는 대로 '과학기술인 헌장'을 선포하고 '과학기술인 강령'을 발표하며 '과학기술인 선언'을 다짐하지만, 왜 아무도 그 내용이나 의미를 기억하지 못하는가? 국가의 경제력에 걸맞은 권위 있는 과학상 하나 받을 희망은 왜 보이지 않고, 과학기술혁신 엔진은 왜 푸들푸들 꺼져가며, 한국의 과학기술은 왜 선장도 나침반도 없는 배처럼 표류하는가? 2016년 '현대 과학기술 50년'을 맞아 화려한 과거에 대한 자화자찬은 넘치는데, 막막한 미래를 열어젖힐 담대한 청사진은 왜 눈에 띄지 않는가?

자녀에게 또는 후배에게 과학의 매력을 알려주는 게 그렇게 어려운가? 왜 공식만 외우도록 방치하는가? 왜 과학을 필수교양이 아닌 선택의 영역으로 자꾸 몰아내는가? 돈을 많이 벌려면 과학적인 태도가 필요하다는 걸 왜 알려주지 않는가? 연구개발에 몰두하게 하려면 과연 어떻게 해야 하는가? 왜 한국의 과학은 경제력에 걸맞은 대접을 받지 못하는가? 왜 한국의 대학은 '홈런'을 치지 못하는가? 왜 한국에서는 기술창업이 그리 어려운가? 왜 한국은 기술혁신을 포용하지 못하는가? 왜 존경받는 과학자 한 분 떠올리지 못하는가? 왜 남북통일을 과학으로 시도하지 않는가? 동아시아의 주도권을 왜 과학에서 찾지 않는가? 왜 개도국을 동정으로 도와주려 하는가? 기후변화에 정말 과학으로 대처하고 있는가? 미래를 위해 과학은 도대체 무엇을 할 수 있는가? 자녀들이 또 후배들이 묻는다. 한국의 과학기술자는 어떻게 응답할 것인가?

2007년 한국과학기술단체총연합회는 '과학기술인 윤리강령'에서 과학기술인의 사회적 책임을 특별히 강조했다. '과학기술인은 과학기술이 사회에 미치는 영향이 지대하므로 전문직 종사자로서 책임 있는 연구 및 지적 활동을 하여야 하며, 그 결과로 생산된 지식과 기술이 인간의 삶과 복지 향상 및 환경보존에 기여하도록 할 책임이 있음을 인식한다'는 것이다. 이 사회적 책임은 주로 책무責務(Accountability)로 인식된다. 맡은 업무에 대해 제대로 따져 설명하는 능력이다. 하지만 요즘 과학기술자가 사회적 책임을 다하기는 정말 쉽지 않다. 삶의 질에 대해 해석이 다르고 이해관계도 다양할 뿐 아니라 조직에서 맡은 권한과 책임이 한정되어 있기 때문이다.[7] 또 과학기술이 경쟁적으로 빠르고 복잡하게 발달하다 보니 사회가 추구하는 보편적인 가치에 대해 생각할 겨를조차 없을 지경이다. 과학기술자가 스스로 윤리의 주체로서 과학기술과 사회의 맥락에 대해 파악하고 과학기술자가 책무를 다할 수 있도록 조직과 제도를 정비하며 대중도 과학기술에 대한 이해를 넓혀야 한다지만, 그 추상적인 방향만 존재할 뿐 아무런 진척도 없이 무작정 기다릴 수도 없다.

응應하는 것은 답答하는 것과 다르다. 응하는 것이 '어떤 부름에 대해 반응하는 것Response'이라면 답하는 것은 '어떤 물음에 대해 설명하는 것Account'이다. 응하는 것이 어떤 식으로든 감정적인 반응을 보이는 것이라면, 답하는 것은 나름대로 이성적인 내용을 제시하는 것이다. 그래서 '응답하라'고 하면 먼저 감정적으로 응한 뒤 이성적으로 답하라는 것이다. 한국의 과학기술자는 반응Response을 보이는 능력Ability, Responsibility와 설명하는Account 능력Ability, Accountability가 절실하게 필요하다. 지금까지 정부와 국가를 넘어 대중이나 세계가 제기하는 질문이나 요청에 제대로 응하거나 답한 적이 거의 없기 때문이다. Responsibility든 Accountability든 둘 다 '책임'이다. 응하든 답하든 응답은 책임을 요구한다.

'현대 과학기술 50년'을 맞아 우리는 앞으로 미래 50년을 어떻게 설계할 것인가? 일본은 충격에서, 중국은 반성에서 과학기술을 혁신했다. 한국은 어떻게 할 것인가?

자, 응답하라, 한국의 과학자여!

주

1. 이종각, 『일본 난학의 개척자 스기타 겐파쿠』 (서해문집, 2013).

2. 에즈라 보걸 지음, 심규호·유소영 옮김, 『덩샤오핑 평전』 (민음사, 2014).

3. 우샤오보(鳴曉波), 『격탕 30년, 현대 중국의 탄생 드라마와 역사·미래』 (새물결, 2014).

4. 이창구, "38년 만에 中 과학자 4000명 모아놓고… 시진핑 '과학굴기' 천명", 〈서울신문〉, 2016. 6. 1.

5. 김근배, 『한국 근대 과학기술인력의 출현』 (문학과지성사, 2005), 39쪽.

6. 김진용, 『해외 우수인재 유치·활용 정책동향 및 방향도출』 (한국과학기술기획평가원, 2013).

7. 손화철, "과학기술인의 사회직 책임", 『물리학과 첨단기술』 17-4(2008), 27-31쪽.

응답하라, 한국의 과학자여!

인명 찾아보기